U0185806

HZ BOOKS

华 章 图 书

一本打开的书，一扇开启的门，
通向科学殿堂的阶梯，托起一流人才的基石。

Web开发技术丛书

深入浅出Electron
原理、工程与实践

EXPLAIN ELECTRON IN A SIMPLE WAY

Principle, Engineering and Practice

刘晓伦 著

机 械 工 业 出 版 社

China Machine Press

图书在版编目（CIP）数据

深入浅出 Electron：原理、工程与实践 / 刘晓伦著 . -- 北京：机械工业出版社，2022.1
（Web 开发技术丛书）
ISBN 978-7-111-69609-4

Ⅰ. ①深…　Ⅱ. ①刘…　Ⅲ. ①移动终端 - 应用程序 - 程序设计　Ⅳ. ① TN929.53

中国版本图书馆 CIP 数据核字（2021）第 245411 号

深入浅出 Electron：原理、工程与实践

出版发行：机械工业出版社（北京市西城区百万庄大街 22 号　邮政编码：100037）
责任编辑：陈　洁　　　　　　　　　　　　　责任校对：殷　虹
印　　刷：北京市荣盛彩色印刷有限公司　　版　　次：2022 年 1 月第 1 版第 1 次印刷
开　　本：186mm×240mm　1/16　　　　　印　　张：19.75
书　　号：ISBN 978-7-111-69609-4　　　　定　　价：99.00 元

客服电话：（010）88361066　88379833　68326294　　投稿热线：（010）88379604
华章网站：www.hzbook.com　　　　　　　　　　　　读者信箱：hzjsj@hzbook.com

缘起

2019 年的春天，我开始动手写《 Electron 实战：入门、进阶与性能优化》一书，并用大概一年时间完成了该书的创作。书上市后，从各方面的反馈来看，还是达到了我的预期目标。很多读者特意联系我，告诉我书里的知识帮助他们解决了工作中的实际问题。这使我萌生了再写一本书的想法。

2020 年的春天，我调换了工作岗位，虽然仍是基于 Electron 工作，但所面临的问题与挑战都是前所未有的，所产出的产品的用户群更大，用户所使用的环境也更多样。除了工作本身带来的挑战被逐一克服之外，我还应用了很多新的方案和技术以提升产品的用户体验。

与此同时，Electron 领域也发生了重大的变革，Electron 版本现如今已更新到了 13.x.x，难以计数的 Issue 得到解决，同时也新增了很多重要的功能，废弃了一些重要的 API 和内置库。Electron 领域最重要的库 electron-builder 和 Spectron 也升级了多个版本。每次升级我都会第一时间去了解它们做了哪些更新，并验证这些更新是否可以应用于我的实际工作中。

除 Electron 及其生态外，商业社会也更加倾向于使用这种技术来开发桌面应用，像阿里巴巴、腾讯、京东、网易、美团、拼多多等大厂都有基于 Electron 开发的产品，也都在招聘具备 Electron 实战经验的人才，而且岗位薪资都相当可观，比同等岗位前端开发工程师的薪资要高出一大截。然而从我近一年的面试经历来看，这方面的人才还是非常匮乏的。

于是我从 2020 年 7 月份开始动手写这本新书，足足用了一年的时间才写完。希望我这一年的工作能为这个领域的同人做些微末的贡献。

介绍

　　本书并不是《Electron 实战：入门、进阶与性能优化》的替代品。《Electron 实战：入门、进阶与性能优化》的内容是偏最佳实践的，希望开发者了解怎样以最佳的姿态进入这个领域，怎样用最佳的手段开发出 Electron 应用，目的是帮助开发者提升生产力。而本书的内容是偏底层的，旨在帮助开发者了解 Electron 及其周边工具的底层运转逻辑，不畏 Electron 开发领域的难题，即使碰到问题也能找出根本原因和解决方案。也就是说，本书是帮助开发者夯实基础的。

　　这两本书的目的都是让开发者开发出稳定、健壮的 Electron 应用。

　　由于涉及了很多底层实现细节（C++ 编程、操作系统、Node.js 和 Chromium 等），所以本书要求读者具备一定的前端开发基础。如果你的前端技术尚处于初级阶段，希望能通过 Electron 入门桌面端开发，那么我建议你先读《Electron 实战：入门、进阶与性能优化》并做一些实战练习，之后再来读本书。

　　本书以"如何基于 Electron 开发桌面应用"为主线，介绍了大量的周边工具、库及技术。本书的目的是希望读者能从容地用 Electron 开发桌面应用，但凡对此目的有巨大帮助的技术，我都不希望读者错过，所以里面涉及了 Qt 开发框架、C++ 语言、Node.js 框架甚至 Vite 构建工具等，希望读者也能像我一样，不要把眼光局限在 Electron 这一单一的技术上，不是为了学习技术而学习技术，而是为了达到目的、创造价值而学习技术。

　　功利心太强可能会导致开发者忽视基础知识的重要性，在这种状态下构建工程是很容易出问题的，且一旦出问题开发者也没有能力在短时间内解决，甚至连甄别问题的根源都无能为力。基于此，本书也介绍了很多原理性的内容，帮助读者知其然也知其所以然。前辈的箴言"勿在浮沙筑高台"声犹在耳，希望你学完本书也能夯实构建 Electron 桌面应用的基础。

　　有的读者可能会担心，这本书又讲原理又涉及 Electron 与周边生态，会不会范围太广、内容太杂，导致质量不精。这确实非常考验作者对知识的驾驭和掌控能力，我在这方面主要做了以下三点工作。

　　首先，这不是一本面面俱到地介绍 Electron 与周边生态的书，它只截取了我认为最重要的部分，如果你希望由浅入深、面面俱到地学习 Electron，那么我建议你先读《Electron 实战：入门、进阶与性能优化》一书，再学习一下官网文档。

　　其次，本书不会涵盖那些在互联网上随处可见的教程、文章甚至面试题所涉及的内容。本书介绍的内容大部分都是我踩坑付出代价后得到的经验，大部分书里的知识点都是具备独创性的，是首次公开的。

最后，本书假定读者具备现代前端开发能力，了解基本的 Node.js 知识，甚至拥有一定的原生桌面应用开发经验。在做了这方面的约束后，我才可以从容地绕开那些基础知识，直接与读者交流实际业务领域中的技术问题。

编排

本书分为三部分。第一部分"原理"介绍 Electron 及其周边重要工具的运行原理，第二部分"工程"介绍使用不同的技术栈开发大型 Electron 工程的相关知识，第三部分"实践"介绍实际项目开发中的一些具体的技术方案，如窗口池、跨进程消息总线等。

本书部分源码开源地址为 https://gitee.com/horsejs/simple-but-profound-electron（注意：并非所有示例的源码都公开在此仓储下了）。

另外，本书的三部分内容并没有明确的先后顺序，读者如果觉得第一部分某些章涉及了大量的 C++ 知识，读起来比较吃力，可以先跳过这些章，甚至可以直接从第二部分或第三部分开始阅读，等掌握了足够的基础知识后再回头阅读第一部分也不迟。如果读者对实践内容更感兴趣，也可以跳过前两个部分直接阅读第三部分的内容，等读到关联的知识点，再回到前面学习指定的知识点，这种学习方式也未尝不可。

交流

虽然有多年的桌面端、前端开发经验，但我深知这两个领域的知识浩如烟海，自己掌握的知识不及其万一，所以书中难免有错谬或不妥之处。如读者发现了这些缺陷，希望能不吝赐教，与我联系。

如果读者对本书的内容有疑问，我会尽可能地给大家提供帮助，请大家加 QQ 群联系我：949674481。或者在微信公众号"桌面软件"中留言联系我。

致谢

本书要献给我的妈妈，是她无私的爱造就了今天的我。

感谢 Electron 开发团队及其维护者，是他们开发了这么令人兴奋的项目，使我们有机会基于 Electron 开发各种有趣的应用。没有 Electron 就没有本书。

感谢所有与我讨论技术问题的同事和朋友，很高兴工作或生活中能遇到他们，我的很多灵感都是他们给予的。

在我使用 Electron 开发项目的过程中及写作本书时，参考了很多网友发布的技术文章，在此向这个领域乐于分享的开发者们表示感谢。

感谢参与本书出版工作的编辑老师，他们的工作的重要性一点儿也不亚于我的，我们一起成就了本书。

感谢所有读者，大家的支持是我不断前进的动力，希望大家能从本书中得到期望的收获，让我们一起进步吧！

Contents 目 录

第一部分 *Part 1*

原 理

本部分深入介绍了 Electron（包括其内置的框架和周边的工具）的运行原理。Electron 及其内置的 Chromium 和 Node.js 都是极其复杂的工程，没办法事无巨细地介绍，只能截取一些断面，以点带面，带领大家了解 Electron 的内部运行机制，比如 Chromium 的多进程架构、Node.js 的模块机制、Electron 解析 asar 文件的原理等。

Electron 的周边工具非常多，本部分只介绍了一些开发者最常用的工具，比如 electron-builder、electron-updater 等。介绍这些内容时，我们从问题出发，引导读者探究这些工具的内部原理，比如 electron-builder 如何修改应用程序的可执行文件、electron-updater 如何校验新版本安装包等。

除此之外，本部分还介绍了一些看似与 Electron 无关的底层细节，比如浏览器的缓存策略、V8 的运行原理等。这些内容不但关系着开发人员是否能创建出健壮、稳定的应用，还为后续章节的一些知识提供了铺垫。

如果读者觉得本部分内容艰深难懂，可以暂时先跳过，从第二部分或第三部分开始阅读，当遇到有些知识理解不了时再阅读本部分内容也不迟。

第 1 章 *Chapter 1*

Electron 包原理解析

本章以国内开发者经常碰到的一个问题开始：为什么创建 Electron 项目时无法正确地安装 Electron 依赖包？为了解决这个问题，我们先后介绍了 npm 钩子、Electron 的镜像策略、缓存策略、注入命令、共享环境变量等内容，希望让读者能掌握 npm 的一些基本原理。本章最后还介绍了如何选择 Electron 的版本以及 Electron 团队的版本发布策略。

1.1 安装失败

刚入门的开发者一般会按照官方的文档来初始化项目，指令如下所示：

```
> npm init -y
> npm install electron --save-dev
```

第一行指令是使用 npm 工具初始化一个 Node.js 项目，第二行指令是为这个项目添加 Electron 依赖包。

执行第一个指令时并不会出现什么问题，但执行第二个指令时往往会得到如下报错信息（实际上使用 yarn 指令安装 Electron 依赖包也通常会收到类似的报错）：

```
> electron@13.1.0 postinstall D:\test\newelectron\node_modules\electron
> node install.js
Downloading electron-v13.1.0-win32-x64.zip: [===============================]
  100% ETA: 0.0 seconds
```

```
HTTPError: Response code 504 (Gateway Time-out)
   at EventEmitter.<anonymous> (D:\test\node_modules\got\source\as-stream.js:
   35:24)
   at EventEmitter.emit (events.js:210:5)
   at module.exports (D:\test\node_modules\got\source\get-response.js:22:10)
   at ClientRequest.handleResponse (D:\test\node_modules\got\source\request-as-
   event-emitter.js:155:5)
   at Object.onceWrapper (events.js:300:26)
   at ClientRequest.emit (events.js:215:7)
   at ClientRequest.origin.emit (D:\test\node_modules\@szmarczak\http-timer\
   source\index.js:37:11)
   at HTTPParser.parserOnIncomingClient [as onIncoming] (_http_client.js:583:27)
   at HTTPParser.parserOnHeadersComplete (_http_common.js:115:17)
   at Socket.socketOnData (_http_client.js:456:22)
npm WARN newelectron@1.0.0 No description
npm WARN newelectron@1.0.0 No repository field.

npm ERR! code ELIFECYCLE
npm ERR! errno 1
npm ERR! electron@13.1.0 postinstall: 'node install.js'
npm ERR! Exit status 1
npm ERR!
npm ERR! Failed at the electron@13.1.0 postinstall script.
npm ERR! This is probably not a problem with npm. There is likely additional
   logging output above.
```

这是因为 Electron 依赖包与大多数 Node.js 依赖包不同，它并不仅仅是一个包含一系列 JavaScript 文件的、托管在 npm 服务上的依赖包，而是一个"复合型"的依赖包。

为什么说它是一个"复合型"的依赖包呢？这是因为在安装 Electron 依赖包的过程中，npm 还额外执行了它在包内的配置文件中定义的脚本，这些脚本会去 GitHub 的代码仓储内下载 Electron 的可执行文件及其依赖的二进制资源。

这些可执行文件和资源有 70 ～ 80MB 之大，加之网络环境不稳定，所以大概率你会看到上面的报错信息。

接下来我们就介绍一下 Electron 是如何把自己做成一个"复合型"依赖包的。

1.2　npm 钩子

要想了解 npm 为项目安装 Electron 依赖包的执行细节，开发者可以给 npm install 指令增加两个参数来观察 npm 安装过程都做了什么，指令如下所示：

```
> npm install electron --save-dev  --timing=true --loglevel=verbose
```

这两个参数会把安装过程的日志打印到用户的控制台上，由于输出信息过多，本书不再摘录，只讲解安装的主要过程。

npm 通过 http fetch 的形式获取到一个 json 文件，json 文件的内容详见 https://registry.npmjs.org/electron。

这个 json 文件包含 Electron 的所有历史版本。如果用户在安装 Electron 时没有指定 Electron 的版本号，npm 会从这个 json 文件中获取最新的版本并为用户安装。

当 npm 工具把 Electron 的包文件从服务器上下载下来并保存到项目的 node_modules 目录后（Electron 依赖的其他包也会被放置在这个目录下），npm 工具会检查 node_modules\electron\package.json 文件，看看这个文件内有没有配置 postinstall 脚本，如果有则执行 post-install 配置的脚本指令，以下代码是 Electron 依赖包在 package.json 文件中配置的 post-install 脚本：

```
"scripts": {
  "postinstall": "node install.js"
},
```

postinstall 脚本是依赖包的开发者为 npm 工具定义的一个钩子，任何一个 npm 包都可以为自己指定这样的钩子，这个钩子会在依赖包安装完成后被 npm 执行。

除了 postinstall 钩子外，开发者还可以定义如下这些钩子。

❑ preinstall：包安装之前执行；

❑ postuninstall：包被卸载之后执行；

❑ preuninstall：包被卸载之前执行；

❑ poststart：当 npm start 执行后触发；

❑ poststop：当 npm stop 执行后触发；

❑ posttest：当 npm test 执行后触发。

如果你将来打算开发一个供其他人使用的 npm 包，那么应该了解这些钩子的具体含义和应用场景，更详细的文档请参阅 https://docs.npmjs.com/misc/scripts。

也就是说，在安装完 Electron 依赖包后，npm 的任务还没有完成，还要继续执行 install.js 文件。install.js 脚本负责下载 Electron 可执行文件及其二进制资源，我们前面看到的异常信息也是由它引发的（当下载失败时，就输出了那段错误信息）。

下面就来看一下 install.js 脚本是如何下载 Electron 可执行文件及其二进制资源的，以及如何利用 install.js 脚本提供的镜像策略顺利地安装 Electron 依赖包。

1.3　镜像策略

install.js 脚本下载 Electron 可执行文件及其二进制资源的入口方法的代码如下所示：

```
downloadArtifact({
  version,
  artifactName: 'electron',
  force: process.env.force_no_cache === 'true',
  cacheRoot: process.env.electron_config_cache,
  platform: process.env.npm_config_platform || process.platform,
  arch: process.env.npm_config_arch || process.arch
}).then(extractFile).catch(err => {
  console.error(err.stack)
  process.exit(1)
})
```

这个 downloadArtifact 方法并不是 Electron 包内的脚本提供的方法，而是另一个包 @electron/get 提供的方法。开发者可能会有疑惑：我并没有安装 @electron/get 包，它是从哪来的呢？

因为 @electron/get 包是 Electron 包依赖的一个 npm 包，npm 工具在安装 Electron 包时，发现它依赖了 @electron/get 包，所以就把它安装到你的项目中了。这实际上是一个递归的过程，@electron/get 包依赖的其他 npm 包也会被 npm 工具安装到你的项目中。

拓展：在 npm 3.x 以前，npm 的包管理方式是嵌套结构的，也就是说一个工程安装的依赖包位于当前工程根目录下的 node_modules 目录中，假设其中一个依赖包又依赖了其他 npm 包，我们假设这个依赖包叫作 packageA，那么它的依赖包会被安装在 packageA 目录的 node_modules 目录下，依此类推。

以这种方式管理依赖包会导致目录层级很深。在 Windows 操作系统中，文件路径最大长度为 260 个字符，目录层级过深会导致依赖包安装不成功。不同层级的依赖中可能引用同一个依赖包，这种结构也没办法复用这个依赖包，会造成大量的冗余、浪费。

自 npm 3.x 以来，npm 的包管理方式升级为了扁平结构，无论是当前工程的依赖包还是依赖包的依赖包，都会被优先安装到当前工程的 node_modules 目录下，在安装过程中如果 npm 发现当前工程的 node_modules 目录下已经存在了相同版本的某个依赖包，那么就会跳过安装过程，直接让工程使用这个已安装的依赖包。只有在版本不同的情况下，才会在这个包的 node_modules 目录下安装新的依赖包。

这就很好地解决了前面两个问题，但也引来了新的问题，直到 npm 5.x 引入了 package lock 的机制后，新的问题才得以解决。对详情感兴趣的读者可参阅 https://docs.npmjs.com/configuring-npm/package-lock-json.html。另外，npm 判断两个依赖包是否版本相同，是有一套复杂的规则的，详见 https://docs.npmjs.com/about-semantic-versioning。

包如其名，@electron/get 包存在的意义就是下载 Electron 可执行文件及其二进制资源。

从前面的代码已经知道，downloadArtifact 方法的入参是一个 JSON 对象。

对象的 force 属性标记着是否需要强制下载 Electron 的二进制文件，如果环境变量 force_no_cache 的值为 true，则无论本地有没有缓存，都会从 Electron 的服务器下载相应的文件。

对象的 version 属性是需要下载的 Electron 可执行程序的版本号，这个版本号就是定义在 Electron 包内 package.json 文件中的版本号。

对象的 platform 属性是开发者当前操作系统的名称，process.platform 得到的结果可能是 darwin（Mac 操作系统）、win32（64 位的 Windows 操作系统也是返回 win32）或 linux，与 require('os').platform() 得到的结果是相同的。也就是说 install.js 脚本会根据用户当前的操作系统来下载不同的 Electron 可执行文件。这一点后面还会有介绍。

对象的 arch 属性是开发者当前操作系统的架构，可能的值为 x32 或 x64。这些信息都是帮开发者确定下载什么版本的 Electron 可执行文件的。

上述信息最终会被组装成的下载地址可能是如下的样子（其中版本号视真实情况而定）：

```
https://github.com/electron/electron/releases/download/v13.1.6/electron-v13.1.6-
    win32-x64.zip
```

@electron/get 包把这个地址分成了三个部分。

❑ 镜像部分：https://github.com/electron/electron/releases/download/。

❑ 版本部分：v13.1.6/。

❑ 文件部分：electron-v13.1.6-win32-x64.zip。

这三部分联合起来最终构成了下载地址，每个部分都有其默认值，也有对应的重写该部分值的环境变量。

❑ 镜像部分的环境变量：ELECTRON_MIRROR。

　　❑ 版本部分的环境变量：ELECTRON_CUSTOM_DIR。

　　❑ 文件部分的环境变量：ELECTRON_CUSTOM_FILENAME。

　　一般情况下，我们只需要设置镜像部分的环境变量即可，比如把 ELECTRON_MIRROR 的环境变量的值设置为 https://npm.taobao.org/mirrors/electron/，这是阿里巴巴团队为国内开发者提供的镜像地址。如果你的公司禁用了 *.taobao.org，可以使用华为团队提供的镜像服务：https://mirrors.huaweicloud.com/electron/。

　　为 Windows 操作系统设置环境变量的方法如图 1-1 所示。

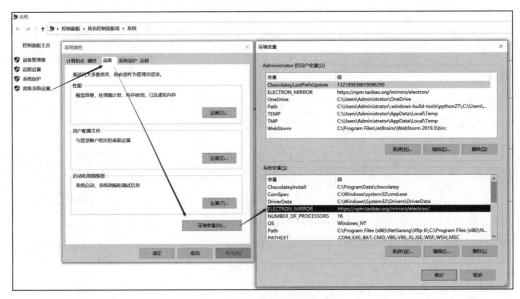

图 1-1　设置系统环境变量

　　需要注意的是，刚刚更新的版本可能并不会及时地同步到镜像服务中，需耐心等待一段时间（一般不会超过一天），镜像服务才会同步完成。

　　Electron 的可执行文件及其依赖的二进制资源被存放在一个压缩包中，这个压缩包的名字就像 electron-v13.1.6-win32-x64.zip 这样。除了下载这个压缩文件外，downloadArtifact 还单独下载了一个 SHASUMS256.txt 文件，这个文件内记录了 Electron 二进制文件压缩包的 sha256 值，程序会对比一下这个值与压缩包文件的 sha256 值是否匹配，这样做的目的有两个：

　　❑ 避免用户请求被截获，下载到不安全的文件（这方面的效用只能说聊胜于无）。

　　❑ 避免下载过程意外终止，下载到的文件不完整。

所以这就是解决方案之一：通过设置镜像服务来解决无法安装 Electron 依赖包的问题。当然还有其他解决方案，下面我们就通过介绍 Electron 依赖包的缓存策略来介绍第二种方案。

1.4　缓存策略

如果开发者使用的是 Windows 操作系统，那么 @electron/get 会首先把下载到的 Electron 可执行文件及其二进制资源压缩包放置到如下目录中：

```
C:\Users\ADMINI~1\AppData\Local\Temp
```

这是一个临时目录，这个目录的路径是 Node.js 通过 os.tmpdir() 获取的。文件下载完成后，@electron/get 会把它复制到缓存目录中以备下次使用。在 Windows 环境下，默认的缓存目录为：

```
C:\Users\[your os username]\AppData\Local\electron\Cache
```

这是通过 Node.js 的 os.homedir() 再附加几个子目录得到的（homedir 方法获取到的目录路径不包括 AppData 子目录）。

开发者可以通过为系统设置名为 electron_config_cache 的环境变量来自定义缓存目录。设置方式与设置镜像的环境变量一致，不再赘述。

知道了缓存目录的位置之后，开发者就可以先手动把 Electron 可执行文件及其二进制资源压缩包和哈希文件放置到相应的缓存目录中。这样再通过 npm install 命令安装 Electron 依赖包时，就会先从你的缓存目录里获取相应的文件，而不是去网络上下载了。这对于工作在无外网环境下的开发者来说无疑是一种非常有价值的手段。

需要注意的是，缓存目录子目录的命名方式是有要求的，如下所示：

```
// 二进制包文件的路径
[ 你的缓存目录 ]/httpsgithub.comelectronelectronreleasesdownloadv11.1.0electron-
    v11.1.0-win32-x64.zip/electron-v9.2.0-win32-x64.zip
// 哈希值文件的路径
[ 你的缓存目录 ]/httpsgithub.comelectronelectronreleasesdownloadv11.1.0SHASUMS256.
    txt/SHASUMS256.txt
```

路径中"[你的缓存目录]"下的子目录的命名方式看起来有些奇怪，这其实是下载地址格式化得来的（是通过一个叫作 sanitize-filename 的工具库，去除了 url 路径中的斜杠，使得其能成为文件路径）。如果开发者设置了镜像策略，那么这个目录名应该与镜像策略中的地址保持对应，而且 SHASUMS256.txt 是必不可少的。

在笔者的电脑上，这两个路径形式如图 1-2 和图 1-3 所示。

图 1-2 二进制包文件的路径

图 1-3 哈希值文件的路径

从上面两个例图可以看出镜像源是淘宝的。

这就是解决方案之二：通过提前把相关资源放置到缓存目录中解决无法安装 Electron 依赖包的问题。

install 脚本获取到缓存目录下的压缩包后，会执行 extractFile 方法，此方法会把缓存目录下的二进制文件压缩包解压到当前 Electron 依赖包的 dist 目录下：

```
[project]\node_modules\electron\dist
```

至此，Electron 依赖包才真正安装完全。下面写一段代码来测试一下我们为项目安装的 Electron 依赖包。

1）在当前项目中的 package.json 文件内添加一段脚本，代码如下所示：

```
"scripts": {
  "dev": "electron ./index.js"
}
```

2）在这个项目的根目录下创建一个名为 index.js 的 JavaScript 文件，并录入如下代码：

```
const { app, BrowserWindow } = require('electron')
let win
app.whenReady().then(() => {
  win = new BrowserWindow({
    width: 800,
    height: 600,
  })
  win.loadURL('https:// www.baidu.com')
})
```

3）在项目根目录下开启一个命令行工具，使用如下指令启动 Electron 应用：

```
> npm run dev
```

不出意外的话，这行指令会打开一个窗口，这个窗口会加载百度首页，说明我们安装的 Electron 依赖包没有任何问题。

我们接下去要讲的并不是 index.js 的内容（相信读者已经通过 Electron 的官方文档知道那些代码的含义了），而是为什么执行 npm run dev 指令就能启动 [project]\node_modules\electron\dist 目录下的 Electron 可执行程序。

1.5　注入命令

当开发者执行 npm run dev 指令时，npm 会自动新建一个命令环境，然后把当前项目下的 node_modules/.bin 目录加入到这个命令环境的环境变量中，接着再执行 scripts 配置节点 dev 指定的脚本内容。执行完成后，再把 node_modules/.bin 从这个环境变量中删除。

在 npm 自动创建的命令环境下可以直接用脚本名调用 node_modules/.bin 子目录里面的所有脚本，而不必加上路径。

打开 node_modules/.bin 目录，你就会发现有三个文件是与我们的 Electron 依赖包有关的：electron、electron.cmd、electron.ps1。前面执行 npm run dev 指令时会在对应的命令行下执行 electron./index.js 指令，背后实际上执行的是 electron.cmd./index.js，Windows 操作系统下可以省略命令行下的扩展名 .cmd。

那么这三个文件是哪来的呢？

Electron 依赖包安装完成后，npm 除了会检查钩子脚本外，还会检查 Electron 依赖包内 package.json 文件中是否配置了 bin 指令，很显然 Electron 依赖包是配置了这个指令的，代码如下所示：

```
"bin": {
  "electron": "cli.js"
}
```

一旦 npm 工具发现了这个配置，就会自动在项目的 node_modules/.bin 目录下注入命令文件，也就是上面提到的那三个文件。

❑ 不带扩展名的 electron 文件是为 Linux 和 Mac 准备的 shell 脚本。

❑ electron.cmd 是传统的 Windows 批处理脚本。

❑ electron.ps1 是运行在 Windows powershell 下的脚本。

命令文件中的脚本代码不多，以 electron.cmd 为例简单解释一下，代码如下所示：

```
@ECHO off
SETLOCAL
CALL :find_dp0
IF EXIST "%dp0%\node.exe" (
  SET "_prog=%dp0%\node.exe"
) ELSE (
  SET "_prog=node"
  SET PATHEXT=%PATHEXT:;.JS;=;%
)
"%_prog%" "%dp0%\..\electron\cli.js" %*
ENDLOCAL
EXIT /b %errorlevel%
:find_dp0
SET dp0=%~dp0
EXIT /b
```

整段批处理脚本的意义就是用 Node.js 执行 Electron 包内的 cli.js 文件，并把用户输入的所有命令行参数一并传递给 cli.js（实际上是传递给 Node.js 的可执行程序）。这段批处理脚本中，~dp0 指脚本所在的目录，SET 是为一个变量赋值，%* 是执行命令时输入的参数。关于 Windows 批处理的更多细节请参阅 https://docs.microsoft.com/en-us/windows-server/administration/windows-commands/windows-commands。

也就是说，执行 electron.cmd ./index.js 其实就是执行了如下命令：

```
> node /node_modules/electron/cli.js ./index.js
```

这就是执行 npm run dev 指令时 npm 真正为我们执行的指令。

细心的读者可能会发现，npm 并不会为所有的依赖包注入命令文件，因为大部分包都没有配置 bin 指令，这很容易理解，但有些包却有两组命令文件，比如 Mocha（一个测试工具包），这是因为它在 package.json 中增加了两组指令，代码如下所示：

```
"bin": {
  "mocha": "./bin/mocha",
  "_mocha": "./bin/_mocha"
},
```

下面我们就来看看 Electron 包内的 cli.js 是如何启动 Electron 的。

cli.js 中最重要的逻辑代码如下（为了便于理解，这段代码略有改动）：

```
var proc = require('child_process')
```

```
var child = proc.spawn(electronExePath, process.argv.slice(2), {
  stdio: 'inherit',
  windowsHide: false
})
```

这段代码使用 Node.js 的 child_process 对象创建了一个子进程，让子进程执行 Electron 的可执行文件，并把当前进程的命令行参数传递给了这个子进程。关于 Node.js 启动子进程的内容，后面还会进一步介绍。

process.argv.slice(2) 的意义是把命令行参数数组的前两位去掉，命令行参数之所以从第三位开始取，是因为按照约定，process.argv 的第一个值为当前可执行程序的路径，也就是 Node.exe 的路径，这对于我们来说是无意义的。第二个值为正被执行的 JavaScript 文件的路径，也就是 cli.js 的路径，这也是无意义的。第三个值才是我们需要的，也就是 ./index.js。

electronExePath 是一个文件路径变量，它指向的就是 [yourProjectPath]\node_modules\electron\dist\electron.exe。

也就是说这段代码的意义是启动 Electron 的可执行程序，并在启动时为它传递了一个命令行参数 ./index.js，实际上就是让 electron.exe 解释并执行 index.js 内的 JavaScript 代码。至此 npm 和 Node.js 的使命就完成了，后面的任务都是在 Electron 内部完成了，至于 Electron 内部如何加载 index.js，如何为用户的代码提供各类 API，我们将在后面详细讲解。

值得注意的是 cli.js 文件的首行代码：

```
#!/usr/bin/env node
```

这行代码是一个 Shebang 行（https://en.wikipedia.org/wiki/Shebang_(Unix)），是类 UNIX 平台上的可执行纯文本文件中的第一行，它通过 "#!" 前缀后面的命令行告诉系统将该文件传递给哪个解释器以供执行。虽然 Windows 不支持 Shebang 行，但因为这是 npm 的约定，所以这一行代码仍然是必不可少的。

这就是 Electron 依赖包启动 Electron 可执行程序的全过程。

1.6　共享环境变量

除了设置操作系统的环境变量外，开发者还可以在安装 Electron 依赖包前，使用如下指令临时性地设置一下环境变量：

```
> set electron_mirror = "https://npm.taobao.org/mirrors/electron/"
```

执行完此指令后，再执行安装 Electron 依赖包的指令就会使用上述镜像地址下载相关的二进制资源，但每次安装 Electron 依赖包都需要这样临时设置镜像地址很麻烦。

除此之外，开发者还可以通过如下命令设置 npm 的环境变量：

```
> npm config set electron_mirror https://npm.taobao.org/mirrors/electron/
```

通过这种方式设置的环境变量信息将存储在 C:\Users\[yourOsUserName]\.npmrc 文件内，如以下代码所示：

```
electron_mirror=https://npm.taobao.org/mirrors/electron/
```

这种方式设置镜像地址与设置操作系统的环境变量达到的效果是一样的，然而无论使用哪种方案，都只对开发者自己的电脑生效，而且除了 electron 的镜像外，你的团队可能还需要设置 electron-builder、node-sass、node-sqlite3 等依赖包的镜像，这就使得在团队内共享环境变量变得更加有价值。

如果想在团队内共享环境变量，可以在项目的根目录下新建一个名为 .npmrc 的文件，然后把环境变量设置到该文件内，这样在安装相应的依赖包时，npm 就会从指定的镜像地址下载资源了。如下是笔者在开发 Electron 项目中常使用的环境变量：

```
electron_mirror=https://npm.taobao.org/mirrors/electron/
ELECTRON_BUILDER_BINARIES_MIRROR=http://npm.taobao.org/mirrors/electron-
  builder-binaries/
node_sqlite3_binary_host_mirror=http://npm.taobao.org/mirrors/
sass_binary_site=https://npm.taobao.org/mirrors/node-sass
PYTHON_MIRROR=http://npm.taobao.org/mirrors/python
profiler_binary_host_mirror=http://npm.taobao.org/mirrors/node-inspector/
registry=https://registry.npm.taobao.org
```

.npmrc 文件是 npm 定义的，是专门为 npm 工具设置环境变量的文件，开发者不仅可以用其来设置依赖包的镜像，还可以设置其他的环境变量，比如前面提到的缓存目录等。

由于这个文件是在项目根目录下创建的，所以我们可以把它提交到项目的源码仓储内，这样团队内每个成员都可以使用这个文件配置的环境变量，免去了为每个新人配置开发环境的烦恼。

更详细的文档可以参考 https://docs.npmjs.com/cli/v6/configuring-npm/npmrc/。如果开

发者使用的是 yarn 包管理工具，同样可以设置 .yarnrc 文件（https://classic.yarnpkg.com/en/docs/yarnrc/），不再赘述。

1.7　合适的版本

自 Electron 2.0.0 以来，Electron 的版本管理方式就开始遵循 semver 的管理规则。semver（https://semver.org/lang/zh-CN/）是一种语义化版本规范，该规范由 npm 团队定义、开发和维护。

semver 的版本号内容分为主版本号、次版本号和修订号三个部分，中间以点号分割，版本号递增规则如下。

- ❑ 主版本号：当做了不兼容的修改时递增。
- ❑ 次版本号：当做了向下兼容的功能性更新时递增。
- ❑ 修订号：当做了向下兼容的问题修复时递增。

Electron 则在这个约束的前提下增加了如表 1-1 所示的递增规则。

表 1-1　Electron 版本更新规则

主版本号更新规则	次版本号更新规则	修订号更新规则
Electron 有不兼容的修改时递增	Electron 兼容性更新时递增	Electron 问题修复时递增
Node.js 主版本号更新时递增	Node.js 次版本号更新时递增	Node.js 修订版本号更新时递增
Chromium 更新时递增		为 Chromium 打补丁时更新

推荐大家使用稳定状态的最新版本的 Electron，如果已经安装了老版本的 Electron 或者发现 Electron 有可用的更新（关注 Electron 官网的发布页面：https://www.electronjs.org/releases/stable 可获得更新信息），大家可以使用如下指令更新本地工程的 Electron 版本：

```
> npm install --save-dev electron@latest
```

Electron 团队承诺只维护最近的三个大版本，比如本书出版时 Electron 最新版本为 v13.2.3，那么 Electron 团队只会维护 v13.x.x、v12.x.x、v11.x.x。v10.x.x 以及更早的版本则不再维护，当 v14.x.x 发布之后，v11.x.x 也就不再维护了（据悉 Electron 团队未来将扩大维护范围，将仅维护最近的三个版本扩大到四个版本）。

目前 Electron 版本发布相当频繁，每隔几周就会有一个新的稳定版本发布。大量的更新不仅仅带来了更多的新功能、解决了更多的问题，也意味着你所使用的版本即将成为无人维护的版本了，这也是为什么我推荐大家及时更新 Electron 版本的原因。

我们通过 npm 包管理工具安装的 Electron 依赖包都是稳定版本。除稳定版本外，Electron 团队还维护着 beta 版本、alpha 版本和 nightly 版本，这是 Electron 团队和一些激进的开发者的演武场，除非特别需要，不推荐在商业项目中使用这些版本。

另外 Electron 官方 GitHub 仓储的发布页面（https://github.com/electron/electron/issues）也时常会置顶一些重要更新事项，与社区的开发者一起讨论更新方案的细节，等最终方案敲定后，则逐步推动更新落地。比如前几年非常重要的移除 remote 模块的更新需求，就是置顶在这个页面的。这是开发者持续关注官方动向的最佳途径，一旦发现有不赞成的内容或破坏性的更新被置顶在这个页面，就应该尽量在项目当中避免使用它们。

Electron 原理解析

本章将从不同的角度深入介绍 Electron 的原理，比如 Electron 是如何初始化 Node.js 环境的，如何加载入口脚本，如何解析 asar 文件，如何支持不同的操作系统，如何发射页面事件，等等。另外还会介绍 Electron 内置的 Chromium 和 Node.js 的部分原理。

2.1 Chromium 原理

我们知道 Electron 内置了 Chromium（https://www.chromium.org/）和 Node.js（https://nodejs.org/），而且 Electron 的实现方式受这两个项目的影响很大，所以在剖析 Electron 原理前，有必要先简单讲解一下 Chromium 和 Node.js 这两个项目的原理。

我们不可能在一个小节内把 Chromium 的原理讲完，所以这里截取 Chromium 的多进程架构这一个特点来聊 Chromium 的原理，我认为这是对 Electron 影响最大的一个架构特点。

首先读者应该对浏览器引擎有一个基本的认识：构建一个永远不会崩溃的浏览器引擎几乎是不可能的，但几十年来浏览器的开发工程师都在朝着这个方向努力。

在 2006 年左右，任何一个浏览器产品都很容易崩溃，因为它们的架构设计模式就像过去的单用户、多任务协同操作系统一样。在这样的操作系统中，应用程序的不当行为，比如没有及时释放资源或陷入了死循环操作，都可能会使整个系统崩溃。

同样，浏览器中任何一个行为不当的网页也可能如此。一个页面或插件的错误就可能让整个浏览器崩溃。

现代操作系统更加健壮，因为它们将应用程序置于彼此隔离的独立进程中。一个应用程序的崩溃通常不会损害其他应用程序或操作系统。

Chromium 也做了类似的设计，它把每个页面约束在单独的进程中，以保护整个浏览器不受单个页面中的故障影响。它甚至还限制了每个页面进程对其他进程和系统其他部分的访问，这极大地缓解了浏览器容易崩溃的问题。

Chromium 把管理页面、管理选项卡和插件的进程称为主进程。把特定于页面的进程称为渲染进程。

渲染进程使用 Blink 开源布局引擎来解释和渲染 HTML。渲染进程与主进程通过 IPC 管道进行通信。

每个渲染进程都对应一个全局的 RenderProcess 对象，都有一个或多个 RenderView 对象。RenderProcess 对象负责与主进程通信并管理这些 RenderView 对象，通常每个新窗口或选项卡都会在新进程中打开。主进程负责创建这些新的进程，并指示它们创建各自的 RenderView 对象。

主进程负责监视追踪这些渲染进程，一旦渲染进程崩溃或挂起，则主进程控制着界面，提示用户需要重新加载页面。当用户点击"重新加载"按钮后，主进程则创建一个新的渲染进程来为用户服务。

有时候需要在选项卡或窗口之间共享渲染进程。比如开发者使用 window.open 方法打开新窗口时，就希望这个窗口复用当前的渲染进程，因为两个窗口之间往往需要同步的数据交互。

另外还有一些情况需要复用渲染进程，比如打开一个新的渲染进程时，发现系统中已经有一个同样的渲染进程可以复用的情况。Electron 也提供了类似的 API 供开发者复用渲染进程。

由于渲染进程运行在一个单独的进程中，所有页面脚本都在此进程中运行，当页面脚本尝试访问网络或本地资源时，当前渲染进程并不提供这样的服务，而是发消息给主进程，由主进程完成相应的工作，此时主进程会判断这些操作是否合法，比如跨越同源策略的请求、突破限制访问 Cookie、https 页面内内嵌 http 的页面等，这些行为都是不合法的行为，主进程可以拒绝提供服务，这就是浏览器的沙箱模式。

多进程模式还带来了性能上的提升，对于那些不可见的渲染进程，操作系统会在用户可用内存较低时，把它们占用内存的部分或全部交换到磁盘上，以保证用户可见的进程更具响应性。

相比之下，单进程浏览器架构将所有页面的数据随机分布在内存中，不可能如此干净地分离使用和未使用的数据，性能表现不佳。

也正是因为这些优势，以及对更高安全性的追求，Chromium 团队在分离进程的道路上越走越远，举个例子，比如一个页面内包含多个不同域下的 iframe，这些 iframe 也会被分离到不同的渲染进程中。

多进程模式并不是没有缺点，比如每个进程都会包含公共基础结构的副本（例如 V8 引擎的执行环境）、更复杂的通信模型等，这都意味着浏览器会消耗更多的内存、CPU 甚至电能。

虽然 Chromium 团队在这方面做了很多优化工作，但由于底层架构所限，优化工作并没有太大的成效（这也是为什么 Electron 应用资源消耗较大的底层原因）。Chromium 多进程架构图如图 2-1 所示。

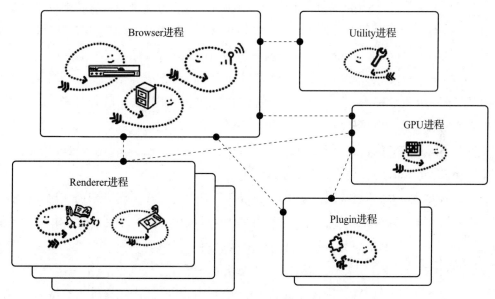

图 2-1　Chromium 多进程架构图（来源：Chromium 官网）

Electron 也继承了 Chromium 的多进程模式，每个 BrowserWindow、BrowserView、WebView 都对应一个渲染进程（并不是很准确，但基本可以这么理解），进程间通信也是通过 IPC 管道来实现的。多进程模式带来的缺点在 Electron 应用中也都存在。

可以这么说：没有 Chromium 就没有 V8（Chromium 内置的高性能 JavaScript 执行引擎），没有 V8 就没有 Node.js。Chromium 的高性能并不单单是多进程架构的功劳，V8 引擎也居功甚伟，V8 引擎以超高性能执行 JavaScript 脚本著称，Node.js 的作者也是因为这一点才决定封装 V8，把 JavaScript 程序员的战场引向客户端和服务端。下面就简单介绍一下 Node.js 的原理。

2.2　Node.js 原理

Node.js 是一个集成项目，是一系列成熟项目的集合体，内置了 V8、libuv、zlib、openssl 等项目。Node.js 的出现让 JavaScript 脱离了浏览器的束缚，使 JavaScript 程序员可以在服务端市场和客户端市场大展拳脚。

对于开发者来说，Node.js 有以下两个主要特点。

1）Node.js 解释并执行 JavaScript 脚本时是单线程执行的，也就是说，同一时刻只有一个用户线程用于 JavaScript 程序的执行。由于是单线程执行，所以开发者不需要考虑线程同步和线程间共享内存的问题，也不需要处理线程竞争访问资源的问题，这极大地减轻了开发者的负担，也使得运行在 Node.js 环境的项目更易于维护。

2）Node.js 绝大多数接口都具备非阻塞 I/O 的特性，无论是读写文件、网络请求还是进程间通信，开发者都不必等待操作执行完成再执行下一步操作。所有的完成信号都是以事件或回调函数的形式暴露给开发者的。相对于其他编程语言或框架来说，为了在读写文件时不阻塞现有线程的执行，必须自己实现异步逻辑，但 Node.js 天生就是异步的，这更符合实际的需求，也为开发者减轻了不少负担。

正是 Node.js 的这两个特性，导致 Node.js 不适合执行 CPU 密集型任务（比如科学计算、音视频处理、仿真模拟等），因为它没有多线程模型来支持并行性（目前 Node.js 已经有 worker_threads 模块支持并行地执行 JavaScript 线程，但实际应用中其能力尚显不足），所以 Node.js 更适合 I/O 密集型的任务（比如处理网络请求、用户交互等）。

无论是 Node.js 的内部实现还是 Node.js 为上层 JavaScript 应用提供的支持都是高度模块化的，现在我们就从 Node.js 的模块化机制为切入点讲解 Node.js 的原理。

在 Node.js 中，模块主要可以分为以下几种类型。

❑ 核心模块：是 Node.js 内置的，被编译到 Node.js 的可执行文件中，比如常用的 http、fs 等模块都属于核心模块。

❑ 文件模块：开发者通过 require 的方式加载的指定文件，比如 require('./util.js')。

❑ 第三方模块：开发者通过 npm 安装到 node_modules 目录下的模块，其内部原理与文件模块类似。

由于文件模块和第三方模块都是开发者提供的，我们只关注 Node.js 内置的核心模块，大部分 Node.js 内置的核心模块都分为上、下两个部分，位于上层的部分是 API 部分，由 JavaScript 编写，目的是为开发者提供使用接口。

位于下层的部分是实现部分，是用 C++ 语言编写的，是与操作系统交互的实现层。开发者一般不会直接访问核心模块的实现层（当然也有一些特例，只包含上层的包装层，不包含 C++ 实现层）。图 2-2 是 Node.js 的一个简单的架构图。

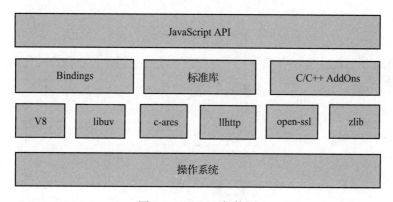

图 2-2　Node.js 架构图

我们先简要介绍一下倒数第二层中各个模块的用途。

❑ V8：高性能 JavaScript 的执行引擎，同时拥有解释执行和编译执行的能力，可以将 JavaScript 代码编译为底层机器码，Node.js 通过 V8 引擎提供的 C++ API 使 V8 引擎解析并执行 JavaScript 代码，并且通过 V8 引擎公开的接口和类型把自己内置的 C++ 模块和方法转换为可被 JavaScript 访问的形式。

❑ libuv：高性能、跨平台事件驱动的 I/O 库，它提供了文件系统、网络、子进程、管道、信号处理、轮询和流的管控机制。它还包括一个线程池，用于某些不易于在操作系统级别完成的异步工作。

❑ c-ares：异步 DNS 解析库。用于支持 Node.js 的 DNS 模块。

❑ llhttp：一款由 TypeScript 和 C 语言编写的轻量级 HTTP 解析器，内存消耗非常小。

❑ open-ssl：提供了经过严格测试的各种加密解密算法的实现，用于支持 Node.js 的

crypto 模块。

❑ zlib：提供同步的、异步的或流式的压缩和解压缩能力，用于支持 Node.js 的 zlib
模块。

在所有支持 Node.js 运行的模块中，显然 V8 和 libuv 是最重要的，我们通过 Node.js
的启动过程来了解一下它们是怎么在 Node.js 中提供支持的。

当使用 Node.js 执行一个 JavaScript 脚本文件时，比如：

```
> node index.js
```

Node.js 内部执行以下五项任务。

1）初始化自己的执行环境：在这个阶段 Node.js 会注册一系列的 C++ 模块以备将来
使用。

2）创建 libuv 的消息循环：这个消息循环会伴随着整个应用的生命周期，运行线程
退出它才会退出。libuv 模块内部持有一个非常复杂的结构体，当用户的代码开始读取文
件或发起网络请求时，Node.js 就会给这个结构体增加一个回调函数，libuv 的消息循环会
不断地遍历这个结构体上的回调函数，当读取文件或发起网络请求有数据可用时，就会
执行用户的回调函数。

3）创建 V8 引擎的运行环境：这是一个拥有自己栈的隔离环境。

4）绑定底层模块：Node.js 会使 V8 引擎执行一个 JavaScript 脚本（node_bootstrap.
js），这是 Node.js 内置的一个脚本，这个脚本负责绑定 Node.js 注册的那一系列 C++ 模块。

5）读取并执行 index.js 文件的内容：Node.js 会把这个文件的内容交给 V8 引擎运行，
并把运行结果返回给用户。

为了理解方便，这里省略了很多环节。

> 拓展：实际上 libuv 针对不同的操作，使用的是不同的异步模型，比如与网络相关
> 的异步模型就是基于操作系统提供的事件驱动模块实现的，与文件系统相关的异步模
> 型就是基于线程池的方案实现的（各操作系统的文件系统 API 差异较大，才导致 libuv
> 使用线程池方案的），其他的还有定时器相关的异步模型和进程控制相关的异步模型，
> 这些都体现在 libuv 模块初始化时注册的那个复杂的结构体的定义上。

在第 4）步中，绑定底层模块一般有三种方式：Binding、LinkedBinding 和 Internal-
Binding。这三种方式都利用了 V8 公开的 C++ API 将原生方法转换成可被 JavaScript 代码

使用的方法。

我们可以看一段演示性的代码：

```
// C++ 里定义
Handle<FunctionTemplate> Test = FunctionTemplate::New(cb); // cb 是一个 C++ 的方法指针
global->Set(String::New("yourCppFunction"), Test);

// js 里使用
var test = new yourCppFunction();
```

上面的 C++ 代码为 JavaScript 公开了一个名为 yourCppFunction 的方法，当 JavaScript 调用这个方法时，将执行 C++ 内部的 cb 方法，我们在第 16 章还会进一步介绍相关的知识。

这三种绑定原生模块的方式中常用的只有后面两种：InternalBinding 和 LinkedBinding。InternalBinding 对应 Node.js 内部私有的 C++ 绑定程序，用户无法访问。

LinkedBinding 对应开发者自己实现的 C++ 绑定程序，Electron 内部也大量使用了这种绑定形式为用户提供 API。

2.3　源码结构

> 学习 2.3 ～ 2.13 小节前，建议先下载 Electron 源码并按第 10 章的内容搭建好 Electron 源码调试环境，一边看书里的内容一边调试源码，学习效果更好；但这并不是必需的，如果读者仅仅是希望了解一下 Electron 的运行机制，那么并不需要对照源码学习。

Electron 是一个大型的集成项目，我们没打算面面俱到地介绍它的内部细节，首先介绍一下 Electron 的源码结构，让读者对这个项目有一个宏观的认识，然后再以关键执行细节为切入点介绍 Electron 的内部构造。

Electron 的源码仓储地址为：https://github.com/electron/electron，如下是 Electron 源码的目录结构及其对应的说明：

❑ build：此目录放置构建 Electron 工程相关的脚本。

❑ buildflags：此目录放置一些编译配置文件，可用于构建 Electron 工程时裁剪掉不必要的模块，比如 pdf_viewer、color_chooser、spellchecker、dark_mode_window 等。

❑ chromium_src：此目录放置一部分从 chrome 项目中复制过来的代码。

❑ default_app：Electron 提供的默认应用，你下载的 Electron 模块的这个路径（node_modules\electron\dist\resources\default_app.asar）下的文件就是它编译的结果。我们打开一个空的 Electron 项目，默认情况下展示的界面也是这个 default_app.asar 呈现的，如图 2-3 所示。

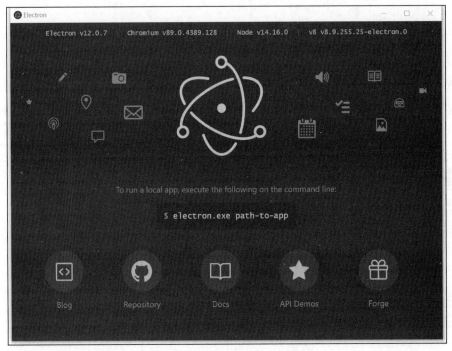

图 2-3　Electron 默认窗口界面

❑ docs：存放文档的目录，官网 API 及示例文档内容也是由此而来。

❑ lib：此目录下存放了一系列的 TypeScript 文件，这些文件提供了开发者使用到的所有 Electron 的 JavaScript API，比如 app、ipcMain、screen 等，也包含一些辅助性的 API，比如 asar、security-warnings 等。然而绝大多数 JavaScript API 是需要原生支持才能完成其相应功能的，这些支持 JavaScript API 的原生 C++ 代码被存放在 shell 目录下，后面会做详细介绍。

❑ npm：此目录下存放 Electron 作为一个 npm 模块相关的代码，开发者安装的 Electron 模块（node_modules/electron），就是由这个路径下的内容生成的。

❑ patches：此目录下存放了一系列的代码补丁文件，在编译 Electron 源码前，补丁工具会使用这些文件来修改 Node.js、Chromium 以及 V8 等项目的代码，以使这些项目能正常被 Electron 所集成。下面来看一段补丁代码：

```
diff --git a/src/api/environment.cc b/src/api/environment.cc
index 53b07052e43a09f29f863ee1b2287bdebe7b7a7f..c08fe4b32d4155badb572f15529f903c0ec63146 100644
--- a/src/api/environment.cc
+++ b/src/api/environment.cc
@@ -358,12 +358,14 @@ Environment* CreateEnvironment(
     |   |thread_id);

 #if HAVE_INSPECTOR
-  if (inspector_parent_handle) {
-    env->InitializeInspector(
-        std::move(static_cast<InspectorParentHandleImpl*>(
-            inspector_parent_handle.get())->impl));
-  } else {
-    env->InitializeInspector({});
+  if (env->should_initialize_inspector()) {
+    if (inspector_parent_handle) {
+      env->InitializeInspector(
+          std::move(static_cast<InspectorParentHandleImpl*>(
+              inspector_parent_handle.get())->impl));
+    } else {
+      env->InitializeInspector({});
+    }
   }
 #endif
```

Electron 的编译脚本就是通过这种方式来修改其所依赖项目的源码的。

❑ script：此目录下存放编译所需的工具脚本，上面所述的执行补丁文件的脚本也被存放在此目录下。

❑ shell：此目录下存放了一系列的 C++ 文件，这是 Electron 所有 API 的原生支持代码，子目录的结构也与 lib 目录一一对应。Electron 的入口函数也存放在目录 shell\app\electron_main.cc 下，如果读者要分析 Electron 的源码，可以从这个文件开始。

```
// 为 Windows 平台定义的入口函数
int APIENTRY wWinMain(HINSTANCE instance, HINSTANCE, wchar_t* cmd, int)
// 为 Linux 平台定义的入口函数
int main(int argc, char* argv[])
```

❑ spec：此目录下存放渲染进程的测试代码。

❑ spec-main：此目录下存放主进程的测试代码。

❑ typings：此目录下存放 TypeScript 类型文件。

2.4　主进程 Node.js 环境

在用户启动 Electron 应用后，首先执行的是整个应用的入口函数 wWinMain，该函数在 shell\app\electron_main.cc 文件内实现，wWinMain 是 Windows 系统下的入口函数，其他系统入口方法略有不同。

Electron 在入口函数内完成了很多工作，比如处理命令行指令、初始化环境变量等，但我们关注的只有下面这几行代码：

```
electron::ElectronMainDelegate delegate;
content::ContentMainParams params(&delegate);
params.instance = instance;
params.sandbox_info = &sandbox_info;
electron::ElectronCommandLine::Init(arguments.argc, arguments.argv);
return content::ContentMain(params);
```

以上代码中的 ContentMain 方法是 Chromium 项目中定义的方法，这个方法负责启动 Chromium，它接收一个参数，这个参数持有一个代理对象（shell\app\electron_main_delegate.cc），对 Chromium 进行二次开发，工程师可以利用这个代理对象完成一些自定义的初始化工作。Electron 的工程师就是使用了这个参数，为 Chromium 的启动过程注入了自己的逻辑。下面就来介绍 Electron 是如何利用这个代理对象注入自己的逻辑的。

首先 Electron 在启动 Chromium 之初，创建了一个 ElectronBrowserClient 对象（shell\browser\electron_browser_client.cc），这个对象继承自 Chromium 的 ContentBrowserClient 类，ContentBrowserClient 类提供了一系列的虚方法，比如 IsBrowserStartupComplete（判断浏览器核心是否完全启动）、IsShuttingDown（判断浏览器核心是否被关闭）、RenderProcessWillLaunch（是否有新的渲染进程将要被加载）等，ElectronBrowserClient 类继承自 ContentBrowserClient 类，同时也拥有了这个类的能力。

接下来 Electron 通过 ElectronBrowserClient 类的 CreateBrowserMainParts 方法创建了一个 ElectronBrowserMainParts 对象（shell\browser\electron_browser_main_parts.cc），这个对象继承自 Chromium 的 BrowserMainParts 对象，包含 Chromium 启动过程中的一系列"事件"（这里为了便于理解，写作"事件"，实际上并不是事件），Electron 就是在这个对象的 PostEarlyInitialization 事件中初始化了 Node.js 环境。

PostEarlyInitialization 事件是 Chromium 启动的早期事件，类似的还有 PreCreateMainMessageLoop（浏览器主进程消息循环开始前事件）、PostCreateMainMessageLoop（浏览器主进程消息循环开始后事件）、OnFirstIdle（主进程第一次进入空闲时的事件）等。

Electron 在 PostEarlyInitialization 事件执行时初始化 Node.js 的运行环境，其关键代码如下所示：

```
js_env_ = std::make_unique<JavascriptEnvironment>(node_bindings_->uv_loop());
v8::HandleScope scope(js_env_->isolate());
node_bindings_->Initialize();
node::Environment* env = node_bindings_->CreateEnvironment(
  js_env_->context(), js_env_->platform());
node_env_ = std::make_unique<NodeEnvironment>(env);
env->set_trace_sync_io(env->options()->trace_sync_io);
electron_bindings_->BindTo(js_env_->isolate(), env->process_object());
node_bindings_->LoadEnvironment(env);
node_bindings_->set_uv_env(env);
```

上述代码中，electron_bindings_ 是 ElectronBindings 类的一个实例，其 BindTo 方法为 process 对象提供了一系列的扩展方法和属性，比如 process 对象的 getCPUUsage、crash、getCreationTime 等方法。

node_bindings 是 NodeBindings 类的实例，其 Initialize 方法初始化了 Electron 的操作系统支持逻辑，比如剪贴板、系统菜单、托盘图标等的控制逻辑，这部分内容还会在后面进一步讲解。

node_bindings 对象的 LoadEnvironment 方法最终初始化 Node.js 的运行环境，至此 Electron 的主进程就具备了 Node.js 的执行环境，接下来就可以加载并执行用户的入口脚本文件了。

2.5　公开 API

在讲解 Electron 如何加载并执行用户的入口脚本文件前，我们必须要知道 Electron 是如何公开自己的 API 的，要不然都不知道 Electron 包内的 app 对象是怎么来的。

我们知道 Electron 是一个集成项目开发框架，开发者可以在这个框架内运行自己的 Html 页面、JavaScript 代码还可以调用 Node.js 的 API，这些能力都是 Chromium 和 Node.js 提供的，那么 Electron 自己的 API（比如访问剪贴板、创建系统菜单、创建托盘图标等）是如何公开的呢？

在 Electron 的 lib 目录下存放了一系列的 TypeScript 文件，这些文件提供了开发者使用的所有 Electron 的 JavaScript API，比如 app、ipcMain、screen 等，它们最终会被注入到 Node.js 的运行环境中，开发者的 JavaScript 代码可以像使用 Node.js 的 API 一样使用这些 API，那么 Electron 是如何做到这一点的呢？

我们知道所有 TypeScript 文件只有被转义成 JavaScript 文件后才能被 Node.js 执行，

那么接下去就以此为切入点分析这些 TypeScript 代码是如何起作用的。

Electron 使用 webpack 对 TypeScript 文件进行转义的，转义 TypeScript 文件的工作被定义在 Electron 的编译脚本中（BUILD.gn），部分代码如下所示：

```
webpack_build("electron_browser_bundle") {
  deps = [ ":build_electron_definitions" ]
  inputs = auto_filenames.browser_bundle_deps // 这是 ts 文件路径数组，后面还会解释
  config_file = "//electron/build/webpack/webpack.config.browser.js"
  out_file = "$target_gen_dir/js2c/browser_init.js"
}
webpack_build("electron_renderer_bundle") {
  deps = [ ":build_electron_definitions" ]
  inputs = auto_filenames.renderer_bundle_deps
  config_file = "//electron/build/webpack/webpack.config.renderer.js"
  out_file = "$target_gen_dir/js2c/renderer_init.js"
}
// 省略了几个配置项
```

通过一系列这样的编译脚本，Electron 把 lib 目录下的 TypeScript 代码编译成 asar_bundle.js、browser_init.js、isolated_bundle.js、renderer_init.js、sandbox_bundle.js、worker_init.js 六个 JavaScript 文件。

接着编译指令再通过一个名为 js2c.py 的 Python 的脚本处理这些 JavaScript 文件，代码如下所示：

```
action("electron_js2c") {
  deps = [
    ":electron_asar_bundle",
    ":electron_browser_bundle",
    ":electron_isolated_renderer_bundle",
    ":electron_renderer_bundle",
    ":electron_sandboxed_renderer_bundle",
    ":electron_worker_bundle",
  ]
  sources = [
    "$target_gen_dir/js2c/asar_bundle.js",
    "$target_gen_dir/js2c/browser_init.js",
    "$target_gen_dir/js2c/isolated_bundle.js",
    "$target_gen_dir/js2c/renderer_init.js",
    "$target_gen_dir/js2c/sandbox_bundle.js",
    "$target_gen_dir/js2c/worker_init.js",
  ]
  inputs = sources + [ "//third_party/electron_node/tools/js2c.py" ]
  outputs = [ "$root_gen_dir/electron_natives.cc" ]
  script = "build/js2c.py"
  args = [ rebase_path("//third_party/electron_node") ] +
```

```
        rebase_path(outputs, root_build_dir) +
        rebase_path(sources, root_build_dir)
}
```

这个 Python 脚本把上述几个 JavaScript 文件的内容转换成 ASCII 码的形式存放到一个 C 数组中，最终会生成一个名为 electron_natives.cc 的文件，当读者学习并实践完第 10 章后，可以在 out\Testing\gen 目录下看到这个临时源码文件，前面所述的 browser_init.js 等脚本文件将被存放在 out\Testing\gen\electron\js2c 目录下。

我们来看一下 electron_natives.cc 的关键代码：

```
namespace node {
namespace native_module {
static const uint8_t electron_js2c_asar_bundle_raw[] = {
47, 42, 42, 42, 42, 42, 42, 47, 32, 40, 102, 117, 110, 99.........// 此处省略了
                                                         // 很多内容
}
void NativeModuleLoader::LoadEmbedderJavaScriptSource() {
  source_.emplace("electron/js2c/asar_bundle", UnionBytes{electron_js2c_asar_
    bundle_raw, 37556});
  source_.emplace("electron/js2c/browser_init", UnionBytes{electron_js2c_browser_
    init_raw, 258328});
  source_.emplace("electron/js2c/isolated_bundle", UnionBytes{electron_js2c_
    isolated_bundle_raw, 42942});
  source_.emplace("electron/js2c/renderer_init", UnionBytes{electron_js2c_
    renderer_init_raw, 117341});
  source_.emplace("electron/js2c/sandbox_bundle", UnionBytes{electron_js2c_
    sandbox_bundle_raw, 231375});
  source_.emplace("electron/js2c/worker_init", UnionBytes{electron_js2c_worker_
    init_raw, 41808});
}
}  // namespace native_module
}  // namespace node
```

上述代码中，LoadEmbedderJavaScriptSource 方法非常重要，这个方法负责读取 ASCII 码数组的内容，并执行这些内容代表的 JavaScript 逻辑，只有当这个方法被执行后，那些 TypeScript 文件里书写的逻辑才会最终得到执行。那这个方法是在何时被执行的呢？

Electron 的编译工具在编译 Node.js 的源码前，会以补丁的方式把 electron_natives. cc 注入到 Node.js 的源码中去，代码如下所示（patches\node\build_add_gn_build_files. patch）：

```
+  sources = node_files.node_sources
+  sources += [
+    "$root_gen_dir/electron_natives.cc",
```

```
+      "$target_gen_dir/node_javascript.cc",
+      "src/node_code_cache_stub.cc",
+      "src/node_snapshot_stub.cc",
+   ]
```

注意每行代码前面都有加号，说明这些代码是要被添加到 Node.js 的代码中去的。electron_natives.cc 的代码虽然被注入到 Node.js 的源码中去了，但它是如何生效的呢？

这就需要了解 Electron 为 Node.js 提供的另一个补丁文件：patches\node\build_modify_js2c_py_to_allow_injection_of_original-fs_and_custom_embedder_js.patch，其中包含这样一段代码：

```
NativeModuleLoader::NativeModuleLoader() : config_(GetConfig()) {
  LoadJavaScriptSource();
+ LoadEmbedderJavaScriptSource();
}
```

上述补丁文件为 Node.js 的 NativeModuleLoader 类型的构造函数增加了一个函数调用：LoadEmbedderJavaScriptSource()。也就是说当 NativeModuleLoader 类被实例化时，将执行前面说的 TypeScript 逻辑。

NativeModuleLoader 类会在主进程初始化 Node.js 环境时被实例化，也就是说，我们上一小节讲的 Node.js 环境初始化成功后，这些 TypeScript 逻辑就被执行了。

我们以主进程的 app 对象为例，来看一下 Electron 是如何在 TypeScript 代码中公开这个对象的，关键代码如下所示：

```
const bindings = process._linkedBinding('electron_browser_app');
const { app } = bindings;
export default app;
```

这段代码通过 process 对象的 _linkedBinding 方法获取到了一个 C++ 绑定到 V8 的对象（在 Node.js 原理小节已略有讲解，后面还会有更深入的讲解），然后通过 export default 的方式把这个对象内的 app 属性公开给开发者使用。

其他的 Electron API，类似 IpcMain、webContents 等也都是通过类似的方式公开出来的。

这样 Electron 内置的 Node.js 就具备了 Electron 为其注入的 API。

如果读者研究过 Node.js 的原理，一定会觉得这种实现方式非常熟悉，因为 Node.js 的内置模块也使用了类似的机制来公开 API，实际上 Electron 团队就是参考了 Node.js 的实现方案。

2.6　不同进程不同的 API

在 Electron 中主进程和渲染进程可以使用的 API 是不同的，比如 app 模块和 ipcMain 模块只能在主进程中使用，ipcRenderer 和 webFrame 等模块只能在渲染进程使用，clipboard 和 desktopCapturer 等模块可以在两个进程中使用，Electron 是如何做到的呢？

细心的读者可能已经注意到了，上一小节讲解 webpack 对 TypeScript 文件进行转义时，生成的 browser_init.js 和 renderer_init.js 两个 JavaScript 文件就是为不同的进程提供服务的。

生成这两个文件所使用的输入信息是不同的，为生成 browser_init.js 提供输入信息的是 auto_filenames.browser_bundle_deps 编译变量，为生成 renderer_init.js 提供输入信息的是 auto_filenames.renderer_bundle_deps 编译变量。

我们以 auto_filenames.renderer_bundle_deps 为例，看一下这个编译变量对应的内容，在 filenames.auto.gni 文件中有这个编译变量的定义，它的值是一个 TypeScript 文件路径的数组，代码如下所示：

```
renderer_bundle_deps = [
  "lib/common/api/clipboard.ts",
  "lib/common/api/deprecate.ts",
  "lib/common/api/module-list.ts",
  "lib/common/api/shell.ts",
  "lib/common/define-properties.ts",
  "lib/common/init.ts",
  "lib/common/ipc-messages.ts",
  "lib/common/reset-search-paths.ts",
  "lib/common/type-utils.ts",
  "lib/common/web-view-events.ts",
  "lib/common/web-view-methods.ts",
  "lib/common/webpack-provider.ts",
  "lib/renderer/api/context-bridge.ts",
  "lib/renderer/api/crash-reporter.ts",
  "lib/renderer/api/desktop-capturer.ts",
  "lib/renderer/api/exports/electron.ts",
  "lib/renderer/api/ipc-renderer.ts",
  "lib/renderer/api/module-list.ts",
  "lib/renderer/api/native-image.ts",
  "lib/renderer/api/web-frame.ts",
  "lib/renderer/init.ts",
  "lib/renderer/inspector.ts",
  "lib/renderer/ipc-renderer-internal-utils.ts",
  "lib/renderer/ipc-renderer-internal.ts",
```

```
    "lib/renderer/security-warnings.ts",
    "lib/renderer/web-frame-init.ts",
    "lib/renderer/web-view/guest-view-internal.ts",
    "lib/renderer/web-view/web-view-attributes.ts",
    "lib/renderer/web-view/web-view-constants.ts",
    "lib/renderer/web-view/web-view-element.ts",
    "lib/renderer/web-view/web-view-impl.ts",
    "lib/renderer/web-view/web-view-init.ts",
    "lib/renderer/window-setup.ts",
    "package.json",
    "tsconfig.electron.json",
    "tsconfig.json",
    "typings/internal-ambient.d.ts",
    "typings/internal-electron.d.ts",
]
```

这个数组是不包含 lib/browser/api/app.ts 和 lib/browser/ipc-main-impl.ts 等文件的，但为主进程服务的 browser_bundle_deps 数组就包含这两个文件。

另外，这两个数组均包含 lib/common/api/clipboard.ts 和 lib/renderer/api/desktop-capturer.ts 等文件。

这就是有些 Electron 模块只有主进程可用，渲染进程不可用；有些只有渲染进程可用，主进程不可用；有些两个进程都可用的原因。

2.7　加载应用入口脚本

我们知道每个 Electron 应用都是从主进程的入口脚本开始执行的，那么 Electron 是如何找到并执行这个入口脚本的呢？

在 Electron 通过 LoadEmbedderJavaScriptSource 方法执行 TypeScript 逻辑时，有一个脚本文件完成了这个工作，它就是 lib\browser\init.ts。在这个文件中有如下一段逻辑：

```
let packagePath = null;
let packageJson = null;
const searchPaths = ['app', 'app.asar', 'default_app.asar'];
if (process.resourcesPath) {
  for (packagePath of searchPaths) {
    try {
      packagePath = path.join(process.resourcesPath, packagePath);
      packageJson = Module._load(path.join(packagePath, 'package.json'));
      break;
    } catch {
      continue;
```

```
      }
    }
  }
  if (packageJson == null) {
    process.nextTick(function () {
      return process.exit(1);
    });
    throw new Error('Unable to find a valid app');
  }
```

这段代码寻找 Electron 项目根目录下的 resources 子目录，检查这个目录下是否包含 app 子目录，如果没有则检查是否存在 app.asar 文件，如果还是没有找到，则检查是否存在 default_app.asar 文件，依旧没有找到则报异常并退出。

如果有一个命中，则读取它内部的 package.json 文件，关于 Electron 如何解析并读取 asar 文件内部的数据，后面会有介绍。

Electron 读取 package.json 文件后，会根据 package.json 内的信息执行一系列的配置逻辑，比如设置应用的默认版本号、设置应用的默认 DesktopName 等。

这些工作都设置完之后，Electron 把 package.json 配置的 main 脚本交给其内置 Node. js 执行，代码如下所示：

```
const Module = require('module');
const mainStartupScript = packageJson.main || 'index.js';
if (packagePath) {
  // Finally load app's main.js and transfer control to C++.
  process._firstFileName = Module._resolveFilename(path.join(packagePath, main-
      StartupScript), null, false);
  Module._load(path.join(packagePath, mainStartupScript), Module, true);
} else {
  console.error('Failed to locate a valid package to load (app, app.asar or
      default_app.asar)');
  console.error('This normally means you\'ve damaged the Electron package
      somehow');
}
```

上述代码中，mainStartupScript 变量存放的就是主进程的入口脚本文件，如果开发者没有为 package.json 配置 main 属性，那么 Electron 会默认加载 index.js，这和 Node.js 的行为是一致的。

这段代码里用到的 Module 对象是 Node.js 提供的内置模块，只不过 Electron 使用了它的两个内置方法 _resolveFilename 和 _load。其中 _load 方法负责加载并执行开发者提供的主进程的入口脚本文件，这就是 Electron 应用加载入口脚本的逻辑。

2.8 提供系统底层支持

开发者可能会有疑问，Electron 提供了很多能力，比如访问系统剪贴板、系统快捷键、系统屏幕及电源等硬件设备，难道这些能力都是上面这一系列 TypeScript 文件做到的？

答案如你所料，无论 TypeScript 还是 JavaScript 都做不了这些工作，这些工作都是 C++ 代码实现的，也就是前面所说的 shell 目录下的 C++ 文件。接下来就分析一下这些 C++ 代码是如何起作用的。

前面讲到在 Electron 初始化 Node.js 环境期间，会执行 NodeBindings 对象的 Initialize 方法，这个方法内部会调用一个名为 RegisterBuiltinModules 的方法（shell\common\node_bindings.cc），并注册了 Electron 为 Node.js 提供的扩展库，其执行的逻辑非常简单，代码如下所示：

```
void NodeBindings::RegisterBuiltinModules() {
#define V(modname) _register_##modname();
  ELECTRON_BUILTIN_MODULES(V)
#if BUILDFLAG(ENABLE_VIEWS_API)
  ELECTRON_VIEWS_MODULES(V)
#endif
#if BUILDFLAG(ENABLE_DESKTOP_CAPTURER)
  ELECTRON_DESKTOP_CAPTURER_MODULE(V)
#endif
#undef V
}
```

其中 ELECTRON_BUILTIN_MODULES 是一个宏，在编译过程中这个宏会被替换成如下这些代码：

```
#define ELECTRON_BUILTIN_MODULES(V)          \
  V(electron_browser_app)                    \
  V(electron_browser_auto_updater)           \
  V(electron_browser_browser_view)           \
  V(electron_browser_content_tracing)        \
  V(electron_browser_crash_reporter)         \
  V(electron_browser_dialog)                 \
  V(electron_browser_event)                  \
  V(electron_browser_event_emitter)          \
  V(electron_browser_global_shortcut)        \
  V(electron_browser_in_app_purchase)        \
  V(electron_browser_menu)                   \
  V(electron_browser_message_port)           \
  V(electron_browser_net)                    \
  V(electron_browser_power_monitor)          \
```

```
V(electron_browser_power_save_blocker) \
V(electron_browser_protocol)           \
V(electron_browser_printing)           \
V(electron_browser_session)            \
V(electron_browser_system_preferences) \
V(electron_browser_base_window)        \
V(electron_browser_tray)               \
V(electron_browser_view)               \
V(electron_browser_web_contents)       \
V(electron_browser_web_contents_view)  \
V(electron_browser_web_frame_main)     \
V(electron_browser_web_view_manager)   \
V(electron_browser_window)             \
V(electron_common_asar)                \
V(electron_common_clipboard)           \
V(electron_common_command_line)        \
V(electron_common_environment)         \
V(electron_common_features)            \
V(electron_common_native_image)        \
V(electron_common_native_theme)        \
V(electron_common_notification)        \
V(electron_common_screen)              \
V(electron_common_shell)               \
V(electron_common_v8_util)             \
V(electron_renderer_context_bridge)    \
V(electron_renderer_crash_reporter)    \
V(electron_renderer_ipc)               \
V(electron_renderer_web_frame)
```

这一系列的操作就是在注册 Electron 的扩展模块的底层支持模块，实际上 V 也是一个宏，这个宏对应的代码在具体的 C++ 模块内部，以 app 模块为例（shell\browser\api\electron_api_app.cc），代码如下（注意下面代码中有一个 Initialize 方法指针）：

```
NODE_LINKED_MODULE_CONTEXT_AWARE(electron_browser_app, Initialize)
```

这又是一个宏，定义它的代码如下所示：

```
#define NODE_LINKED_MODULE_CONTEXT_AWARE(modname, regfunc) \
  NODE_MODULE_CONTEXT_AWARE_CPP(modname, regfunc, nullptr, NM_F_LINKED)
```

NODE_MODULE_CONTEXT_AWARE_CPP 还是一个宏，它是由 Node.js 提供的，这个宏最终负责为 Node.js 注册原生模块，也就是执行上述 Initialize 方法（实际上 Node.js 内部的原生模块，比如 fs 模块，也是由这个宏注册的），Initialize 方法的代码如下所示：

```
void Initialize(v8::Local<v8::Object> exports,
                v8::Local<v8::Value> unused,
```

```
                    v8::Local<v8::Context> context,
                    void* priv) {
    v8::Isolate* isolate = context->GetIsolate();
    gin_helper::Dictionary dict(isolate, exports);
    dict.Set("app", electron::api::App::Create(isolate));
}
```

这段代码为一个字典容器添加了一项数据，这项数据的键是 app，值是一个由 electron::api::App::Create 创建的异步对象，类似 ipcMain 等对象也被存放在这个字典容器中。

当上层应用首次使用 app 对象时，会执行这个异步对象的初始化方法，以后使用这个对象都会从缓存中获取，构造 app 对象的部分代码如下所示：

```
gin_helper::EventEmitterMixin<App>::GetObjectTemplateBuilder(isolate)
    .SetMethod("quit", base::BindRepeating(&Browser::Quit, browser))
    .SetMethod("exit", base::BindRepeating(&Browser::Exit, browser))
    .SetMethod("focus", base::BindRepeating(&Browser::Focus, browser))
    .SetMethod("setAppPath", &App::SetAppPath)
    .SetMethod("getAppPath", &App::GetAppPath)
    // 省略了很多代码
```

到这里 Electron 才真正地为 app 对象提供了一系列的能力，我们再回头看对应的 TypeScript 文件的代码（lib\browser\api\app.ts），有如下几行代码：

```
const bindings = process._linkedBinding('electron_browser_app');
const { app } = bindings;
export default app;
```

其中 process._linkedBinding 是 Node.js 提供的方法，其内部调用了一个名为 getLinked-Binding 的方法。这个方法负责获取 C++ 编译的底层模块，同时也就触发了 app 对象的异步构造工作，得到这个对象之后，Electron 就把它暴露给最终开发者使用了。

当开发者通过 let {app} = require("electron") 的方式得到这个 app 对象后，就可以使用它的 quit 或 getAppPath 方法了，而这些方法都是通过 C++ 代码实现的。

当然，并不是所有 app 对象的属性和方法都是 C++ 代码实现的，TypeScript 代码也为其附加了一些方法或属性，示例代码如下所示：

```
Object.defineProperty(app, 'applicationMenu', {
  get () {
    return Menu.getApplicationMenu();
  },
  set (menu: Electron.Menu | null) {
    return Menu.setApplicationMenu(menu);
```

```
    }
});
```

上述 TypeScript 代码为 app 对象附加了一个名为 applicationMenu 的方法。

其他模块，比如系统剪贴板、屏幕、对话框等，也都是通过这种方式提供底层支持的，这里不再一一赘述。

2.9 解析 asar 文件

默认情况下 electron-builder 会把开发者编写的 HTML、CSS 和 JavaScript 代码以及相关的资源打包成 asar 文件嵌入到安装包中，再分发给用户。

asar 是一种特殊的存档格式，它可以把大批的文件以一种无损、无压缩的方式链接在一起，并提供随机访问支持。

electron-builder 是通过 Electron 官方提供的 asar 工具制成和提取 asar 文档的（https://github.com/electron/asar），开发者可以通过如下命令全局安装 asar 工具（全局安装此工具非常有必要，以便你能随时分析生产环境下 Electron 应用的源码）：

```
> npm install asar -g
```

安装好 asar 工具后，打开你的 Electron 应用的安装目录，在 resources 子目录下找到 app.asar 文件，通过如下命令列出该文件内部包含的文件信息：

```
> asar list app.asar
```

如果我们想看 app.asar 包中的某个文件内容，我们可以通过如下命令把该文件释放出来：

```
> asar ef app.asar entry.js
```

这样 entry.js 就会出现在 app.asar 同级目录下了，如果释放文件失败，提示如下错误：

```
internal/fs/utils.js:307
throw err;
Error: EPERM: operation not permitted, open 'entry.js'
90m    at Object.openSync (fs.js:476:3)39m
90m    at Object.writeFileSync (fs.js:1467:35)39m
```

这往往是你的应用程序正在运行、app.asar 文件被占用了导致的，退出应用程序再次尝试，如果还是无法释放目标文件，可以考虑把 app.asar 拷贝到另一个目录下再释放。

如果你希望一次性把 app.asar 内的文件全部释放出来，可以使用如下指令：

```
> asar e app.asar
```

更多 asar 工具的指令请参阅 https://github.com/electron/asar#usage。

一般情况下 Node.js 应用加载外部模块或文件都是通过 require 方法加载用户本地目录下的 js 文件实现的，然而对于 Electron 应用来说原生的 require 方法有如下两个问题：

1）Windows 下文件路径的长度是有限制的，然而项目 node_modules 子目录下各个模块纠缠错杂，嵌套深度难以确定，开发者虽能在开发环境下正确安装和使用 node 模块，但不能确定最终用户把应用安装在什么目录下，很有可能安装在一个较深层的目录下，这就会导致应用无法安装成功的问题。

2）Node.js 提供的 require 方法是一个非常消耗性能的方法，这对于 Node.js 开发的 Web 后台应用来说可能表现得并不明显，因为在应用启动时就完成了这些工作（这也是这些 Web 后台应用把 require 方法写在文件头部的原因），运行时就不存在这方面的开销了，但在 Electron 应用中每打开一个窗口就会执行渲染进程的脚本代码，如果你的脚本中有大量的 require 方法需要执行，性能损耗就会非常大（有些 require 操作可能不是你有意执行的，而是隐藏在 node 模块内的，据分析 require 加载 request 这个包大概需要花费 500ms 的时间，当然，最好的办法还是通过 webpack 或 roolup 这样的工具捆扎你的代码）。

基于这两个原因 Electron 提供了 asar 工具，这个工具把源码和资源文件拼接成一个大文件，也就是前面所说的 app.asar 文件，然后把每个文件的文件名、路径信息、开始位置、长度信息等都记录在一个称之为 header 的结构体内，这个结构体也存储在这个大文件中，再把这个 header 的大小也记录在这个大文件中，如图 2-4 所示。

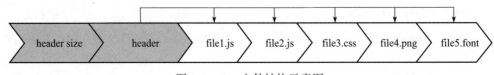

图 2-4　asar 文件结构示意图

同时 Electron 自身也内置 asar 文件的解析能力，并且重写 Node.js 的 require 方法，当 Electron 执行开发者的代码时，遇到 require 方法加载本地文件时，asar 提供的方法就会介入，从 header 中检索出文件的位置和大小信息，再根据这些信息读取文件的内容（也就是说直接从 asar 文件的指定位置获取指定长度的数据，而并不会把整个 asar 文件都加载到内存中再解析）。这就解决了第一个问题、缓解了第二个问题，同时在一定程度上还加密了用户的源码。

在初始化 Electron 的系统底层模块时，有一个名为 InitAsarSupport 的方法（shell\common\api\electron_api_asar.cc）完成了 Electron 对 asar 文件的支持工作，代码如下所示：

```
void InitAsarSupport(v8::Isolate* isolate, v8::Local<v8::Value> require) {
  // Evaluate asar_bundle.js.
  std::vector<v8::Local<v8::String>> asar_bundle_params = {
      node::FIXED_ONE_BYTE_STRING(isolate, "require")};
  std::vector<v8::Local<v8::Value>> asar_bundle_args = {require};
  electron::util::CompileAndCall(
      isolate->GetCurrentContext(), "electron/js2c/asar_bundle",
      &asar_bundle_params, &asar_bundle_args, nullptr);
}
```

从上面的代码可知，Node.js 的 require 方法是作为参数传入这个 InitAsarSupport 方法的，在这个方法中 Electron 修改了 Node.js 的 require 方法，使其支持加载 asar 文件内部的脚本。那么 Electron 是如何调用这个 InitAsarSupport 方法的呢？

Electron 又是通过打补丁的方式修改 Node.js 的源码来完成这项工作的（patches\node\feat_initialize_asar_support.patch），代码如下所示：

```
@@ -69,6 +69,7 @@ function prepareMainThreadExecution(expandArgv1 = false) {
  assert(!CJSLoader.hasLoadedAnyUserCJSModule);
  loadPreloadModules();
  initializeFrozenIntrinsics();
+ setupAsarSupport();
}
+function setupAsarSupport() {
+ process._linkedBinding('electron_common_asar').initAsarSupport(require);
+}
```

以上这段补丁代码将在 Node.js 的 prepareMainThreadExecution 方法中执行，prepareMainThreadExecution 是在 Node.js 环境初始化成功后的 LoadEnvironment 方法内执行的，这个方法前面也介绍过。

回到 InitAsarSupport 方法，在这段代码中执行了 Electron 的一个 CompileAndCall 方法，Electron 在这个方法内部执行了 asar 模块的初始化脚本，我们在 2.5 节介绍过 Electron 编译了一系列 TypeScript 脚本，有 browser_init.js、renderer_init.js 等，asar_bundle.js 就是其中之一，此处的 CompileAndCall 方法就是执行这个脚本文件的内容。

这个脚本的代码是从 lib\asar\init.ts 和 lib\asar\fs-wrapper.ts 编译而来的，我们知道 Node.

js 通过 require 方法加载模块（这里只讨论 js 模块）时，内部也是用 fs 模块的 readFileSync 方法读取模块内容的（以异步著称的 Node.js 这里居然用的是同步方法，这也是 fibjs 库的作者反对 Node.js 的理由之一），所以 Electron 在 init.ts 和 fs-wrapper.ts 两个文件中只是修改了 fs 模块的一些内部实现，无论用户使用 require 方法加载 asar 文件内部的模块，还是使用 fs 读取 asar 文件内部的文件时，都会执行 Electron 提供的内部实现，而不是 Node.js 原有的实现。

实际上 Electron 并没有修改 fs 模块内的所有方法，只是修改了诸如 open、openSync、copyFile 等方法，因为 fs 模块内的很多方法最终也是执行了这些方法的逻辑，所以只要修改它们就可以了。

但 init.ts 和 fs-wrapper.ts 两个文件内并不是只修改了 fs 模块内的方法，还修改了 child_process 和 process 模块的方法，因为这些模块也会涉及读取 asar 内部文件的一些 API，比如 child_process 模块的 execFile 方法和 process 模块的 dlopen 方法。

提到 execFile 方法就不得不讲 asar 文件内的可执行程序，Electron 是无法执行一个位于 asar 文件内的可执行程序的，Electron 会先把这类可执行文件释放到一个临时目录下，再执行 execFile 方法，所以这类操作会增加一些开销，不建议把可执行程序打包到 asar 文件中。

另外，读取文件的逻辑并不都是在 init.ts 和 fs-wrapper.ts 这两个 ts 文件中实现的，比如获取文件信息的代码就是在 shell\common\api\electron_api_asar.cc 实现的，代码如下所示：

```
v8::Local<v8::Value> Stat(v8::Isolate* isolate, const base::FilePath& path) {
  asar::Archive::Stats stats;
  if (!archive_ || !archive_->Stat(path, &stats))
    return v8::False(isolate);
  gin_helper::Dictionary dict(isolate, v8::Object::New(isolate));
  dict.Set("size", stats.size);
  dict.Set("offset", stats.offset);
  dict.Set("isFile", stats.is_file);
  dict.Set("isDirectory", stats.is_directory);
  dict.Set("isLink", stats.is_link);
  return dict.GetHandle();
}
```

关于 asar 文件的序列化和反序列化逻辑，并不是 Electron 实现的，而是借助 chromium 内置的 Pickle 来实现的，这里不再赘述，详情请参见 https://www.npmjs.com/package/chromium-pickle。

2.10　渲染进程 Node.js 环境

前面介绍初始化主进程 Node.js 环境时提到，Electron 在启动 Chromium 时为其传入了一个 ElectronMainDelegate 的代理对象，在 Chromium 运行过程中，每创建一个浏览器窗口，也就是说每创建一个渲染进程，就会执行这个代理对象的 CreateContentRenderer-Client 方法。

CreateContentRendererClient 方法会创建一个 ElectronRendererClient 对象（shell\renderer\electron_renderer_client.cc）。ElectronRendererClient 对象间接继承自 Chromium 的 Content-RendererClient 类型。这个类型为渲染进程的生命周期暴露出了一系列的事件（姑且称之为事件），比如 DidCreateScriptContext（渲染进程的 JavaScript 执行环境准备就绪）、WillRelease-ScriptContext（将要卸载渲染进程的 JavaScript 执行环境）等。

Electron 就是在 DidCreateScriptContext 事件中为渲染进程初始化 Node.js 环境的，代码如下所示：

```
void ElectronRendererClient::DidCreateScriptContext(v8::Handle<v8::Context>
  renderer_context,
    content::RenderFrame* render_frame) {
  auto prefs = render_frame->GetBlinkPreferences();
  bool is_main_frame = render_frame->IsMainFrame();
  bool is_devtools = IsDevToolsExtension(render_frame);
  bool allow_node_in_subframes = prefs.node_integration_in_sub_frames;
  bool should_load_node = (is_main_frame || is_devtools || allow_node_in_
  subframes) &&
      !IsWebViewFrame(renderer_context, render_frame);
  if (!should_load_node) return;
  injected_frames_.insert(render_frame);
  if (!node_integration_initialized_) {
    node_integration_initialized_ = true;
    node_bindings_->Initialize();
    node_bindings_->PrepareMessageLoop();
  } else { node_bindings_->PrepareMessageLoop(); }
  if (!node::tracing::TraceEventHelper::GetAgent())
    node::tracing::TraceEventHelper::SetAgent(node::CreateAgent());
  bool initialized = node::InitializeContext(renderer_context);
  CHECK(initialized);
  node::Environment* env = node_bindings_->CreateEnvironment(renderer_context,
    nullptr);
  env->set_force_context_aware(true);
  environments_.insert(env);
  electron_bindings_->BindTo(env->isolate(), env->process_object());
  gin_helper::Dictionary process_dict(env->isolate(), env->process_object());
```

```
BindProcess(env->isolate(), &process_dict, render_frame);
node_bindings_->LoadEnvironment(env);
if (node_bindings_->uv_env() == nullptr) {
  node_bindings_->set_uv_env(env);
  node_bindings_->RunMessageLoop();
}
}
```

渲染进程初始化 Node.js 环境的逻辑与主进程初始化 Node.js 的逻辑大同小异，值得注意的是，如果开发者没有开启在 iframe 中初始化 Node.js 环境的开关，且当前渲染进程是一个 iframe 页面产生的，那么此方法直接退出，不执行初始化 Node.js 环境的逻辑。

了解了 iframe 内是如何初始化 Node 环境的，接着就看一下 WebWorker 内是如何初始化 Node.js 环境的。

这项工作也是由 ElectronRendererClient 对象完成的，当页面上的 WebWorker 的 JavaScript 环境准备完成后，会触发 ElectronRendererClient 对象的 WorkerScriptReadyForEvaluationOnWorkerThread 事件，Electron 在这个事件的处理方法中执行了为 WebWoker 初始化 Node.js 环境的逻辑（shell\renderer\web_worker_observer.cc）。

2.11 支持不同的操作系统

有很多种方案可以使代码在不同的操作系统中提供相同的接口或能力，比如基于 Electron 开发软件的工程师常用的就是在软件的运行期判断当前的操作系统，然后执行不同的业务单元，代码如下所示：

```
const homedir = require("os").homedir();
let result;
if (process.platform === "win32") {
  result = process.env.LOCALAPPDATA || path7.join(homedir, "AppData", "Local");
} else if (process.platform === "darwin") {
  result = path.join(homedir, "Library", "Application Support", "Caches");
} else {
  result = process.env.XDG_CACHE_HOME || path7.join(homedir, ".cache");
}
return result;
```

在这段代码中使用 process.platform 判断当前用户的操作系统，为不同的操作系统生成不同的用户数据目录。这种方法的缺点就是当代码执行到这个逻辑时，要消耗额外的

CPU 来执行判断比较。

　　对于基于 Qt 开发软件的工程师来说，最常用的就是使用 Qt 框架内预定义的宏变量来判断当前的操作系统。

```
#ifdef Q_OS_WIN32
  qputenv("MY_ENV", "WIN");
#elif Q_OS_MAC
  qputenv("MY_ENV", "MAC");
#else
  qputenv("MY_ENV", "LINUX");
#endif
```

　　在上述代码的编译过程中就会根据 Q_OS_WIN32 和 Q_OS_MAC 宏变量的值来编译不同的代码，这种方案的优点就是代码执行过程中不必消耗额外的 CPU 资源来执行判断比较，因为编译器已经把这个判断工作做了。

　　如果使用 Visual Studio 作为开发工具，还可以在工程里定义预处理器变量，如图 2-5 所示。

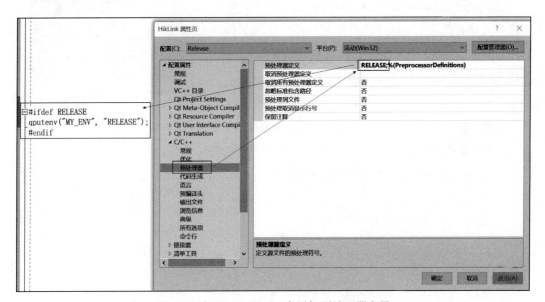

图 2-5　在 Visual Studio 中添加预处理器变量

　　这通常用于针对不同的编译环境提供不同的逻辑，比如 debug 环境、test 环境和各种灰度环境等。

　　但 Electron 的工程师并没有使用上述这些方案来为不同的操作系统提供不同的逻辑，

我们以 AddRecentDocument 方法为例来分析 Electron 是如何支持不同的操作系统的。

　　AddRecentDocument 方法可以为应用添加最近打开的文档，在 VS Code 的任务栏图标上右击，就可以看到最近打开的文件夹和最近打开的文件，如图 2-6 所示。

　　这就是 VS Code 使用 AddRecentDocument 这个 API 开发的功能，很显然这个 API 的实现逻辑在不同的操作系统下是不一样的。

　　通过翻阅源码可知，AddRecentDocument 方法是在 shell\browser\browser.h 头文件中定义的，在 shell\browser\browser_win.cc 和 shell\browser\browser_mac.mm 文件内都有实现逻辑，其中 browser_win.cc 内的代码是 Windows 操作系统下的实现逻辑，browser_mac.mm 是 Mac 操作系统下的实现逻辑。

　　虽然 shell\browser\browser_linux.cc 文件内也实现了这个方法，但这个方法并没有任何代码，是一个空方法，这就是 AddRecentDocument 文档说明此方法仅支持 macOS 和 Windows 操作系统的原因，在 browser_linux.cc 放置一个空方法是为了避免同一套代码在 Linux

图 2-6　VS Code 最近打开的文档

系统中执行时产生异常（即使什么也不做，也不应该产生异常）。

　　虽然为不同的操作系统实现了不同的代码，但这些代码是如何生效的呢？这就要看 filenames.gni 文件中定义的编译文件的路径数组，代码如下所示：

```
lib_sources_win = [
    "shell/browser/browser_win.cc",
    ......            // 此处省略 N 个文件路径
  ]
lib_sources_mac = [
    "shell/browser/browser_mac.mm",
    ......            // 此处省略 N 个文件路径
]
lib_sources_mac = [
    "shell/browser/browser_mac.mm",
    ......            // 此处省略 N 个文件路径
]
lib_sources_linux = [
```

```
        "shell/browser/browser_linux.cc",
        ......          // 此处省略 N 个文件路径
    ]
lib_sources = [
    "shell/browser/browser.h",
    ......                    // 此处省略 N 个文件路径
    ]
```

前三个数组分别定义了在不同操作系统下执行编译工作时需要编译的文件，最后一个数组定义了三个系统都需要编译的文件。

接下来编译脚本 BUILD.gn 使用了这三个数组，代码如下所示：

```
sources = filenames.lib_sources
if (is_win) {
  sources += filenames.lib_sources_win
}
if (is_mac) {
  sources += filenames.lib_sources_mac
}
if (is_linux) {
  sources += filenames.lib_sources_linux
}
```

也就是说，除了一些所有系统都需要的源码文件外，不同系统有各自不同的源码文件，这样在不同平台下编译出的二进制文件则拥有了相同的接口但不同的实现。

如大家所见，Electron 也是在编译期判断执行环境的，所以不存在性能上的损耗。

2.12　进程间通信

Chromium 使用一个名为 Mojo（https://chromium.googlesource.com/chromium/src.git/+/51.0.2704.48/docs/mojo_in_chromium.md）的框架完成进程间通信的工作，Electron 也顺理成章地使用这个框架在主进程和渲染进程间传递消息。

Mojo 框架提供了一套底层的 IPC 实现，包括消息管道、数据管道和共享缓冲区等。Chromium 在 Mojo 框架之上又做了一层封装，以简化不同语言（如 C++、Java 或 JavaScript 等）、不同进程（如主进程、渲染进程等）之间的消息传递。

Electron 在 shell\common\api\api.mojom 文件中定义了通信接口描述文件，我们总览一下这个文件定义的内容，如下所示：

```
module electron.mojom;
import "mojo/public/mojom/base/string16.mojom";
import "ui/gfx/geometry/mojom/geometry.mojom";
import "third_party/blink/public/mojom/messaging/cloneable_message.mojom";
import "third_party/blink/public/mojom/messaging/transferable_message.mojom";
interface ElectronRenderer { …
};
interface ElectronAutofillAgent { …
};
interface ElectronAutofillDriver { …
};
struct DraggableRegion { …
};
interface ElectronBrowser { …
};
```

其中 ElectronRenderer 和 ElectronBrowser 两个接口与主进程和渲染进程通信有关。

Electron 在 shell\common\api\BUILD.gn 文件中把 api.mojom 文件添加到了编译配置文件中，在编译 Electron 的源码过程中，Mojo 框架会把这个通信接口描述文件转义为具体的实现代码，并写入 shell/common/api/api.mojom.h 文件中。shell\renderer\api\electron_api_ipc_renderer.cc 和 shell\browser\api\electron_api_web_contents.cc 都会引用这个头文件，也就是说渲染进程的底层逻辑和主进程的底层逻辑都引入了这个文件。

当我们在渲染进程的 JavaScript 代码中使用如下代码向主进程通信时：

```
this.settingPath = await ipcRenderer.invoke('getAppPath', 'appData')
```

实际上执行的就是位于 shell\renderer\api\electron_api_ipc_renderer.cc 文件内的 C++ 代码，如下所示：

```
v8::Local<v8::Promise> Invoke(v8::Isolate* isolate,
                              gin_helper::ErrorThrower thrower,
                              bool internal,
                              const std::string& channel,
                              v8::Local<v8::Value> arguments) {
  if (!electron_browser_remote_) {
    thrower.ThrowError(kIPCMethodCalledAfterContextReleasedError);
    return v8::Local<v8::Promise>();
  }
  blink::CloneableMessage message;
  if (!electron::SerializeV8Value(isolate, arguments, &message)) {
    return v8::Local<v8::Promise>();
  }
  gin_helper::Promise<blink::CloneableMessage> p(isolate);
  auto handle = p.GetHandle();
  electron_browser_remote_->Invoke(
      internal, channel, std::move(message),
```

```
    base::BindOnce(
        [](gin_helper::Promise<blink::CloneableMessage> p,
            blink::CloneableMessage result) { p.Resolve(result); },
        std::move(p)));

    return handle;
}
```

这段代码中除了创建了一个 Promise 对象值得关注之外，最重要的就是执行了 electron_browser_remote_ 对象的 Invoke 方法，electron_browser_remote_ 对象就是一个 Mojo 的通信对象，其实例化代码如下：

```
mojo::Remote<electron::mojom::ElectronBrowser> electron_browser_remote_;
```

当这个对象调用 Invoke 方法时，Mojo 组织消息，并把这个消息传递给主进程，主进程接到这个消息后，最终执行了 electron_api_web_contents.cc 文件内的 WebContents::Invoke 的方法，也就是 api.mojom 接口描述的方法，代码如下所示：

```
void WebContents::Invoke(
    bool internal,
    const std::string& channel,
    blink::CloneableMessage arguments,
    electron::mojom::ElectronBrowser::InvokeCallback callback,
    content::RenderFrameHost* render_frame_host) {
  TRACE_EVENT1("electron", "WebContents::Invoke", "channel", channel);
  // webContents.emit('-ipc-invoke', new Event(), internal, channel, arguments);
  EmitWithSender("-ipc-invoke", render_frame_host, std::move(callback),
                 internal, channel, std::move(arguments));
}
```

这个方法会发射一个名为 -ipc-invoke 的事件，并把渲染进程传递过来的数据也一并发射出去，这个事件会触发位于 lib\browser\api\web-contents.ts 的处理逻辑。

```
this.on('-ipc-invoke' as any, function (event: Electron.IpcMainInvokeEvent,
  internal: boolean, channel: string, args: any[]) {
  addSenderFrameToEvent(event);
  event._reply = (result: any) => event.sendReply({ result });
  event._throw = (error: Error) => {
    console.error('Error occurred in handler for '${channel}':', error);
    event.sendReply({ error: error.toString() });
  };
  const target = internal ? ipcMainInternal : ipcMain;
  if ((target as any)._invokeHandlers.has(channel)) {
    (target as any)._invokeHandlers.get(channel)(event, ...args);
  } else {
    event._throw('No handler registered for '${channel}'');
```

```
  }
});
```

在这个处理逻辑中，Electron 会查找一个 Map 对象，看用户是否在这个 Map 对象中注册了自己的处理逻辑，如果有，则执行用户的业务代码，如果没有则抛出异常。

因为是 Invoke 方法，所以还要把处理结果返回给渲染进程，这个过程是由 event. sendReply 实现的，它也是基于 Mojo 框架完成的进程间通信（Mojo 框架提供的进程间通信的能力是双向的），其实现代码位于 shell\browser\api\event.cc，这里不再赘述。

用户通过 ipcMain.handle 方法为主进程注册某事件的处理逻辑时，实际上最终执行的是如下代码（lib\browser\ipc-main-impl.ts）：

```
private _invokeHandlers: Map<string, (e: IpcMainInvokeEvent, ...args: any[])
  => void> = new Map();
handle: Electron.IpcMain['handle'] = (method, fn) => {
  if (this._invokeHandlers.has(method)) {
    throw new Error('Attempted to register a second handler for '${method}'');
  }
  if (typeof fn !== 'function') {
    throw new Error('Expected handler to be a function, but found type '${typeof
      fn}'');
  }
  this._invokeHandlers.set(method, async (e, ...args) => {
    try {
      e._reply(await Promise.resolve(fn(e, ...args)));
    } catch (err) {
      e._throw(err);
    }
  });
}
```

这段代码仅仅是把用户的处理逻辑包装起来存放到 Map 对象中，以备事件发生时再进行调用。

这就是 Electron 实现进程间通信的基本逻辑，实际上 Chromium 也是使用类似的手段完成进程间通信的。跨进程通信可以说是 Chromium 最关键的技术之一，是 Chromium 以一种松耦合的方式管理众多进程、众多子项目的技术方案。

2.13　页面事件

Electron 提供了一系列的页面事件，比如我们常用的 did-finish-load（页面加载完成后触发）、did-create-window（在页面中通过 window.open 创建一个新窗口成功后触发）和 context-menu（用户在页面中右击唤起右键菜单时触发），本节就以 did-finish-load 事件为例讲解一下 Electron 的 webContents 对象是如何发射这些事件的。

　　webContents 这个对象的 C++ 实现位于类 WebContents 中（shell\browser\api\electron_api_web_contents.cc），这个类继承自 Chromium 的 content::WebContentsObserver 类型，这个类型就代表一个具体的页面，当某个页面的实例运行到一定的环节时，比如页面加载完成，就会执行这个实例的一个虚方法，也就是 DidFinishLoad 方法。

　　Electron 的 WebContents 类重写了这个方法，所以在应用程序执行过程中，调用的将是 Electron 的实现逻辑（这是 C++ 作为一个面向对象的编程语言具备的多态的能力），代码如下所示：

```
void WebContents::DidFinishLoad(content::RenderFrameHost* render_frame_host,
                                const GURL& validated_url) {
  bool is_main_frame = !render_frame_host->GetParent();
  int frame_process_id = render_frame_host->GetProcess()->GetID();
  int frame_routing_id = render_frame_host->GetRoutingID();
  auto weak_this = GetWeakPtr();
  Emit("did-frame-finish-load", is_main_frame, frame_process_id,
      frame_routing_id);
  if (is_main_frame && weak_this && web_contents())
    Emit("did-finish-load");
}
```

　　在这个方法中，Electron 判断当前页面是否为子页面（iframe 页面），如果不是，则调用了一个名为 Emit 的方法，注意这个方法并不是 Node.js 内置的发射事件的方法，而是 Electron 自己实现的一个模板方法，代码如下所示（shell\browser\event_emitter_mixin.h）：

```
template <typename... Args>
bool Emit(base::StringPiece name, Args&&... args) {
  v8::Isolate* isolate = electron::JavascriptEnvironment::GetIsolate();
  v8::Locker locker(isolate);
  v8::HandleScope handle_scope(isolate);
  v8::Local<v8::Object> wrapper;
  if (!static_cast<T*>(this)->GetWrapper(isolate).ToLocal(&wrapper))
    return false;
  v8::Local<v8::Object> event = internal::CreateEvent(isolate, wrapper);
  return EmitWithEvent(isolate, wrapper, name, event,
                       std::forward<Args>(args)...);
}

template <typename... Args>
```

```
static bool EmitWithEvent(v8::Isolate* isolate,
                          v8::Local<v8::Object> wrapper,
                          base::StringPiece name,
                          v8::Local<v8::Object> event,
                          Args&&... args) {
    auto context = isolate->GetCurrentContext();
    gin_helper::EmitEvent(isolate, wrapper, name, event,
                          std::forward<Args>(args)...);
    v8::Local<v8::Value> defaultPrevented;
    if (event->Get(context, gin::StringToV8(isolate, "defaultPrevented"))
            .ToLocal(&defaultPrevented)) {
        return defaultPrevented->BooleanValue(isolate);
    }
    return false;
}
```

通过上述代码，我们知道 Emit 的方法内部又执行了另外一个模板方法 EmitWith-Event。在这两个模板方法中，Electron 为事件执行准备了 JavaScript 的执行环境，接着调用了第三个模板方法 EmitEvent，代码如下所示（shell\common\gin_helper\event_emitter_caller.h）：

```
template <typename StringType, typename... Args>
v8::Local<v8::Value> EmitEvent(v8::Isolate* isolate,
                               v8::Local<v8::Object> obj,
                               const StringType& name,
                               Args&&... args) {
    internal::ValueVector converted_args = {
        gin::StringToV8(isolate, name),
        gin::ConvertToV8(isolate, std::forward<Args>(args))...,
    };
    return internal::CallMethodWithArgs(isolate, obj, "emit", &converted_args);
}
```

在这个方法中，Electron 把事件名 did-finish-load 和事件回调方法需要的参数存储在一个对象中，并执行了一个工具方法 CallMethodWithArgs(shell\common\gin_helper\event_emitter_caller.cc)，代码如下所示，注意调用此工具方法时传入了一个字符串 emit。

```
v8::Local<v8::Value> CallMethodWithArgs(v8::Isolate* isolate,
                                        v8::Local<v8::Object> obj,
                                        const char* method,
                                        ValueVector* args) {
    gin_helper::MicrotasksScope microtasks_scope(isolate, true);
    v8::MaybeLocal<v8::Value> ret = node::MakeCallback(
        isolate, obj, method, args->size(), args->data(), {0, 0});
    v8::Local<v8::Value> localRet;
    if (ret.ToLocal(&localRet)) {
```

```
        return localRet;
    }
    return v8::Boolean::New(isolate, false);
}
```

最终在这个方法中，调用了 Node.js 的内置函数 node::MakeCallback，这个方法实际上就是在 webContents 对象的实例上执行了 emit 方法，也就相当于执行了如下一行 JavaScript 代码：

```
webContents.emit("did-finish-load",e);
```

我们知道 Electron 的 webContents 对象继承自 Node.js 的 EventEmitter 类型，假设用户在 webContents 对象上注册了 did-finish-load 事件，那么此时这个事件的回调函数将被执行。关于 EventEmitter 更多资料请参阅 Node.js 官方文档 https://nodejs.org/dist/latest-v14.x/docs/api/events.html。

electron-builder 原理解析

本章介绍 Electron 最重要的工具之一 electron-builder 的工作原理，读者学习完本章后将了解 electron-builder 是如何把一个 Electron 工程制作成一个可以分发给用户的安装文件的。实际上这并不单单是 electron-builder 自己的功劳，它还内置了很多工具，比如 NSIS，关于这些工具的知识本章也会有所介绍。

3.1 使用方法

应用程序的业务逻辑代码开发完成之后，就需要考虑把应用程序打包成安装文件分发给最终用户，业界最常用的两个 Electron 打包工具是 electron-builder（https://www.electron.build/）和 electron-packager（https://github.com/electron/electron-packager），这两个工具可以说都是师出名门。electron-builder 是 electron-userland 组织下的项目，electron-packager 是 electron 组织下的项目，有几个核心开发者同时为这两个项目贡献代码。

相对来说 electron-builder 比 electron-packager 功能更多，比如更简便易用的应用程序自动升级功能 electron-packager 就没有提供，但 electron-builder 有更多的问题且更新没有 electron-packager 频繁，综合来说 electron-builder 常用的功能都比较稳定，所以本书以 electron-builder 为主分析 Electron 应用的打包过程。

开发者可以使用如下指令安装 electron-builder 库到你的开发环境：

```
> npm install electron-builder --D
```

electron-builder 安装完成后，你就可以为工程添加相应的配置了，这些配置可以写在
工程的 package.json 文件中，也可以写在一个独立的配置文件中，我们以在工程的 package.
json 文件中进行配置来介绍 electron-builder 的使用。

为 package.json 增加一个 build 配置节，内容如下：

```
"build": {
  "appId": "com.example.app"
  "productName": "yourAppName",
  "asar": true,
  "directories":{
    output: "./release",
    app: "./release/bundled",
  }
}
```

上面几个配置中 appId 为应用程序的 ID，productName 为应用程序的名称，asar 为是
否使用 asar 技术打包应用程序资源，directories.output 为打包完成后安装包的输出目录，
directories.app 为待打包的资源目录（也就是我们的静态文件 HTML、CSS、JavaScript 所在
的目录），还有非常多的其他配置可以参见官方文档 https://www.electron.build/configuration/
configuration。

在 package.json 中设置好 electron-builder 的配置信息后，再在 scripts 配置节下增加
如下配置：

```
"scripts": {
  "release": "electron-builder --win --ia32",
}
```

接着在当前工程目录下执行 npm run release 命令即可完成打包工作，最终安装包会
在 directories.output 指定的目录下生成，上面的命令中参数 --win --ia32 的意义是生成
Windows 平台下 32 位的安装包。

3.2　原理介绍

虽然我们介绍的是 electron-builder 的原理，但大多数 Electron 的打包工具都是基于
这个原理实现的，甚至 NW.js 的打包方式也如出一辙。希望读者学完本节的内容后能触
类旁通。

使用 electron-builder 为一个 Electron 应用生成安装包，需要执行以下几步工作。

（1）构建前端项目

如果使用现代前端开发框架（比如 webpack、Rollup 或 Vite）开发应用，那么 electron-builder 是不会帮我们完成 webpack、Rollup 或 Vite 的打包工作的，需要开发者自己完成。好在这些框架都提供了完善的开发接口，开发者只要写一些简单的脚本即能完成打包工作（后面介绍了几个常见的前端开发框架的打包脚本），注意这里打包完成后产出的 HTML、js、css 要存放到一个指定的输出目录内，后面还会在这个输出目录内执行一系列的操作。

（2）准备 package.json

有别于纯前端工程，当使用 webpack 或者 Vite 打包完前端工程后，还需要在输出目录下创建一个 package.json 文件，开发者需要在这个文件中指定主进程的入口程序。这样当你的应用被分发给用户后，用户启动应用时，Electron 才知道要首先加载哪个脚本。这个 package.json 文件只在生产环境中起效，所以里面的配置信息非常简单，这一点后面还会有详述。

另外，package.json 文件的 devDependencies 配置节应包含一个 electron 项，并明确当前项目所使用的 Electron 版本，这个信息将被提供给 electron-builder，在 electron-builder 制成安装包时使用正确的 Electron 版本。

（3）收集配置信息

electron-builder 启动后做的第一件事情就是收集开发者为 electron-builder 提供的配置信息，比如应用图标、应用名称、应用 id、附加资源等。有些配置信息可能开发者并没有提供，这时 electron-builder 会使用默认值。总之，这一步工作完成后，会生成一个全量的配置信息对象用于接下来的打包工作。

（4）安装依赖

electron-builder 接着会检查我们在输出目录下准备的 package.json 文件，查看其内部是否存在 dependencies 依赖，如果存在，electron-builder 会帮我们在输出目录下安装这些依赖，（原生模块则重新编译，以使其适配 Electron 环境）。这里需要注意的是，我们使用 Vue 或者 React 开发前端工程，往往会依赖很多外部模块，但这些模块已经被 Vite 或者 webpack 打包到业务脚本中了，输出目录下的 package.json 文件中不应该存在这些依赖包。

主进程的业务代码同理，也应该被 webpack、Rollup 或 Vite 等工具处理后再写入安装包，因为这些打包工具会编译、压缩你所依赖的第三方模块。如果开发者不这么做，electron-builder 会帮你安装这些模块，还会帮你安装这些模块依赖的其他模块，electron-builder 是不会帮你做编译、压缩工作的。

也就是说业务脚本目录下的 package.json 中大部分情况下是不应该包含 dependencies 配置节的（原生模块或难以编译的 npm 模块除外）。

（5）生成 asar

electron-builder 会根据用户配置信息（asar 的值为 true 或 false）来判断是否需要把输出目录下的文件合并成一个 asar 文件，如果开发者没有设置这个信息，那么 electron-builder 默认是会为应用程序生成 asar 文件的。

（6）准备二进制文件

electron-builder 会从配置信息中获得安装包生成目录的路径，然后把存储在缓存目录下的 Electron 可执行程序及其依赖的资源拷贝到安装包生成目录下的 win-ia32-unpacked 子目录内。如果开发者生成的是 64 位的应用程序，那么这个子目录的名字为 win-x64-unpacked；如果 electron-builder 没有在缓存目录下找到 Electron 可执行程序及其依赖的资源，则会去服务器上下载，并缓存好，然后再为开发者执行拷贝工作。

electron-builder 除了准备 Electron 相关的文件外，还会把前面提到的 app.asar 文件也拷贝到 \win-ia32-unpacked\resources\ 目录下。

（7）准备附加资源

除了 Electron 相关的文件和 app.asar 文件外，electron-builder 还会检查用户是否在配置信息中指定了 extraResources 配置项，如果有，则把相应的文件按照配置的规则拷贝到对应的目录中。

（8）修改可执行程序

文件准备好后，electron-builder 会根据配置信息使用一个工具（后文我们会有介绍）修改 electron.exe 的文件名和文件信息，这些信息除了文件名、版本号、版权信息外，还包括应用程序的图标。这样做了之后当用户查看可执行程序的属性时，就可以得到开发者配置的信息了，如图 3-1 所示。

（9）应用签名

如果开发者在配置信息中指定了签名信息，那么接下来 electron-builder 会使用一个名为 winCodeSign 的工具来为可执行文件签名。为应用程序签名是防止应用在分发过程中被篡改的有效手段。签名后的可执行程序如图 3-2 所示。

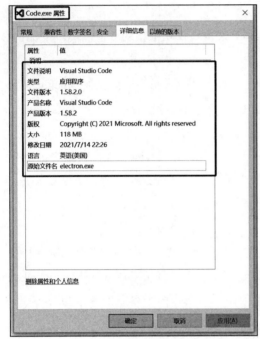

图 3-1　可执行文件的详细信息　　　　图 3-2　可执行文件的数字签名

　　上述所有工作做完之后，子目录 win-ia32-unpacked 内存放的就是你应用程序的绿色版，开发者完全可以在这个目录下启动应用程序，检查其是否正常运行。如果在这里无法正常运行，那么生成安装程序后，大概率也无法正常运行。

　　（10）压缩资源

　　electron-builder 会使用 7z 压缩工具把子目录 win-ia32-unpacked 下的内容压缩成一个名为 yourProductName-1.3.6-ia32.nsis.7z 的压缩包，7z 压缩工具的 lzma 压缩算法的压缩比非常高，这可以极大地降低安装包的体积，便于产品分发。

　　（11）生成卸载程序

　　electron-builder 会使用一个名为 NSIS 的工具生成卸载程序的可执行文件，这个卸载程序记录了 win-ia32-unpacked 目录下所有文件的相对路径。当用户卸载我们的应用时，卸载程序会根据这些相对路径删除我们的文件，同时它也会记录一些安装时使用的注册表信息，在卸载时清除这些注册表信息。

　　如果开发者配置了签名逻辑，则 electron-builder 也会为卸载程序的可执行文件进行签名。

（12）生成安装程序

electron-builder 会使用 NSIS 工具生成安装程序的可执行文件，然后把压缩包和卸载程序当做资源写入这个安装程序的可执行文件中。当用户执行安装程序时，这个可执行文件会读取自身的资源，并把这些资源释放到用户指定的安装目录下。

如果开发者配置了签名逻辑，则 electron-builder 也会为安装程序的可执行文件进行签名。

至此，一个应用程序的安装包就制作完成了。一般情况下开发者会把安装包放置在不同的环境下进行测试，测试通过后再分发给用户。

如你所见，electron-builder 使用了好几个外部工具来完成打包工作，这些工具有些是 Go 语言开发的，有些是 C/C++ 语言开发的，甚至里面还能看到 Delphi 的身影。

electron-builder 的作者并不是不想使用 Node.js 完成这些工作，只是 Node.js 非常不适合做这些工作。由此可见，虽然我们都是 Electron 开发者，但更是一个桌面应用开发者，并不能把眼光局限在 Electron 领域，只有这样才能做出更好的产品。

3.3　伪交叉编译

首先 electron-builder 是支持在 A 操作系统下为 B 操作系统生成应用程序的安装包的，但限制颇多，而且这样做的人很少，所以我不建议使用这个功能。如果开发者没有 B 操作系统的机器，我的建议是想办法得到一台这样的机器，再在这台机器上为 B 操作系统的用户生成安装包。

即使 electron-builder 提供了这方面的支持，但也并非使用了交叉编译的技术，详见后面的讲解。

其次 electron-userland 组织下有一个开源项目 electron-build-service（https://github.com/electron-userland/electron-build-service）为打包工作提供了服务支持，如果开发者想把打包工作迁移到服务器端，可以考虑使用这个开源项目。

我们要重点解释的是 electron-builder 是如何在 64 位的操作系统上生成 32 位的安装包的（反之也是同样的原理）。

electron-builder 并不会在开发者电脑上完成 Electron 源码的编译工作，而是根据用户的配置信息去服务器上下载 Electron 团队编译好的二进制资源，配置信息如下所示：

```
{
  win:{
```

```
      target: [
        {
          target: 'nsis',
          arch: ['ia32'],
        },
      ],
    }
  ...
  }
  ...
}
```

electron-builder 下载并缓存 Electron 的逻辑与安装 Electron 依赖包时的下载和缓存逻辑不同。electron-builder 下载 Electron 时使用的镜像环境变量为 ELECTRON_BUILDER_BINARIES_MIRROR，缓存路径环境变量为 ELECTRON_BUILDER_CACHE。

electron-builder 判断是否存在缓存文件的逻辑代码如下所示：

```
export function getBin(name: string, url?: string | null, checksum?: string |
  null): Promise<string> {
  const cacheName = process.env.ELECTRON_BUILDER_CACHE + name;
  let promise = versionToPromise.get(cacheName);
  if (promise != null) {
    return promise
  }
  promise = doGetBin(name, url, checksum)
  versionToPromise.set(cacheName, promise)
  return promise
}
```

在这段代码中看到了 ELECTRON_BUILDER_CACHE 的身影。如果缓存目录中存在相应的文件，则 versionToPromise.get 方法返回相应的文件信息，否则 electron-builder 将调用 doGetBin 方法下载对应的二进制 Electron 文件。下载逻辑代码如下所示：

```
export function getBinFromUrl(name: string, version: string, checksum: string):
  Promise<string> {
  const dirName = '${name}-${version}'
  let url: string
  if (process.env.ELECTRON_BUILDER_BINARIES_DOWNLOAD_OVERRIDE_URL) {
    url = process.env.ELECTRON_BUILDER_BINARIES_DOWNLOAD_OVERRIDE_URL + "/" +
      dirName + ".7z"
  }
  else {
    const baseUrl = process.env.NPM_CONFIG_ELECTRON_BUILDER_BINARIES_MIRROR ||
      process.env.npm_config_electron_builder_binaries_mirror ||
      process.env.npm_package_config_electron_builder_binaries_mirror ||
```

```
    process.env.ELECTRON_BUILDER_BINARIES_MIRROR ||
    "https://github.com/electron-userland/electron-builder-binaries/releases/
      download/"
  const middleUrl = process.env.NPM_CONFIG_ELECTRON_BUILDER_BINARIES_CUSTOM_
    DIR ||
    process.env.npm_config_electron_builder_binaries_custom_dir ||
    process.env.npm_package_config_electron_builder_binaries_custom_dir ||
    process.env.ELECTRON_BUILDER_BINARIES_CUSTOM_DIR ||
    dirName
  const urlSuffix = dirName + ".7z"
  url = '${baseUrl}${middleUrl}/${urlSuffix}'
  }
  return getBin(dirName, url, checksum)
}
```

在这段代码中看到了 ELECTRON_BUILDER_BINARIES_MIRROR 的身影，也就是说当开发者在 64 位操作系统上打 32 位的应用程序安装包时，electron-builder 会去服务器下载 32 位的 Electron 二进制包，并把这个包的内容复制到你的 win-ia32-unpacked 目录下，从而完成"交叉编译"的需求。在 A 系统上为 B 系统制成安装包也使用了类似的机制。这实际上这并不是真正的交叉编译。

3.4　辅助工具 app-builder

在上一节介绍的代码中，getBinFromUrl 方法拼接好下载的 url，并把这个 url 传递给了 getBin 方法。getBin 方法把这个 url 转换成命令行参数，传递给了一个应用程序 app-builder.exe，由它负责下载对应的文件，代码逻辑如下：

```
export function download(url: string, output: string, checksum?: string |
  null): Promise<void> {
  const args = ["download", "--url", url, "--output", output]
  if (checksum != null) {
    args.push("--sha512", checksum)
  }
  return executeAppBuilder(args) as Promise<any> // 此方法最终调用了 app-builder.exe
}
```

executeAppBuilder 方法使用 Node.js 子进程控制的 API 启动了 app-builder.exe，并把命令行参数传递给了 app-builder.exe。后面会介绍 Node.js 子进程控制的使用方式。

这里不单是 Electron 的二进制包，包括签名工具、资源修改工具、打包工具，都是由 app-builder.exe 负责下载并缓存的。大部分这些工具的使用也是由它来完成调用的，可以说它就是 electron-builder 的辅助工具之母。

app-builder（https://github.com/develar/app-builder）是由 electron-builder 的主要作者 develar 使用 Go 语言开发的，在这个工具中也使用了 ELECTRON_BUILDER_CACHE 环境变量来缓存文件，如下是它获取缓存目录的逻辑：

```go
func GetCacheDirectory(appName string, envName string, isAvoidSystemOnWindows
  bool) (string, error) {
  env := os.Getenv(envName)
  if len(env) != 0 {
    return env, nil
  }
  currentOs := util.GetCurrentOs()
  if currentOs == util.MAC {
    userHomeDir, err := homedir.Dir()
    if err != nil {
      return "", errors.WithStack(err)
    }
    return filepath.Join(userHomeDir, "Library", "Caches", appName), nil
  }
  if currentOs == util.WINDOWS {
    localAppData := os.Getenv("LOCALAPPDATA")
    if len(localAppData) != 0 {
      if isAvoidSystemOnWindows && strings.Contains(strings.ToLower(localAppData),
        "\\windows\\system32\\") || strings.ToLower(os.Getenv("USERNAME")) ==
        "system" {
        return filepath.Join(os.TempDir(), appName+"-cache"), nil
      }
      return filepath.Join(localAppData, appName, "Cache"), nil
    }
  }
  xdgCache := os.Getenv("XDG_CACHE_HOME")
  if xdgCache != "" {
    return filepath.Join(xdgCache, appName), nil
  }
  userHomeDir, err := homedir.Dir()
  if err != nil {
    return "", errors.WithStack(err)
  }
  return filepath.Join(userHomeDir, ".cache", appName), nil
}
```

如果下载的是签名工具或打包工具，那么这个 envName 的值就是 ELECTRON_BUILDER_CACHE。也就是说，如果设置了 ELECTRON_BUILDER_CACHE 环境变量，则使用这个环境变量的值；如果没有设置，则计算一个默认值。一般情况下这个计算出来的值所指向的路径为：

```
C:\Users\yourUserName\AppData\Local\electron-builder\Cache
```

如果下载的是 Electron 的二进制包，那么这个 envName 的值就是 electron_config_ cache 环境变量对应的值。如果开发者没有配置这个环境变量，它的默认值应为：

```
C:\Users\[yourUserName]\AppData\Local\electron\Cache
```

下载的过程并无太多出奇的地方，且与普通开发者关系不大，值得一提的是，作者非常细心，不但提供了下载失败后的重连能力、代理能力、下载过程和记录日志，甚至会验证下载文件的哈希值是否合法。

启动外部工具也与 Node.js 的子进程控制方式非常相似：准备目标程序路径，生成命令行指令，对接标准输入、输出流等；由于是 Go 语言完成的逻辑，这里不再多做介绍。

3.5　为生产环境安装依赖

electron-builder 会检查业务目录下是否存在 node_modules 目录，如果存在，则它就不再为开发者安装依赖包了，所以在打包好我们的业务代码后，可以在业务目录下创建一个 node_modules 空目录，以此来规避 electron-builder 的默认行为。

如果没有这个目录，electron-builder 就会为开发者安装 package.json 中配置的依赖包。electron-builder 安装依赖包的代码如下所示：

```
function installDependencies(appDir: string, options: RebuildOptions): Promise
  <any> {
  const platform = options.platform || process.platform
  const arch = options.arch || process.arch
  const additionalArgs = options.additionalArgs
  let execPath = process.env.npm_execpath || process.env.NPM_CLI_JS
  const execArgs = ["install"]
  const npmUserAgent = process.env["npm_config_user_agent"]
  const isYarn2 = npmUserAgent != null && npmUserAgent.startsWith("yarn/2.")
  if (!isYarn2) {
    if (process.env.NPM_NO_BIN_LINKS === "true") {
      execArgs.push("--no-bin-links")
    }
    execArgs.push("--production")
  }
  if (!isRunningYarn(execPath)) {
    execArgs.push("--cache-min", "999999999")
  }
  if (execPath == null) {
    execPath = getPackageToolPath()
  }
```

```
  else if (!isYarn2) {
    execArgs.unshift(execPath)
    execPath = process.env.npm_node_execpath || process.env.NODE_EXE || "node"
  }
  if (additionalArgs != null) {
    execArgs.push(...additionalArgs)
  }
  return spawn(execPath, execArgs, {
    cwd: appDir,
    env: getGypEnv(options.frameworkInfo, platform, arch, options.buildFrom
      Source === true),
  })
}
```

如你所见，electron-builder 依然是使用 Node.js 的子进程控制 API 来调用 npm 或 yarn 的命令行工具安装依赖包。

也就是说在应用输出目录下执行了一次 npm install --production 命令。--production 指令指示 npm 工具不要安装 devDependencies 配置节里配置的依赖包。

虽然 electron-builder 支持编译并安装原生模块，但不推荐你使用它的这个能力。建议你使用 electron-rebuild 工具（https://github.com/electron/electron-rebuild）先把原生模块编译好，再通过 extraResources 的方式把编译好的 addon 文件配置到你的安装包内。这里涉及的内容后面还会有详细的解释。

electron-rebuild 工具会自动帮你检查所打包的 Electron 在使用什么版本的 Node.js，并根据这个版本的 Node.js 来编译你的原生模块，兼容性更好。

3.6　生成 asar

electron-builder 默认会把开发者编写的 HTML、CSS 和 JavaScript 代码以及相关的资源链接成一个 asar 文件。asar 是一种特殊的存档格式，它可以把大批的文件以无损、无压缩的方式链接在一起，并提供随机访问支持，关于 asar 文件的原理前面已经介绍过了。

为了生成 asar 文件，electron-builder 几乎复制了整个 asar 项目的代码到自己的项目中。我认为这种手段是不可取的，一旦 asar 项目有重要更新的话，electron-builder 的作者也不得不跟着修改自己项目的代码才行，好在 Electron 团队为了向前兼容，几乎不会更改 asar 模块的实现逻辑。

我更推荐直接使用 asar 工具来生成 asar 文件，下面几行简单的代码就可以把一个文

件夹下的所有内容打包成 asar 文件:

```
let fs = require('fs-extra')
let asar = require('asar')
await asar.createPackage(
  bundledDir,
  path.join(process.cwd(), 'release/win-ia32-unpacked/resources/app.asar')
)
```

asar.createPackage 方法的第一个参数是待处理的目录路径，第二个参数是生成的
asar 文件的路径，处理完成后，第二个参数所指向的路径就是你生成的 asar 文件。

在实现应用程序自动更新的需求时，开发者往往会考虑如下场景：假设只修改自己的
业务代码，而没有升级 Electron 的版本，那么是否可以只更新客户端电脑上的这个 asar 文
件呢？答案是可以的，但需要借助一些工具，以避免升级过程中文件写入失败等异常情况。

3.7 修改可执行程序

对于 Windows 应用程序来说，每个可执行程序都有其相应的资源，比如图标、字符
串、字体文件等。这些资源往往是内嵌到可执行程序中的，很多开发工具（比如 Visual
Studio、QtCreator 等）都提供了这方面的能力，如图 3-3 所示。

electron.exe 可执行程序内部也有很
多这样的资源，图 3-4 是使用 Resource-
Hacker（http://www.angusj.com/resourceha-
cker/）看到的 electron.exe 内的资源情况。

那么 electron-builder 是如何修改这些
资源的呢？

Windows SDK 提供了一系列的 API
用于操作 exe 文件内置的资源，比如 Find-
Resource（用于查找资源所在的位置）、

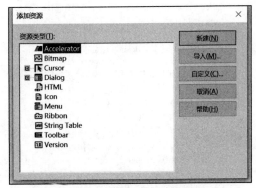

图 3-3 VisualStudio 应用资源管理器

BeginUpdateResource（准备开始更新资源）、UpdateResource（开始更新资源）、EndUpdate-
Resource（结束更新资源）等。

只要愿意，我们完全可以自己写程序来修改 electron.exe 可执行文件的图标、厂商和
版权信息等资源。但这脱离了本书的主题，我们主要介绍 electron-builder 是如何修改可
执行程序的资源的。

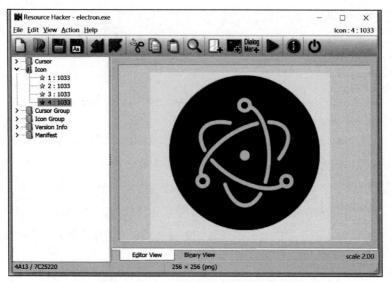

图 3-4　ResourceHacker 资源修改器

electron-builder 也并没有自己完成这项工作，而是借助了 winCodeSign 工具内置的 rcedit 工具来完成这项工作。如果你成功地安装过 electron-builder，并且使用 electron-builder 打包过应用，那么这个工具应该在你的电脑的这个目录下面：

```
C:\Users\[yourUserName]\AppData\Local\electron-builder\Cache\winCodeSign\
    winCodeSign-2.6.0\rcedit-x64.exe
```

可以在命令行下启动这个工具，并为其传递参数，以使其完成修改目标程序资源的工作。如下代码是 electron-builder 在调用 rcedit 时传递参数的示例代码：

```
async editResource() {
  let args = [
    path.join(process.cwd(), 'release/win-ia32-unpacked/yourApp.exe'),
    '--set-version-string',
    'FileDescription',
    'yourApp',                   // 从调用 electron-builder 时提供的配置信息中得到
    '--set-version-string',
    'ProductName',
    'yourApp',                   // 从调用 electron-builder 时提供的配置信息中得到
    '--set-version-string',
    'LegalCopyright',
    'Copyright © 2021 yourCompany', // 从调用 electron-builder 时提供的配置信息中得到
    '--set-file-version',
    '1.3.6',                     // 从调用 electron-builder 时提供的配置信息中得到
    '--set-product-version',
    '1.3.6.0',                   // 从调用 electron-builder 时提供的配置信息中得到
```

```
  '--set-version-string',
  'InternalName',
  'yourApp',                     // 从调用 electron-builder 时提供的配置信息中得到
  '--set-version-string',
  'CompanyName',
  'yourCompany',                 // 从调用 electron-builder 时提供的配置信息中得到
  '--set-icon',
   path.join(process.cwd(), 'resource/unrelease/icon.ico'),
]
let env = {
  ...process.env,
}
spawn(
  builderToolPath,
  ['rcedit', '--args', JSON.stringify(args)],
  {
    env,
    stdio: ['ignore', 'pipe', process.stdout],
  }
)
}
```

上述代码并没有直接调用 rcedit 工具，而是通过前面介绍的 app-builder 工具间接调用 rcedit，builderToolPath 指向的就是 app-builder 可执行文件的路径。

代码中涉及的资源信息，比如应用名称、版本号等，都是从 electron-builder 的配置信息中提取的。

读者可能注意到 rcedit 工具是应用签名工具 winCodeSign 内置的子工具，由此可见给应用签名也是通过修改可执行文件的资源实现的。如果开发者为 electron-builder 配置了用于签名的证书，则签名工具就会把证书以资源的形式添加到可执行程序文件内部。

微软为开发者推荐了几个可以采购签名证书的商业机构，详见 https://docs.microsoft.com/zh-cn/windows-hardware/drivers/dashboard/get-a-code-signing-certificate。准备好证书后，可以通过提供如下配置项来使 electron-builder 为应用程序签名：

```
{
  win:{
      signingHashAlgorithms:'sha256',     // 不推荐再使用 sha1 签名
      certificateFile:'d:/codeSign/yourSign.pfx',   // 你的证书的路径
      certificatePassword:'******',       // 你的证书的密码
  }
  ...
  }
  ...
}
```

在 electron-builder 生成应用安装包期间，会启动 winCodeSign 子进程来完成应用签名的工作。

以上所有工作执行完成后，electron.exe 文件的图标、厂商、版权等信息都修改成了你配置的信息，这时只要给 electron.exe 改一下文件名，它看上去就是你开发的应用程序了。虽然这个程序并没有一行代码是你写的，它是 Electron 团队、Chroium 团队和 Node.js 团队一起完成的，但这一点也不妨碍你把它当做自己开发的商业应用来分发给你的用户。

3.8　NSIS 介绍

默认情况下 electron-builder 使用 NSIS 安装包制作工具（https://nsis.sourceforge.io/）生成安装包，这是一个非常强大的安装包制作工具，它的全名是 Nullsoft Scriptable Install System，开发者可以在 NSIS 环境下通过编写特定的脚本来生成应用程序的安装包。在介绍 electron-builder 是如何驱使 NSIS 完成打包工作前，我们先来介绍一下 NIS Edit（http://hmne.sourceforge.net/）这个可视化脚本制作工具，安装该工具后可以通过新建脚本向导来创建一个 NSIS 脚本，如图 3-5 所示。

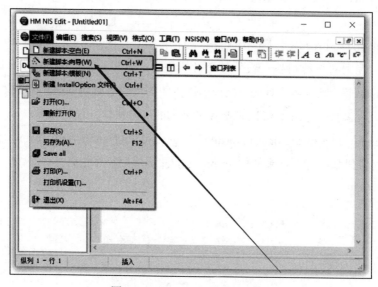

图 3-5　NIS Edit 新建脚本向导

1）脚本向导会要求开发者输入目标程序安装包的基本信息，如图 3-6 所示。

2）选择安装包应用程序图标、压缩算法及语言，如图 3-7 所示。

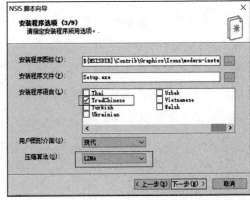

图 3-6　NIS Edit 应用程序信息　　　　图 3-7　NIS Edit 安装程序选项

推荐使用 LZMA 压缩算法，该算法压缩比非常高，可以极大地减小你的安装包的体积。接下来选择待打包的目标目录（这里忽略了几步无关紧要的配置），如图 3-8 所示。

3）在图 3-8 中首先把示例中的两个文件删除，接着选择前面提到的 win-ia32-unpacked 目录，只选择一个目录路径即可，不必选择这个目录下的所有文件，打开如图 3-9 所示的界面（再次忽略了几步无关紧要的配置）。

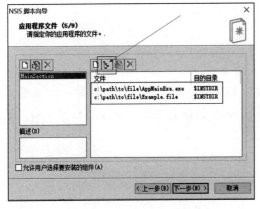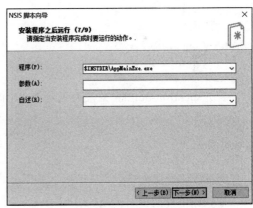

图 3-8　NIS Edit 应用程序文件　　　　图 3-9　NIS Edit 安装程序之后运行

4）在图 3-9 中，"程序"输入框是安装完成后要启动的可执行程序的文件路径，其中 $INSTDIR 代表用户选择的安装目录，AppMainExe.exe 是你应用程序的可执行程序文件名。

5）按要求一步步执行完脚本向导，最终生成一个 .nsi 格式的脚本，如图 3-10 所示。

图 3-10 中框选了两个按钮，点击
左侧的按钮后，NIS Edit 会把脚本传
递给 NSIS，由 NSIS 编译脚本并生成
安装包；右侧的按钮不但可以生成安
装包，还可以启动安装包，以供开发
者测试自己的安装包是否正常。

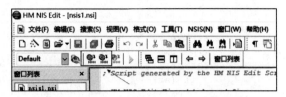

图 3-10　NIS Edit 生成并启动安装包

生成的脚本里包含众多的预定义宏、区段、方法和逻辑，下面简单介绍几个。

❑ Section "MainSection" SEC01：安装区段，在应用程序安装时执行，负责释放文件、
写注册表等工作。

❑ Section Uninstall：卸载区段，在应用程序卸载时被执行，负责删除客户端电脑上
的文件、删除注册表等工作。

❑ Section -[SectionName]：隐藏区段（前面带"-"的都为隐藏区段），在应用程序安
装时执行，负责创建桌面图标、注册卸载程序等工作。

有了 nsi 脚本，NSIS 就可以按照脚本的逻辑生成安装包，NIS Edit 工具是通过命令
行参数的形式把这个脚本传递给 NSIS 的，electron-builder 也不例外，下面就介绍一下
electron-builder 是怎么做的。

3.9　生成安装包

首先 electron-builder 并没有使用 NSIS 提供的压缩功能，而是自己调用了 7z 压缩工
具来完成压缩工作，这个工具是以一个依赖包的形式存放在开发者的工程目录下的，实
际路径为：

```
D:\project\base\yourProject\node_modules\7zip-bin\win\x64\7za.exe
```

使用此工具的逻辑代码如下：

```
zipFiles() {
  return new Promise((resolve, reject) => {
    execFile(
      this.sevenZipPath,
      [
        'a', '-bd', '-mx=9', '-md=1m', '-mtc=off', '-ms=off', '-mtm=off', '-mta=off',
```

```
      path.join(process.cwd(), 'release/yourApp-1.3.6-ia32.nsis.7z'),
    ],
    {
      maxBuffer: 1000 * 1024 * 1024,
      cwd: path.join(process.cwd(), 'release/win-ia32-unpacked'),
    },
    (error, stdout, stderr) => {
      if (error == null) {
        resolve()
      } else {
        console.log(error)
        reject()
      }
    }
  )
 })
},
```

上述代码通过 Node.js 的 execFile 方法来调用 7za.exe，并为其传递了一系列与压缩工作有关的控制参数。最后通过 cwd 来设置进程执行的工作目录 win-ia32-unpacked，这样 7za.exe 就会把该目录下的所有内容打包到 yourAppName-1.3.6-ia32.nsis.7z 文件内。

打包工作完成后，electron-builder 通过 Node.js 的 spawn 方法启动了 NSIS 内置的 makensis 工具，其所在的路径如下：

```
C:\Users\yourUserName\AppData\Local\electron-builder\Cache\nsis\nsis-3.0.4.1\
  Bin\makensis.exe
```

并通过一系列的控制参数使其生成安装包，前面生成的 7z 压缩包是通过 -DAPP_32 参数传递给 makensis.exe 的。由于其参数实在太多，这里就不一一列举了。

值得一提的是，electron-builder 分两步生成应用程序的安装包，第一步先生成卸载应用程序的可执行文件，第二步再生成安装程序的可执行文件，electron-builder 之所以多此一举，主要是为了满足开发者为卸载应用程序的可执行文件签名的需求。

electron-builder 为了便捷地控制 NSIS 生成安装包的过程，预先编写了很多 nsi 脚本。这些脚本存放的路径如下：

```
D:\project\base\yourProject\node_modules\app-builder-lib\templates\nsis
```

electron-builder 会自动根据用户的配置组织这些脚本，并把最终得到的脚本代码通过命令行的标准输入接口传递给 makensis 进程，为此 electron-builder 特地封装了 Node.js 的 spawn 方法，代码如下所示（为了方便理解，代码做了改动）：

```
doSpawn(target, args, param, input) {
  return new Promise((resolve, reject) => {
    let subProcess = spawn(target, args, param)
    subProcess.once('close', (code) => {
      if (code === 0) {
        resolve(true)
      } else {
        console.log('doSpawn error', code)
        reject(false)
      }
    })
    if (input) {
      subProcess.stdin.end(input)
    }
  })
}
```

调用此方法时，param 参数的 stdio 属性需设置为 pipe，这样才能通过命令行的标准输入为 makensis 进程传递脚本数据。

所有这些工作执行完成后，开发者就会在自己指定的输出目录看到安装包的可执行文件。

第 4 章 *Chapter 4*

electron-updater 原理解析

本章介绍另一个非常重要的 Electron 周边工具 electron-updater，读者学习完本章的内容后将了解 electron-updater 是如何检测并下载新版本应用程序的，下载到新版本安装文件后如何校验文件是否合法，以及如何在不同系统下升级应用的原理。

4.1 使用方法

如果开发者使用 electron-builder 打包应用，那么也应考虑使用 electron-updater 来完成应用自动升级的开发工作，electron-updater 这个库本身就是开发 electron-builder 的团队开发的（以前是一个独立的 github 仓储，现如今已经合并到 electron-builder 仓储内了），结合非常紧密，使用起来也很方便。

首先需要在 electron-builder 的配置信息中增加如下配置节：

```
publish: [{
  provider: "generic",
  url: "http://download.yoursite.com"
}]
```

然后在应用程序的业务代码中增加如下逻辑：

```
const { autoUpdater } = require('electron-updater');
autoUpdater.checkForUpdates();
```

```
autoUpdater.on('update-downloaded', () => {
  this.mainWin.webContents.send('updateDownLoaded');
})
ipcMain.handle('quitAndInstall', (event) => {
  autoUpdater.quitAndInstall();
});
```

上述代码中 autoUpdater.checkForUpdates 方法会自动检测 http://download.yoursite.com 服务下是否存在比当前版本更新的版本文件，如果存在则会下载新版本相关的文件，下载完成会触发 update-downloaded 事件。在此事件中，应用可以向用户发出"重启应用以完成更新"的通知。

开发者可以在主进程通过 webContents.send() 方法向渲染进程发送 'updateDownLoaded' 消息，渲染进程通过 ipcRenderer.on 方法监听到此消息后，再操作 Dom 显示自定义的确认应用升级的对话框。如果开发者不需要实现自定义的确认对话框，也可以使用由 Electron 提供的 dialog.showMessageBox 方法，调用系统对话框，请求用户确认（此方法则直接在主进程调用，不需再与渲染进程交互了）。

用户在渲染进程确认升级后，渲染进程通过 ipcRenderer.invoke 方法发送 quitAndInstall 消息到主进程，主进程通过 ipcMain.handle 方法监听此消息，当主进程接收到此消息后调用 autoUpdater.quitAndInstall() 方法退出当前应用，并启动刚刚下载的新版本安装程序，开始安装新版本的应用。

这样当开发者发布了新版本后，只要把新版本相应的文件放置到 http://download.yoursite.com 服务上，在客户的旧版本应用程序启动时，就可以提示用户升级新版本了（应用启动时应主动执行上述逻辑）。

需要上传到升级服务器的文件，在各平台下略有不同，如下所示：

❑ Windows 平台需要把 [your_project_name] Setup [your_project_version].exe 和 latest.yml 两个文件上传到你的升级服务器。

❑ Mac 平台需要把 [your_project_name]-[your_project_version]-mac.zip、[your_project_name]-[your_project_version].dmg 和 latest-mac.yml 三个文件上传到你的升级服务器。

❑ Linux 平台需要把 [your_project_name]-[your_project_version].AppImage 和 latest-linux.yml 两个文件上传到你的升级服务器。

上述文件 electron-builder 生成安装包时都会为开发者生成好并存放到指定的目录下。

4.2 如何校验新版本的安装包

前面提到，开发人员制成了新版本的安装包后，需要把相关文件上传到服务器上去，在讲解具体的升级过程前，我们先来看看安装包的描述文件 latest.yml，代码如下：

```
version: 0.0.1
files:
  - url: yourProductName Setup 0.0.1.exe
    sha512: f1Z1IL8GFynwiUWI2sPmwqPeGdXBe5VJeUxpSDsE+AMMXRqfeE7FwlM/9zGO9Kk
      wd4CweCLuezYzzfw7/721HQ==
    size: 54310823
    isAdminRightsRequired: true
path: yourProductName Setup 0.0.1.exe
sha512: f1Z1IL8GFynwiUWI2sPmwqPeGdXBe5VJeUxpSDsE+AMMXRqfeE7FwlM/9zGO9Kkwd4C
  weCLuezYzzfw7/721HQ==
releaseDate: '2021-02-25T13:26:18.387Z'
```

在这个描述文件中有以下几个重要信息：

❑ 新版本安装文件的版本号。

❑ 新版本安装文件的文件名。

❑ 新版本安装文件的 sha512 值。

❑ 新版本安装文件的文件大小。

❑ 执行新版本安装文件时是否需要管理员权限。

❑ 新版本安装文件的生成时间。

当 autoUpdater.checkForUpdates() 方法执行时，应用会先请求这个 latest.yml 文件，得到文件里的内容后，先拿此文件中的版本号与当前版本号对比，如果此文件中的版本号比当前版本号新，则下载新版本，否则则退出更新逻辑。

可能读者会觉得 yml 文件里的信息看起来毫无章法，electron-updater 是如何格式化这些信息的呢？首先 yml 文件也是类似 json 的一种标准的文件格式，文档格式说明详见 https://yaml.org/，其次 electron-updater 是基于 js-yaml（https://github.com/nodeca/js-yaml）这个库完成 yml 文件格式化工作的。

另外，版本号的新旧判断法则是根据 npm 团队定义的 SemVer 规则（https://semver.org/lang/zh-CN/）执行的，npm 团队也专门为此提供了一个库来辅助开发人员完成版本号新旧的判断：https://www.npmjs.com/package/semver，electron-updater 就是使用这个库完成此项工作。

在 Windows 操作系统中，默认情况下新版本安装包会被下载到 C:\Users\[yourUser-

Name]\AppData\Local\[yourAppName]-updater 目录下，Mac 环境下新版本安装包会被下载到 /Users/[yourUserName]/AppData/Local/[yourAppName]-updater 目录下，electron-updater 先校验下载的文件是否合法，校验主要通过如下两步工作完成：

1）验证文件的 sha512 值是否合法，latest.yml 文件中包含新版本安装包的 sha512 值，electron-updater 首先计算出下载的新版本安装包的 sha512 值，然后再与 latest.yml 文件中的 sha512 值对比，两个值相等，则验证通过，不相等则验证不通过，计算一个文件的 sha512 值的代码如下所示：

```
import { createHash } from "crypto"
import { createReadStream } from "fs"
function hashFile(file: string, algorithm = "sha512", encoding: "base64" |
  "hex" = "base64", options?: any): Promise<string> {
  return new Promise<string>((resolve, reject) => {
    const hash = createHash(algorithm)
    hash.on("error", reject).setEncoding(encoding)
    createReadStream(file, {...options, highWaterMark: 1024 * 1024})
      .on("error", reject)
      .on("end", () => {
        hash.end()
        resolve(hash.read() as string)
      })
      .pipe(hash, {end: false})
  })
}
```

上述代码中使用 Node.js 内置 crypto 库的 createHash 方法创建一个哈希对象，接着使用 fs 库的 createReadStream 方法读取安装包文件，并把读取流转移到哈希对象内。当读取流读取完成时，文件的 sha512 哈希值也就计算出来了。

2）验证新版本安装文件的签名是否合法，代码如下所示：

```
export function verifySignature(publisherNames: Array<string>, unescapedTemp
  UpdateFile: string, logger: Logger): Promise<string | null> {
  return new Promise<string | null>(resolve => {
    const tempUpdateFile = unescapedTempUpdateFile.replace(/'/g, "'''").replace
      (/'/g, "'''");
    execFile("powershell.exe", ["-NoProfile", "-NonInteractive", "-InputFormat",
      "None", "-Command", 'Get-AuthenticodeSignature '${tempUpdateFile}' |
      ConvertTo-Json -Compress | ForEach-Object { [Convert]::ToBase64String
      ([System.Text.Encoding]::UTF8.GetBytes($_)) }'], {
      timeout: 20 * 1000
    }, (error, stdout, stderr) => {
      try {
        if (error != null || stderr) {
```

```
      handleError(logger, error, stderr)
      resolve(null)
      return
    }
  const data = parseOut(Buffer.from(stdout, "base64").toString("utf-8"))
  if (data.Status === 0) {
    const name = parseDn(data.SignerCertificate.Subject).get("CN")!
    if (publisherNames.includes(name)) {
      resolve(null)
      return
    }
  }
  const result = 'publisherNames: ${publisherNames.join(" | ")}, raw info: '
    + JSON.stringify(data, (name, value) => name === "RawData" ? undefined :
    value, 2)
  logger.warn('Sign verification failed, installer signed with incorrect
    certificate: ${result}')
  resolve(result)
    }
  catch (e) {
    logger.warn('Cannot execute Get-AuthenticodeSignature: ${error}. Ignoring
      signature validation due to unknown error.')
    resolve(null)
    return
    }
  })
 })
}
```

在上述代码中, electron-updater 使用 powershell 的 Get-AuthenticodeSignature 命令获取文件的签名信息, 如果验证成功则该方法返回 null, 如果验证失败则该方法返回验证信息。

代码中 parseOut 是 electron-builder 仓储中另一个库 builder-util-runtime 提供的方法, 此方法格式化 powershell 返回的信息详见 https://github.com/electron-userland/electron-builder/blob/master/packages/builder-util-runtime/src/rfc2253Parser.ts, 此处不再赘述。

4.3　Windows 应用升级原理

确认下载的文件正确无误后, electron-updater 将会触发 update-downloaded 事件, 此时用户代码会请求用户确认升级, 用户确认后将会执行 electron-updater 的 quitAndInstall 方法, 此方法会退出当前应用, 安装新下载的安装文件。

electron-updater 除了在准备好升级安装包文件后触发 update-downloaded 事件外, 在下载和检验过程中也会触发 download-progress 和 checking-for-update 事件，以便用户显示过程信息。如果下载的文件验证无效，electron-updater 也会触发 update-not-available 事件。

退出当前应用并不难，electron 本身就提供了 API，代码如下所示：

```
require("electron").app.quit()
```

此方法执行后，一般情况下应用的大部分在途逻辑当即停止执行并释放资源，接着触发 electron 的 quit 事件，代码如下：

```
require("electron").app.once("quit", (_: Event, exitCode: number) => handler
  (exitCode))
```

启动新版本的安装文件的逻辑即在上述 handler 方法内执行，代码逻辑如下：

```
doInstall(options: InstallOptions): boolean {
  const args = ["--updated"]
  if (options.isSilent) {
    args.push("/S")
  }
  if (options.isForceRunAfter) {
    args.push("--force-run")
  }
  const packagePath = this.downloadedUpdateHelper == null ? null : this.down
    loadedUpdateHelper.packageFile
  if (packagePath != null) {
    args.push('--package-file=${packagePath}')
  }
  const callUsingElevation = (): void => {
    _spawn(path.join(process.resourcesPath!!, "elevate.exe"), [options.installer
      Path].concat(args))
      .catch(e => this.dispatchError(e))
  }
  if (options.isAdminRightsRequired) {
    this._logger.info("isAdminRightsRequired is set to true, run installer using
      elevate.exe")
    callUsingElevation()
    return true
  }
  _spawn(options.installerPath, args)
    .catch((e: Error) => {
      const errorCode = (e as NodeJS.ErrnoException).code
      this._logger.info('Cannot run installer: error code: ${errorCode}, error
        message: "${e.message}", will be executed again using elevate if EACCES"')
      if (errorCode === "UNKNOWN" || errorCode === "EACCES") {
        callUsingElevation()
```

```
      }
      else {
        this.dispatchError(e)
      }
    })
  return true
}
```

electron-updater 使用了 Node.js 内置的 child_process 库启动安装文件，因为安装文件是通过 NSIS 打包工具打包而成，所以可以接纳一系列的命令行参数：

- ❑ --updated：以升级模式启动安装包，如果当前应用正在执行，则提示用户退出当前应用再安装升级包。
- ❑ /S：以静默安装方式启动安装包，静默安装方式不会显示任何界面，即使当前应用正在运行也不会提示用户退出程序。

如果打包应用时为 electron-builder 提供了如下配置，则应用安装新版本安装包时，会以管理员的身份启动新版本安装包。

```
electronBuilder.build({
  config: {
    win:{
      requestedExecutionLevel: "requireAdministrator", // 或 highestAvailable
      ...
    },
    ...
  },
  ...
})
```

如果启动应用失败，得到了 EACCES 或 UNKNOWN 的错误码，也会尝试以管理员的身份启动安装包。

这个操作是通过 elevate.exe 完成的，这个可执行程序是 electron-builder 通过 NSIS 内置到应用程序内的，文件存放路径如下：

```
C:\Program Files (x86)\yourProductName\resources\elevate.exe
```

在命令行下执行此程序，并把目标程序路径当做参数传入命令行，目标程序则以管理员身份启动运行。它还支持很多其他的参数，比如等待目标程序退出、为目标程序传参等。你可以通过如下命令行指令查看其支持的参数：

```
> cd C:\Program Files (x86)\yourProductName\resources\
> elevate -?
```

这是一个非常有用的工具，虽然 electron-builder 携带它是为了给自己服务的，但我们也可以正常使用它，假设你的产品需要以管理员的身份启动一个第三方应用程序，就可以通过 Node.js 的内置模块 child_process 来使用 elevate.exe 启动你的目标程序。

4.4　Mac 应用升级原理

默认情况下，electron-builder 使用 Squirrel.Mac（https://github.com/Squirrel/Squirrel.Mac）打包工具生成 Mac 下的安装包，所以 electron-updater 在 Mac 环境下的升级逻辑也是基于 Squirrel.Mac 实现的。

当 electron-updater 下载并验证过安装文件后，并不能直接把安装包交给 Squirrel.Mac 进行升级，而是需要在本地启动一个 localhost 的 http 服务，以 Squirrel.Mac 要求的方式提供响应。启动 http 服务的代码如下所示：

```
import { createServer, IncomingMessage, ServerResponse } from "http"
private nativeUpdater: AutoUpdater = require("electron").autoUpdater
const server = createServer()
function getServerUrl(): string {
  const address = server.address() as AddressInfo
  return 'http://127.0.0.1:${address.port}'
}
server.listen(0, "127.0.0.1", () => {
  this.nativeUpdater.setFeedURL({
    url: getServerUrl(),
    headers: {"Cache-Control": "no-cache"},
  })
  this.nativeUpdater.once("error", reject)
  // The update has been dowloaded and is ready to be served to Squirrel
  this.dispatchUpdateDownloaded(event)
  if (this.autoInstallOnAppQuit) {
    // This will trigger fetching and installing the file on Squirrel side
    this.nativeUpdater.checkForUpdates()
  }
})
```

上述代码创建 http 服务成功后，即把该 http 服务的地址设置给了 Electron 内置的 autoUpdater 模块，并调用了这个模块的 checkForUpdates 方法，这个方法执行过程中会请求此本地 http 服务的两个接口，第一个接口获得安装包的请求路径，代码如下所示：

```
server.on("request", (request: IncomingMessage, response: ServerResponse) => {
  const requestUrl = request.url!!
```

```
    if (requestUrl === "/") {
      const data = Buffer.from('{ "url": "${getServerUrl()}${fileUrl}" }')
      response.writeHead(200, {"Content-Type": "application/json", "Content-Length":
        data.length})
      response.end(data)
      return
    }
......
})
```

第二个接口就直接响应安装包的内容，关键代码如下所示：

```
let errorOccurred = false
import { createReadStream } from "fs"
response.on("finish", () => {
  try {
    setImmediate(() => server.close())
  }
  finally {
    if (!errorOccurred) {
      this.nativeUpdater.removeListener("error", reject)
      resolve([])
    }
  }
})
const readStream = createReadStream(downloadedFile)
response.writeHead(200, {
  "Content-Type": "application/zip",
  "Content-Length": updateFileSize,
})
readStream.pipe(response)
```

当安装包数据响应完成时则调用 Electron 内置的 autoUpdater 的 quitAndInstall 方法，退出当前应用并启动新的安装包。

以上内容就是 electron-updater 依赖包的内部原理。

第 5 章

其他重要原理

本章介绍几个看似与 Electron 工程并没有关系的重要原理：浏览器缓存策略、V8 脚本执行原理与 V8 垃圾收集原理，这几个原理有助于帮助读者掌握底层知识，为开发出健壮、稳定的 Electron 应用打好基础。

5.1 缓存策略与控制

一般情况下，我们不会使用 Electron 开发纯离线的客户端应用，很多静态资源和接口还是需要服务端来提供的，这些资源和一大部分接口往往不会频繁更新，几乎每次响应的结果都是相同的。如果客户端每次都希望得到服务端的响应后再渲染相应的界面，那势必会造成客户端的延迟、卡顿，同时也给服务端制造了不必要的压力。

面对这种问题，一般情况下我们会与后端的同事协商由后端提供缓存的能力，也就是在响应头中设置 Cache-Control 字段，当然也可以通过 Expire 字段控制缓存，但这个字段控制能力有限，并且属于 HTTP 1.0 规范下的内容，我们使用谷歌浏览器的核心，支持最新的 HTTP 标准，就应该首选使用 Cache-Control 字段了。

如果把某个资源的 Cache-Control 响应头设置为：max-age=3000，则表示在 3000 秒内再次访问该资源，均使用本地的缓存，不再向服务器发起请求。

我们在开发者调试工具中查看一下这类请求的响应信息，如图 5-1 所示。

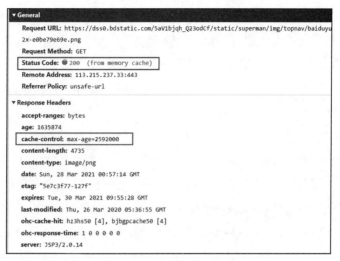

图 5-1　响应信息

注意响应结果状态码 Status Code 字段被标记为 200（from memory cache），说明这个资源并不是服务端响应的，而是从客户端内存取出的。还有一种情况与这种情况非常相似，那就是 Status Code 字段被标记为 200（from disk cache），说明资源是从客户端磁盘中取出的。这就是强缓存。

至于缓存的资源到底是放置在内存中还是放置在磁盘中，不是我们决定的，是浏览器内核帮我们决定的，一般情况下体积较小的文件在客户端空闲内存较多时，会优先存放在内存中。浏览器核心加载缓存资源的策略也是优先从内存中检索，如果内存中没有检索到，才会去磁盘中查找。但对于 CSS 样式文件来说，大概率会被存储在磁盘上。

使用 Cache-Control 响应头设置缓存的完整示例如下：

```
cahe-control:max-age=3000,public,immutable
```

其中 max-age 已经介绍过了，public（或 private）表示请求的资源是否可以被代理服务器缓存。public 表示允许代理服务器缓存资源，private 表示禁止代理服务器缓存资源。immutable 表示该资源永不过期，就算用户强制刷新页面，浏览器也不会发起请求去服务器获取资源。

但这种缓存能力还远远不能满足现实中的需求，现在假设服务器上面的资源在 3000 秒内更新了，客户端在没有清除缓存也没有强制刷新的情况下，获取到的内容仍然是旧的。这就可能会造成难以预料的问题，比如请求到的是一个过期的 js 脚本文件，它里面的逻辑还在访问旧的服务端接口，异常就此发生。

为了处理这种情况，就需要使用协商缓存的特性，除了 Cache-Control 响应头外，响应头中还有另外两个属性与缓存有关，一个是 Etag，另一个是 Last-Modified。

Etag 是被请求资源的哈希值，一旦被请求资源在服务端发生了改变，哪怕只变动了一个字符，这个值也会跟着做出改变。Last-Modified 是被请求资源最后的修改时间，精确到秒。

实现协商缓存的需求，两者取其一即可，由于 Etag 控制更精确，所以一般开发者都使用它来完成协商缓存的需求。当然也有一些开发者为了兼容老的接口，而两者都用。

浏览器第一次请求一个资源的时候，服务器返回的 header 中会包含 Etag 或 Last-Modified 响应头，当浏览器再次请求该资源时，request 的请求头中会包含 If-None-Match 或 If-Modify-Since 请求头，它们的值即为之前响应头中 Etag 或 Last-Modified 的值。如果两者都存在的话，大部分服务器以 If-None-Match（也就是 Etag）的值为准。

服务端收到这两个请求头后，会根据这两个请求头验证服务端对应的资源，以确认浏览器缓存的资源是否有效，如果有效，则服务器只返回 304 状态码（Not Modified），无须响应 body 的内容，允许浏览器使用缓存的资源。如果无效，则返回 200 状态码以及服务端该资源的数据，供浏览器使用。

这就是协商缓存，我想读者读到这里心里一定有一个疑惑：如果同时设置了强缓存和协商缓存，浏览器将如何处理呢？答案是以强缓存为主，强缓存未过期，直接取缓存的资源不必发起服务器请求，如果强缓存已过期，则执行协商缓存的处理策略。

如果 Cache-Control 的值设置为 no-cache，则表明当前不存在强缓存，协商缓存不受影响。如果 Cache-Control 的值设置为 no-store，则表明当前不存在任何缓存策略，强缓存和协商缓存均不生效。

还有一种办法是在请求地址中加入随机数参数，这种办法可以使强缓存和协商缓存都失效，因为这就相当于一个全新的请求了。

如果开发者是在调试自己的应用，可以简单地勾选调试工具中的 Disable cache 选项来禁用缓存，如图 5-2 所示。

对于 Electron 应用来说，也可以直接删除以下目录内的所有文件，以清除缓存：

```
C:\Users\liuxiaolun\AppData\Roaming\yourApp\Cache
```

站在 Electron 应用架构的角度看，有些开发者可能希望自己的应用程序每个版本对应的服务端资源都是强缓存，而且永不过期。

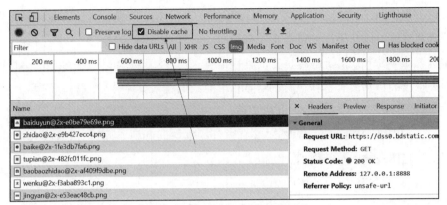

图 5-2　开发者调试工具禁用缓存

那么可以考虑在发布这些资源的时候，把它们发布到服务端的不同目录下，最好目录就以版本号命名，且 Electron 发起的请求也携带上版本号，如下所示：

```
https://your-domain.com/desktop/1.2.1/app-index.js
```

如果客户端版本没有升级，那么请求的资源将始终是这个资源。该资源的 Cache-Control 的过期时间就可以设置成一个相当长的时间了。当客户端升级后，版本号发生了变化，请求的资源也不再是这个资源了。所以即使是永不过期的缓存也不会影响应用的正常使用。

此策略对于那些要同时保证低版本用户和高版本用户共存的应用来说非常有用。

5.2　V8 脚本执行原理

目前开发人员使用的编程语言主要分为两大类：一类是编译执行的语言；另一类是解释执行的语言。

像 C、C++ 和汇编语言都是编译执行的语言，使用这些语言开发程序的开发者，需要把自己编写的代码编译成二进制文件，这些针对不同机器生成的二进制文件可以直接在目标机器上运行，但为不同机器生成的二进制文件不能在其他的机器上运行。

像 Java、C# 等编程语言是解释执行的语言，使用这些语言开发程序的开发者，需要把自己编写的代码编译成字节码文件，这些字节码文件不能直接在任何机器上运行，目标机器必须安装某个虚拟机或运行时，比如 Java 虚拟机 JVM 或 C# 的运行时 .NET Framework，才能执行这类文件，但这些字节码文件在任何机器的虚拟机上都可以正确执行。

我们把第一种方式称为编译执行，第二种方式称为解释执行，第一种方式的特点是启动速度较慢，执行速度较快，调试不是很方便，针对不同的目标机器要生成不同的可执行文件；第二种方式的特点是启动速度较快，执行速度较慢，调试方便，只需生成一套字节码文件就可以在不同的机器上正确执行。

很显然 JavaScript 属于解释执行的编程语言，但 V8 引擎却是身兼多能的运行时，它既有编译执行的特点又有解释执行的特点，下面我们就来具体分析一下。

在 V8 开始执行一段 JavaScript 脚本前，它做了如下三个事情：

1）初始化内存中的堆栈结构。V8 有自己的堆空间和栈空间设计，代码运行期产生的数据都是存储在这些空间内的，所以要提前完成初始化工作。

2）初始化全局环境。这个工作包含一些全局变量、工具函数的初始化任务。

3）初始化消息循环。这个工作包含 V8 的消息驱动器和消息队列的初始化任务。

做完这些工作之后 V8 就可以执行 JavaScript 源码了，需要说明的是，我们经过 webpack 或 Rollup 处理过的 JavaScript 源码，甚至被 javascript-obfuscator 混淆过的 JavaScript 源码，对于 V8 引擎来说都没什么两样，就是一个很长的字符串。

V8 首先把这些字符串转化为抽象语法树（AST abstract syntax code），我们来分析一段简单的 JavaScript 代码：

```
let param = 'v8'
console.log('hello ${param}')
```

这段代码生成的抽象语法树如下所示：

```
1    FUNC at 0
2    . KIND 0
3    . LITERAL ID 0
4    . SUSPEND COUNT 0
5    . NAME ""
6    . INFERRED NAME ""
7    . DECLS
8    . . VARIABLE (0000016F63390348) (mode = LET, assigned = true) "param"
9    . BLOCK NOCOMPLETIONS at -1
10   . . EXPRESSION STATEMENT at 12
11   . . . INIT at 12
12   . . . . VAR PROXY context[2] (0000016F63390348) (mode = LET, assigned = true) "param"
13   . . . . LITERAL "v8"
14   . EXPRESSION STATEMENT at 18
15   . . ASSIGN at -1
16   . . . VAR PROXY local[0] (0000016F63390698) (mode = TEMPORARY, assigned = true) ".result"
17   . . . CALL
18   . . . . PROPERTY at 26
19   . . . . . VAR PROXY unallocated (0000016F63390768) (mode = DYNAMIC_GLOBAL, assigned = false) "console"
20   . . . . . NAME log
21   . . . . TEMPLATE-LITERAL at 30
22   . . . . . SPAN "hello "
23   . . . . . EXPR at 39
24   . . . . . VAR PROXY context[2] (0000016F63390348) (mode = LET, assigned = true) "param"
25   . RETURN at -1
26   . . VAR PROXY local[0] (0000016F63390698) (mode = TEMPORARY, assigned = true) ".result"
```

从上面的信息可以看出，第 8 行使用 LET 定义了变量 param，第 12～13 行为 param
变量赋值字符串 v8，第 17～20 行开始调用 console 对象的 log 方法，第 21～24 行使用
模板字符串拼接字符串，最后一行返回执行结果。

在生成抽象语法树之后，V8 会为程序中的变量生成作用域，如下所示：

```
global { // (000001952B7A00F8) (0, 47)
  // will be compiled
  // 1 stack slots
  // 3 heap slots
  // temporary vars:
  TEMPORARY .result;  // (000001952B7A0698) local[0]
  // local vars:
  LET param;  // (000001952B7A0348) context[2]
  // dynamic vars:
  DYNAMIC_GLOBAL console;  // (000001952B7A0768) never assigned
}
```

从上面的信息可以看出，V8 在执行这段代码时用到了三个变量：一个是临时变
量 .result，用于存储返回值；一个是用户使用 LET 关键字声明的 param 变量；一个是动
态全局变量 console。所有这些变量都包裹在全局作用域中。

有了抽象语法树之后，V8 接下来会把抽象语法树转换为字节码，如下所示：

```
Parameter count 1
Register count 4
Frame size 32
        000002440824FABE @    0 : 12 00             LdaConstant [0]
        000002440824FAC0 @    2 : 1d 02             StaCurrentContextSlot [2]
        000002440824FAC2 @    4 : 13 01 00          LdaGlobal [1], [0]
        000002440824FAC5 @    7 : 26 f9             Star r2
        000002440824FAC7 @    9 : 28 f9 02 02       LdaNamedProperty r2, [2], [2]
        000002440824FACB @   13 : 26 fa             Star r1
        000002440824FACD @   15 : 12 03             LdaConstant [3]
        000002440824FACF @   17 : 26 f8             Star r3
        000002440824FAD1 @   19 : 1a 02             LdaCurrentContextSlot [2]
        000002440824FAD3 @   21 : 78                ToString
        000002440824FAD4 @   22 : 34 f8 04          Add r3, [4]
        000002440824FAD7 @   25 : 26 f8             Star r3
        000002440824FAD9 @   27 : 59 fa f9 f8 05    CallProperty1 r1, r2, r3, [5]
        000002440824FADE @   32 : 26 fb             Star r0
        000002440824FAE0 @   34 : aa                Return
Constant pool (size = 4)
000002440824FA85: [FixedArray] in OldSpace
 - map: 0x0244080404b1 <Map>
 - length: 4
        0: 0x02440824fa05 <String[#2]: v8>
```

```
        1: 0x0244081c6971 <String[#7]: console>
        2: 0x0244081c69e5 <String[#3]: log>
        3: 0x02440824fa15 <String[#6]: hello >
Handler Table (size = 0)
Source Position Table (size = 0)
```

这段字节码中类似 Add、Star、Lda *** 等指令都是在操作寄存器。

我们知道通常有两种架构的解释器，基于栈的解释器和基于寄存器的解释器。基于栈的解释器会将一些中间数据存放到栈中，而基于寄存器的解释器会将一些中间数据存放到寄存器中。由于采用了不同的模式，所以字节码的指令形式是不同的。

很显然，V8 引擎是基于寄存器的解释器。

如果 V8 的解释器发现某段代码将会被反复执行（很可能代码中存在循环体或某个函数被反复调用），V8 的监控器就会将这段代码标记为热点代码，并提交给编译器优化执行。

我们修改一下前面的测试代码，以促使 V8 对其优化，如下所示：

```
let x = 0
for (let i = 0; i < 666666; i++) {
  x = 66+66
}
```

这是一段无意义的代码，for 循环内不断地执行一个加法运算，当 V8 解释执行这段代码时，发现这个加法运算是可以优化的，就会对其进行优化，优化的过程信息如下所示：

```
[marking 0x028b0824fab9 <JSFunction (sfi = 0000028B0824FA2D)> for optimized
  recompilation, reason: small function]
[compiling method 0x028b0824fab9 <JSFunction (sfi = 0000028B0824FA2D)>
using
  TurboFan OSR]
[optimizing 0x028b0824fab9 <JSFunction (sfi = 0000028B0824FA2D)> - took 1.026,
  1.095, 0.064 ms]
```

这个过程信息解释了优化的原因：small function，这个 for 循环是一个小函数，为了减少函数调用的开销，所以对其做优化操作。using TurboFan OSR 是 V8 使用的优化引擎。最后一行信息代表着优化所耗费的时间。

V8 会针对不同类型的代码执行不同的优化手段，最为人所称道的就是直接把字节码编译为二进制代码，由于二进制代码具备执行速度快的特点，所以这也是 V8 引擎高效的原因之一。

回到本节的开头，我们可以说 V8 是一种内嵌了编译执行能力的 JavaScript 解释器。

它是复杂的，但也是高效的，因为它同时具备两种能力——编译执行能力和解释执行能力。

　　关于 V8 执行过程中的这些中间信息我是怎么拿到的，后面还会有更详细的介绍。

5.3　V8 垃圾收集原理

　　V8 的垃圾回收机制是一种称之为"代回收"的垃圾回收机制，它将内存分为两个生代：新生代和老生代。默认情况下，32 位系统新生代内存大小为 16MB，老生代内存大小为 700MB，64 位系统新生代内存大小为 32MB，老生代内存大小为 1.4GB。

　　新生代存的都是生存周期短的对象，分配内存也很容易，只保存一个指向内存空间的指针，根据分配对象的大小递增指针就可以了，当存储空间快要满时，就进行一次垃圾回收。下面举例说明新生代是如何进行垃圾回收的。

　　首先 V8 把新生代内存平均分成两块相等的空间，一块叫作 From，一块叫作 To，当 JavaScript 运行时，创建的对象首先在 From 空间中分配内存，我们假设创建了 3 个对象：x、y 和 z，当垃圾回收时遍历这些对象，判断其是否存在引用，假设 y 对象不存在任何引用，x 和 z 依然存在引用。

　　此时垃圾回收器将活跃对象 x 和 z 从 From 空间复制到 To 空间，之后清空 From 空间的全部内存，接着交换 From 空间和 To 空间的内容。

　　如你所见这个垃圾回收算法的弊端是只能使用新生代存储空间的一半，但由于这个算法使用了大量的指针操作和批量处理内存操作，使得这个算法效率非常高，这是一个典型的牺牲空间换取时间的算法。

　　当一个对象经过多次复制仍然存活时（或新生代空间使用超限时），它就会被认为是生命周期较长的对象。这种较长生命周期的对象随后会被移动到老生代中，采用新的算法进行管理。

　　当对老生代的对象执行垃圾回收逻辑时，V8 遍历老生代的对象，判断其是否存在引用，如果存在引用，则做好标记，遍历完成后把没有标记的对象清除掉。这就是老生代的标记清除垃圾回收算法，此算法相较于新生代的垃圾回收算法来说效率要低得多。

　　无论是新生代的垃圾收集还是老生代的垃圾收集，都会判断对象是否存在引用，这个工作是递归的遍历根对象上的所有属性以及属性的子属性，看是否能访问到这个对象，如果能访问到，则说明这个对象还存在引用，如果不能访问到，则说明这个对象可以被垃圾收集。JavaScript 有三种类型的根对象：

- 全局的 window 对象（位于每个 iframe 中，Node.js 中是 global 对象）。
- 文档 DOM 树，由可以通过遍历文档到达的所有原生 DOM 节点组成。
- 存放在栈上的变量，位于正在执行的函数内。

在 Node.js 环境中，可以通过如下代码来查看内存分配情况：

```
process.memoryUsage();
/* 返回值
{
  rss: 22638592,
  heapTotal: 6574080,
  heapUsed: 4499024,
  external: 901302,
  arrayBuffers: 27542
}
*/
```

这个方法返回一个对象，这个对象包含以下属性（以下所有内存单位均为字节（Byte））。

- rss（resident set size）：所有内存占用，包括指令区和堆栈。
- heapTotal：V8 引擎可以分配的最大堆内存，包含下面的 heapUsed。
- heapUsed：V8 引擎已经分配使用的堆内存。
- external：V8 引擎管理 C++ 对象绑定到 JavaScript 对象上的内存。

开发者可以在主进程启动之初、app ready 之前，使用如下代码来扩大 Node.js 的堆内存：

```
app.commandLine.appendSwitch('js-flags', '--max-old-space-size=4096')
```

上述代码为 Node.js 的 V8 引擎设置了旧内存最大内存大小（4GB），当应用程序内存消耗接近极限时，V8 将在垃圾回收上花费更多时间，以释放未使用的内存。如果堆内存消耗超出了限制，则会导致进程崩溃，因此这个值不应该设置得太低。当然，如果将它设置得太高，则 V8 允许的额外堆使用量可能会导致整个系统内存不足。在一台具有 2GB 内存的机器上，我可能会设置 --max-old-space-size 为 1.5GB 左右，以便为其他用途留一些内存并避免内存数据到磁盘的交换。

工　　程

本部分介绍构建大型 Electron 工程所需要掌握的知识，前三个章节分别使用 Vite、webpack5、Rollup 等不同的工具链构建 Electron 工程，值得注意的是，我们并没有依赖任何开源项目（比如 electron-vue），而是直接从无到有使用这些工具搭建 Electron 的工程环境，这有助于大家了解 electron-builder 以及上述工具的内部原理。

本部分后几个章节则按照一个桌面应用开发完成后的工作环节介绍工程实践的知识：比如自动化测试、应用分发、逆向分析（逆向分析是指开发者如何分析、调试一个已经发布并运行在客户电脑上的应用）等。

除此之外还介绍了一些常用的调试方法和调试工具，比如 D8 调试工具、内存消耗监控方法等。

同样，这一部分内容与第三部分内容关联性也不大，读者可以跳过这部分内容直接阅读第三部分内容。

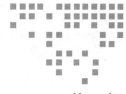

第 6 章 Chapter 6

使用 Vite 构建 Electron 项目

本章介绍如何使用现代前端构建工具 Vite 来构建 Electron 项目，我们并没有使用 electron-vue 或 vue-cli-plugin-electron-builder 之类的工具来辅助完成这项工作，而是直接徒手使用 Vite 来构建 Electron 项目，这更有利于读者了解 Electron 以及 electron-builder 的运行原理。本章介绍的内容对接下来的两个章节亦有帮助作用。

6.1 Vite 为什么如此之快

目前主流的现代前端框架都使用 webpack 作为构建工具，webpack 非常强大、稳定且可定制性非常高，但性能稍显不足。

Vue 2.x 也使用 webpack 作为构建工具，但自 Vue 3.0 起，Vue 的作者尤雨溪就为开发者提供了一个不同构建工具——Vite。它以另一种更现代化、更高效的技术方案实现了 webpack 的大部分功能，虽然现在与 webpack 的市场份额还有较大的差距，但从技术上来讲它才是未来的发展方向，尤雨溪也并没有把它局限在 Vue 的生态圈，而是为它提供了支持 React 项目的能力。React 开发者也可以使用 Vite 来构建项目。

它与 webpack 的主要区别在于，使用 Vite 构建的开发环境，在开发过程中不存在捆绑（bundle）过程。源代码中的 import 语句会直接以 <script module> 的形式提供给浏览器，Vite 内置的开发服务（基于 koa）会拦截模块请求并在必要时执行代码转换。

例如，浏览器请求一个名为 component.vue 的文件请时，Vite 内置的开发服务接到这个请求后，会动态编译这个 component.vue 文件，再把编译结果响应给浏览器。

这就导致了下面几个结果：

☐ 由于不需要做捆绑工作，服务器冷启动速度非常快。

☐ 代码是按需编译的，因此只编译当前界面上实际导入的代码，不必等到整个应用被捆绑后才开始开发。这对于拥有非常多界面的应用来说是一个巨大的性能差异。

☐ 热更新（Hot Module Replacement，HMR）的性能与模块总数解耦。这使得 HMR 始终快速，无论你的应用程序有多大。

值得注意的是，在开发过程中，使用 Vite 构建的项目在整个页面重新加载的性能上可能比基于绑定的 webpack 项目稍微慢一些，因为基于 <script module> 的导入方式会导致大量的网络请求。但是由于这是本地开发，所以这点损耗可以忽略不计（已经编译的文件会被缓存在内存中，所以请求这些文件时不存在编译损耗）。

另外，Vite 默认使用 esbuild（https://github.com/evanw/esbuild）作为内置的编译器，esbuild 在将 TypeScript 转换为 JavaScript 的工作上性能表现优异，比常用的 tsc 工具快 20 ～ 30 倍，HMR 更新可以在 50ms 内反映在浏览器中。

虽然 Vite 非常优秀，但目前尚未有一个足够优秀的项目把 Vite 和 Electron 结合在一起，接下来我们就使用 Vite 来创建一个 Electron+Vue 的项目，以此来辅助大家更深入地了解 Vite、Electron、electron-builder 的执行过程。

6.2　大型 Electron 工程结构

对于一个大型工程来说，工程的目录结构非常重要，一个清晰的目录结构不仅可以帮助开发者更方便地维护项目，也为项目的扩展、演进提供帮助。下面是一个大型 Electron 工程结构做精简之后的树状结构，供大家参考。

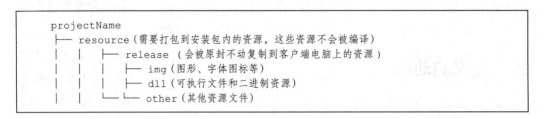

```
│       └── └── unrelease (会被内嵌到安装包内的资源, 如应用图标、安装界面图片等)
├── script (工程调试、编译过程中需要使用的脚本文件)
│       ├── common (各种环境公用的工具脚本)
│       ├── dev (开发环境的启动脚本与环境变量)
│       ├── test (测试环境的启动脚本与环境变量)
│       └── release (生产环境的启动脚本与环境变量、签名脚本、nsis 脚本等)
├── node_modules/ (依赖包目录)
├── release (应用打包生成的安装包、应用升级文件、打包中间过程文件存放目录)
│       ├── bundled (应用打包前所有脚本与静态资源编译捆绑后的文件存放目录)
│       ├── win-unpacked (绿色版可执行程序及相关资源存放目录)
│       └── (打包后的安装包文件、应用升级文件等)
├── src (源码)
│       ├── common (主进程与渲染进程公用的源码)
│       │      ├── (事件发射接收器、字符串处理、日期处理、加解密等)
│       ├── main (主进程源码)
│       │      ├── utils (工具类: 协议注册、剪贴板、日志等)
│       │      ├── widgets (界面辅助部件: 托盘图标、系统菜单等)
│       │      ├── diaologs (所有弹窗类存放目录, 文件保存、目录打开等弹窗)
│       │      ├── windows (所有窗口类存放目录)
│       │      └── └── app.ts (主进程入口文件)
│       ├── renderer (渲染进程源码)
│       │      ├── assets (随 Vue 一起编译打包的静态资源)
│       │      ├── components (全局公共组件)
│       │      ├── pages (整个应用的所有页面, 包含子页面或子控件则以页面名设置子目录)
│       │      ├── store (放置公共模块, 如 vuex)
│       │      ├── utils (工具类: toast、alert、i18n 等)
│       │      ├── main.vue (渲染进程入口界面)
│       └── └── main.ts (渲染进程入口文件)
├── .vscode (vscode 配置文件)
├── static (静态文件)
├── index.html (渲染进程容器页面)
├── .prettier (beautify 的配置文件, 用于团队源码风格一致)
├── .npmrc (项目环境变量, 主要是一些镜像源地址的配置)
├── .gitignore (git 排除文件)
└── package.json
```

　　此工程结构相对来说还是比较简单明了的,但如工程一再演化、变得更加复杂难以控制时,开发者还应进一步考虑调整此工程的目录结构,vscode 的目录结构可参考 https://github.com/microsoft/vscode。由于 vscode 的工程结构包含太多设计模式、业务逻辑上的考量因素,与本书主旨无关,所以暂不多做介绍。

6.3　定义启动脚本

　　首先通过如下命令创建一个 Vite 项目,并安装好 Electron 依赖包,相应的 npm 指令如下：

```
> npm init vite-app project-name
> cd project-name
> npm install
> npm install electron --save-dev
```

一般情况下为一个工程安装 Electron 依赖时，都是安装为开发依赖（--save-dev）的，这是因为所有生产依赖都会在 electron-buildder 打包时被放置到安装包内，用户安装应用后，应用的安装目录下也会有相应的 node_modules 目录，这些生产依赖也会被放置在这个目录下，如果没有特殊的设置，node_modules 目录及其内部的文件是体现在应用的 asar 文件中的。

然而这并不是我们想要的，electron-builder 会帮我们把 Electron 的可执行程序和相关资源放置到正确位置，如果我们以生产依赖的形式安装 Electron，那么十有八九你分发给用户的安装包内有两份 Electron：一份是 electron-builder 为你准备的；一份在 node_modules 内，是你自己的生产依赖，用户是不需要这些文件的。

接着我们在该项目的 package.json 文件中添加一个启动脚本：

```
"scripts": {
  "start": "node ./script/dev",
}
```

我们希望项目创建成功后，开发者可以通过 npm run start 的方式启动应用。

很多开发者可能并不知道，在 scripts 标签内定义的脚本，还可以有关联脚本，只要你给脚本名称加上 pre 或 post 前缀即可，比如下面的配置：

```
{
  "scripts": {
    "precompress": "{{ executes BEFORE the 'compress' script }}",
    "compress": "{{ run command to compress files }}",
    "postcompress": "{{ executes AFTER 'compress' script }}"
  }
}
```

在开发者执行 npm run compress 时，先执行 precompress 脚本，再执行 compress 脚本，最后执行 postcompress 脚本。更多关于 scripts 标签的说明请参见 https://docs.npmjs.com/cli/v6/using-npm/scripts。

/script/dev/index.js 就是我们为启动开发环境提供的脚本，它主要完成了如下四项

工作：

　　1）启动 Vue3 项目的开发服务。

　　2）设置环境变量。

　　3）编译主进程代码。

　　4）启动 Electron 子进程，并加载 Vue3 项目的首页。

　　接下来我们就详细介绍这些工作的关键逻辑。

6.4　启动开发服务

　　首先要做的工作就是通过 Vite 内置的 koa 服务加载 Vue 项目，让它运行在 http://localhost 下，有了这个服务，我们在修改界面代码时，Vite 的热更新机制会使我们修改的内容实时反馈到界面上。

　　Vite 除了提供命令行指令启动项目外，也提供了 JavaScript API 供开发人员通过编码的方式启动项目，这里就在 /script/dev/index.js 文件内直接调它的 API 来启动项目，关键代码如下：

```
let vite = require("vite");
let vue = require("@vitejs/plugin-vue");
let dev = {
  server: null,
  serverPort: 1600,
  async createServer() {
    let options = {
      configFile: false,
      root: process.cwd(),
      server: {
        port: this.serverPort,
      },
// 这里没有设置 env 环境变量，后面会有详细的解释
      plugins: [vue()],
    };
    this.server = await vite.createServer(options);
    await this.server.listen();
  },
  async start() {
    await this.createServer();
  },
};
dev.start();
```

在这段代码中，我们首先定义了 Vite 的配置对象 options，也就是正常情况下开发者设置在 vite.config.js 中的内容。需要注意以下几点：

1）由于我们的启动脚本放置在工程的 script 子目录内，所以不能用 __dirname 来指定 root 属性，此处我们通过 process.cwd() 来获取当前工程的根目录。

2）我们手动定义了开发环境 http 服务的端口号，并把这个端口号保存到当前 dev 对象内，因为接下来启动 Electron 客户端进程时，需要通过这个端口号来加载开发服务的首页。

3）Vite 雄心很大，Vue 并不是 Vite 的唯一支持对象，而只是它的一个插件，此处通过 require("@vitejs/plugin-vue") 引入 Vue 插件，并通过 plugins: [vue()] 置入 Vite 内部。

4）我们通过 vite.createServer 创建这个开发环境 http 服务，并通过 server.listen() 方法启动这个服务。

至此，一个承载 Vue 的 http 服务已经在你的电脑里启动了，不出意外的话，你的控制台上将打印如下信息：

```
⚡ Vite dev server running at:
  > Network:  http://192.168.31.115:1600/
  > Local:    http://localhost:1600/
```

接下来我们将在 dev 对象的 start 方法内添加一系列的逻辑，最终启动我们的 Electron 进程，并让它加载 http://localhost:1600/ 所指向的页面。

6.5　设置环境变量

> **注意**　本节提到的环境变量并不是操作系统的环境变量，也不是 npm 的环境变量（.npmrc），而是应用程序的环境变量，是 process.env 对象内的各个属性和值。

一般情况下，我们会把服务器的基址、项目的特殊信息或配置放在环境变量中，这就带来了一个问题：团队中每个开发人员的环境变量可能都是不一样的。

有的开发人员需要连开发服务器 A，有的开发人员需要连开发服务器 B，而且开发环境、测试环境、生产环境的环境变量也各不相同。

基于这些原因，我们把环境变量设置到几个单独的文件中以方便区分不同的环境，避免不同开发人员的环境变量互相冲突。开发环境的环境变量保存在 src/script/dev/env.js

中，如下代码所示：

```
module.exports = {
  APP_VERSION: require("../package.json").version,
  ENV_NOW: "development",
  HTTP_SERVER: "******.com",
  SENTRY_SERVICE: "https://******.com/34",
  ELECTRON_DISABLE_SECURITY_WARNINGS: true,
};
```

需要注意的是：ELECTRON_DISABLE_SECURITY_WARNINGS 环境变量是为了屏蔽 Electron 开发者调试工具中那一大堆安全警告的，如图 6-1 所示。

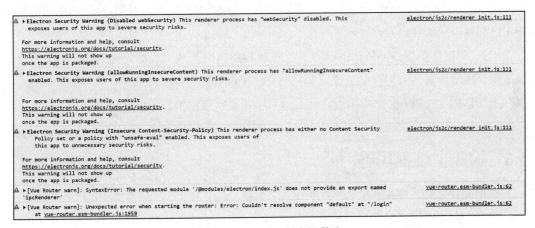

图 6-1　Electron 安全性警告

另外，虽然开发者可以在主进程中使用 app.getVersion() 方式来获取应用的版本号，但在开发环境下，这个 API 获取到的是 Electron.exe 的版本号，不是你的项目的版本号，这个问题只存在于开发环境中，编译打包后的应用是不存在这个问题的，但我仍旧推荐大家在环境变量中设置版本号，这样可以及早发现与版本相关的问题。

ENV_NOW 环境变量在开发环境中被设置成 development，在生产中则被设置成了 production，以方便代码通过它判断当前的环境，执行不同的逻辑。

很多知名的项目都使用 dotenv 库来设置环境变量（https://github.com/motdotla/dotenv），我这里并没有使用它也达到了同样的目的。具体的实现如下代码所示：

```
getEnvScript() {
  let env = require("./dev/env.js");
  env.WEB_PORT = this.serverPort;
  env.RES_DIR = path.join(process.cwd(), "resource/release");
```

```
      let script = "";
      for (let v in env) {
        script += 'process.env.${v}="${env[v]}";';
      }
      return script;
    },
```

上述代码中 getEnvScript 方法返回一段 JavaScript 字符串，这段 JavaScript 代码是由一系列的设置 process.env 属性的语句组成的。

这些设置 process.env 的语句包含所有我们在 env.js 中定义的属性，还额外包含 WEB_PORT 和 RES_DIR 两个环境变量。

WEB_PORT 就是前面通过 Vite 启动的 http 服务的端口号，把它设置到环境变量中以备主进程通过它加载页面。

RES_DIR 是存放外部资源的目录，它在运行期指向当前工程的 resource/release 子目录。这个环境变量为将来获取资源目录里的文件提供帮助。

至于这段 JavaScript 字符串用在什么地方、什么时候被执行在后面讲解。

6.6　构建主进程代码

启动了开发环境 http 服务，准备好环境变量后，接下来的任务就是编译主进程的代码。

因为 Electron 应用启动后首先执行的就是主进程的代码，所以要先把这步工作完成。另外，由于 Vite 自带的 esbuild 编译代码非常快，所以我们主进程的代码也通过 esbuild 编译，代码如下：

```
buildMain() {
  let entryFilePath = path.join(process.cwd(), "src/main/app.ts");
  let outfile = path.join(process.cwd(), "release/bundled/entry.js");
  esbuild.buildSync({
    entryPoints: [entryFilePath],
    outfile,
    minify: false,
    bundle: true,
    platform: "node",
    sourcemap: true,
    external: ["electron"],
  });
  let envScript = this.getEnvScript();
  let js = '${envScript}${os.EOL}${fs.readFileSync(outfile)}';
  fs.writeFileSync(outfile, js);
},
```

在上面的代码中，我们首先获取到主进程入口文件的绝对路径 entryFilePath，这个文件在当前工程的 src/main/ 子目录下，接着定义了主进程代码编译完成后输出文件的路径 outfile，这个文件路径指向当前工程的 release/bundled 子目录。

接着通过 esbuild.buildSync 方法编译主进程代码逻辑，由于是开发环境，我们并不需要 esbuild 压缩代码，所以 minify 配置为 false。

我们把 external 属性配置为 electron 是为了不让编译工具去尝试加载 Electron 模块的内容，因为 Electron 模块是 Electron 内置的，就像 Node.js 内置了 fs 模块一样，运行环境自带此模块，编译工具不必编译此模块的代码。其他配置项可根据用户需求自行调整，关于 esbuild 的详细配置说明请参见 https://esbuild.github.io/api/#simple-options。

接下来我们通过前面所述的 getEnvScript 方法得到了设置环境变量的 JavaScript 代码字符串，并通过 fs 模块的 writeFileSync 方法把它写到了主进程代码文件的第一行，也就是说在主进程代码逻辑执行前，先完成了环境变量的设置工作（开发者可以通过其他的方式设置环境变量，我之所以选择这个方案是为了尽量保证开发、生产环境一致）。

这段逻辑有以下三个关键点需要注意：

1）必须——附加环境变量到 process.env 对象上，而不能像下面这样批量更改：

```
process.env={...process.env,...${JSON.stringify(env)}};
```

因为如果你的应用加载了第三方原生 addon，而第三方 addon 依赖当前应用的环境变量，比如当前工作目录，你这样一股脑地暴力修改 process.env，第三方 addon 将没有能力获取到当前应用的环境变量。

2）把 Vite 启动的 http 服务的端口号设置到环境变量中，做了这项工作后，就可以在主进程的逻辑中通过如下方式加载页面：

```
if (process.env.ENV_NOW === "development") {
  return 'http://localhost:${process.env.WEB_PORT}/#${url}';
} else {
  return 'app://./index.html/#${url}';
}
```

如果环境变量 process.env.ENV_NOW 的值为 "development" 时，说明当前环境为开发环境，我们通过 localhost 和 process.env.WEB_PORT 加载具体的页面，否则的话，通过自定义的 app:// 协议加载页面（这是另一个话题，后面章节会有介绍）。

3）我们还设置了一个 RES_DIR 的环境变量，这个变量的值是一个目录路径，指向 [yourProject]resource\release 目录，这个目录用于存放外部资源，把这个目录设置到环境变量中，主要目的是使代码能方便地访问到这些外部资源。

4）我们在渲染进程中使用这些环境变量，必须写作 process["env"].ENV_NOW，而不能写作 process.env.ENV_NOW，这是因为 Vite 的作者认为 Vite 只是给 Web（运行在浏览器中的）产品提供服务的，所以编译时把用户的 process.env 修改一下无伤大雅，类似下面的代码：

```
console.log(process.env.ENV_NOW)
```

会被 Vite 编译为：

```
console.log({NODE_ENV: "production"}.ENV_NOW);
```

诚然，浏览器环境下是没有 process 对象的，但 Vite 又想为开发者提供 process.env 访问环境变量的能力，它就通过这种改写开发者代码的方式实现了这个功能，这对于只有少量环境变量的应用来说无伤大雅，对于 Electron 应用来说，往往会需要大量的环境变量，这就会导致 Vite 打包出来的代码体积凭空增加了不少，而且我们在主进程设置的环境变量本身也会透传到渲染进程中，就没必要在启动 Vue 服务或打包 Vue 源码时设置 env 对象了。

6.7　启动 Electron 子进程

开发环境的搭建就只剩下启动 Electron 这一步了。由于这步工作必须在准备好 http 服务、编译好主进程代码后再执行，所以我们并不直接使用 Electron 提供的命令行指令，而是模仿 electron 包内的 cli.js 实现如下逻辑：

```
createElectronProcess () {
  this.electronProcess = spawn(
    require("electron").toString(),
    [path.join(this.bundledDir, "entry.js")],
    {
      cwd: process.cwd(),
    }
  );
  this.electronProcess.on("close", () => {
    this.server.close();
    process.exit();
  });
  this.electronProcess.stdout.on("data", (data) => {
    data = data.toString();
```

```
    console.log(data);
  });
}
```

这段逻辑通过 Node.js 的 child_process 模块的 spawn 方法启动 Electron 子进程，相应的可执行程序路径为 [yourProject]\node_modules\electron\dist\electron.exe（Mac 环境下略有不同），这个路径就是 electron 模块的导出值，可以通过 require("electron").toString() 方法得到。

启动这个子进程时，我们给 electron.exe 传递了一个命令行参数：path.join(this.bundledDir, "entry.js")，这个参数就是我们编译主进程后生成的入口文件，这样 Electron 启动时会自动加载并执行主进程逻辑。与此同时，我们为 Electron 进程设置的工作目录为当前工程所在目录。

Electron 子进程启动后我们监听了这个进程的退出事件 close，一旦 Electron 子进程退出，Vite 启动的 http 服务也跟着退出：this.server.close()，同时整个开发环境的主进程也跟着退出：process.exit()。

需要注意的是 spawn 方法的第三个参数是一个对象，我们可以给这个对象设置 env 属性来设置 Electron 主进程和各个渲染进程的环境变量，这样设置之后，就不再需要前面设置环境变量的逻辑了。但在生产环境下是没办法通过这种方式设置环境变量的，为了和生产环境保持一致，我们还是采取为主进程入口文件附加代码的方式设置环境变量。

至此，Electron 的开发环境就搭建完成了，我们为主进程入口文件 app.ts 写一段演示性代码，如下所示：

```
import { app, BrowserWindow } from "electron";
let mainWindow;
app.on("ready", () => {
  mainWindow = new BrowserWindow({
    width: 800,
    height: 600,
    webPreferences: {
      webSecurity: false,
      nodeIntegration: true,
      contextIsolation: false,
    },
  });
  mainWindow.loadURL(`http:// localhost:${process.env.WEB_PORT}/`);
});
```

在当前工程目录下启动命令行，执行 npm run start 命令，你就可以看到自己的窗口和页面了，如图 6-2 所示。

图 6-2 使用 Vite 构建的 Electron 应用

6.8 配置调试环境

由于我们是通过代码构造环境启动 Electron 子进程的，所以配置 VSCode 的调试环境就非常简单，在工程根目录下创建 .vscode 子目录，并在这个子目录下新建一个名为 launch.json 的文件，代码如下：

```
{
  "version": "0.2.0",
  "configurations": [
    {
      "type":"node",
      "request": "launch",
      "name": "Start",
      "program": "${workspaceFolder}/script/dev/index.js",
      "cwd": "${workspaceFolder}"
    }
  ]
}
```

在这个配置文件中，我们通过 type 属性指定了需要启动什么类型的程序，通过 program 属性指定了需要启动的脚本文件的路径，通过 cwd 属性指定了启动后进程的工作目录。在 VSCode 环境下 workspaceFolder 就相当于当前工作目录。

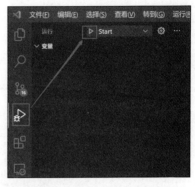

配置完成后点击"运行"图标，将看到名为 Start 的开始调试启动项，如图 6-3 所示。

如果你希望程序运行到某行代码时中断执行，可以在这行代码前添加一个断点，如图 6-4 所示。

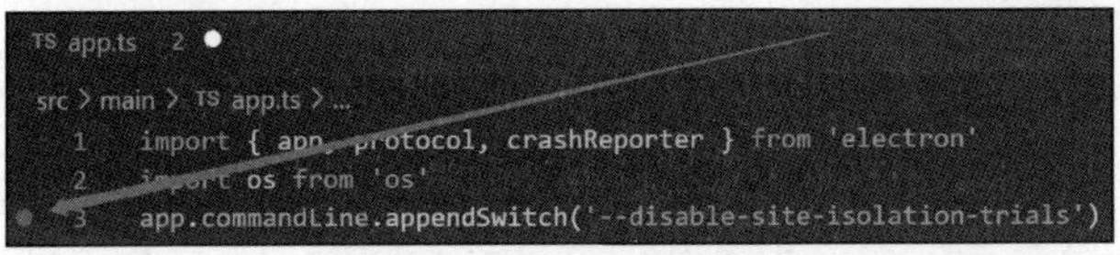

图 6-3　VS Code 启动调试

图 6-4　VS Code 添加断点

点击绿色的三角按钮，启动调试主进程，就可以看到代码运行中断效果，鼠标移至变量上方可以查看变量的值，如图 6-5 所示。

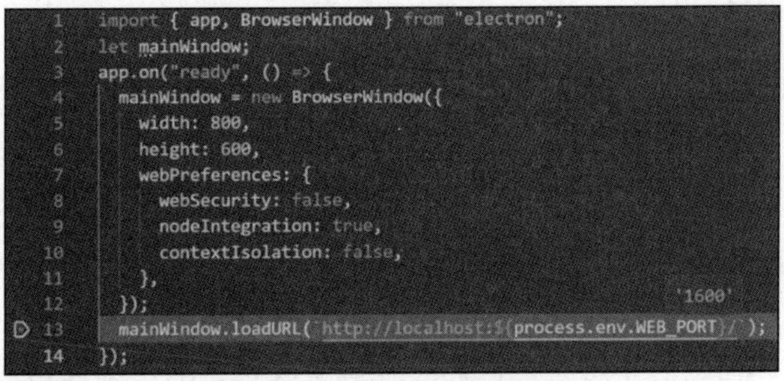

图 6-5　VS Code 断点调试

虽然 Visual Studio Code 等开发工具都提供了 Node.js 的调试能力，但很多时候我们还是希望能像调试页面中的 JavaScript 代码一样使用 Chrome 内置的调试工具调试 Electron 主进程的代码，这也是可以做到的，第 12 章将会带领大家制作一个这样的调试器（实际上 Visual Studio Code 之所以能调试 JavaScript 代码，也是用了同样的原理）。

至于调试渲染进程，则无须做任何操作，待 Electron 主窗口打开后，按 Ctrl+Shift+i

快捷键即可打开 Chromium 的开发者调试工具，按一个普通的 Web 前端页面的调试方法
进行调试即可。

　　注意在渲染进程中使用环境变量必须写作：process["env"].XXX，以防 Vite 编译时改
写你的代码，在开发者调试工具的 console drawer 里则不用这么写，如图 6-6 所示。

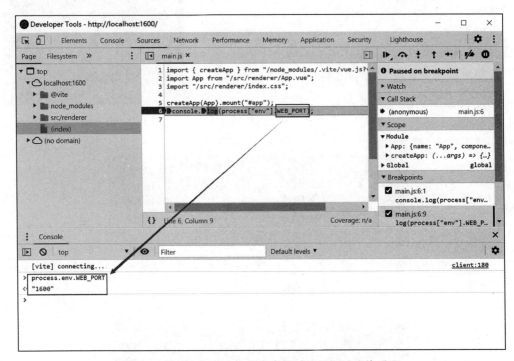

图 6-6　使用 Chromium 开发者调试工具调试渲染进程

6.9　打包源码

　　下面介绍一下如何把这个工程的源码打包进安装包，以便分发给最终用户。

　　首先我们在 script\release 目录下新建一个名为 index.js 的文件，接下来将通过这个脚
本文件执行如下四项任务以完成安装包的制作工作。

　　❏ 构建渲染进程代码。

　　❏ 构建主进程代码。

　　❏ 安装工程依赖包。

　　❏ 制成安装文件。

我们使用 Vite 提供的 build 方法编译渲染进程的代码，如下所示：

```
async buildRender() {
  let options = {
    root: process.cwd(),
    build: {
      enableEsbuild: true,
      minify: true,
      outDir: path.join(process.cwd(), "release/bundled"),
      //这里没有设置 env 环境变量，前面已有详细的解释
    },
    plugins: [vue()],      // 高版本 Vite 需注释掉此行代码
  };
  await vite.build(options);
}
```

其中 options 配置项下的 build 属性就是我们熟悉的 vite.config.ts 内的内容，只不过我们以编程的方式提供给了 vite.build 方法。编译完成后的输出目录指向 [yourProject]\release\bundled 目录。

打包主进程代码的方法已经介绍过，不同的地方是需要把 minify 设置为 true，sourcemap 设置为 false，以减小代码体积、提高执行效率，同时保护代码的安全。

另外获取环境变量的代码逻辑应稍做修改，代码如下所示：

```
getEnvScript() {
  let env = require("./env.js");
  let script = "";
  for (let v in env) {
    script += 'process.env.${v}="${env[v]}";';
  }
  script += 'process.env.RES_DIR = process.resourcesPath';
  return script;
}
```

这里 env.js 就是 release 目录下的 env.js，而不是 dev 目录下的 env.js 了，这就很好地区分了开发环境的环境变量和生产环境的环境变量。两个文件中最重要的区别就是 ENV_NOW 环境变量的值，一个为 production，另一个为 development。

另外与开发环境不同的是我们没有为 RES_DIR 环境设置固定的值，而是直接使用了 process.resourcesPath 的值。process.resourcesPath 是 Electron 内置的一个变量，它的值是一个指向资源目录的字符串，资源目录存放的内容是我们为 electron-builder 配置的 extraResources 指向的内容，后面还会涉及这部分内容。

这里之所以使用 process.resourcesPath 来获取生产环境下的资源目录，是因为在生产

环境下，这个变量的值可能随用户选择的安装目录的不同而不同。

如果用户选择了默认的安装路径，那么它的值为 C:\Program Files (x86)\[yourProject]\resources，我们的外部资源也就是 extraResources 指定的内容，会随安装包的安装过程被释放到这个目录中。

那么为什么在开发环境中没有直接使用 process.resourcesPath 呢？这是因为在开发环境中它的值为 [yourProject]\node_modules\electron\dist\resources，而且我们也没有很好的时机来修改 process.resourcesPath 的值，同时又希望开发环境和生产环境保持同样的变量名，所以就增加了 RES_DIR 这个环境变量，并根据不同的环境使用不同的方法设置它的值。

我们不会在生产环境中启动 http 服务，而是使用了一种自定义协议的方式让 Electron 加载页面，所以 WEB_PORT 环境变量在生产环境中没有任何意义，可以直接删掉。

读者执行这两步编译打包的工作时需要注意以下两点：

1）主进程入口代码与渲染进程入口代码存放在同一个目录下，如读者有自定义文件名的需求，应注意避免文件名或目录名冲突的问题。

2）一定要先构建渲染进程的代码再构建主进程的代码，顺序不能反。这是因为 vite.build 方法执行时会先清空目标目录，如果你先构建主进程的代码，那么在执行 vite.build 时，主进程的源码构建结果就被删掉了。

6.10　打包依赖

官方推荐我们把 Electron 依赖包安装为开发依赖（devDependencies），目的就是为了在制作安装包时，避免把 Electron 包及其二进制资源包装两次。

但项目中的其他生产依赖是如何被封装到安装包的呢？前面把主进程代码和渲染进程代码都编译好放置到了 [yourProject]\release\bundled 目录下，渲染进程的代码就是一个已编译的 Vue3 项目，编译完成后这个项目依赖的模块都被打包到最终代码内了。

主进程代码同样也是使用 esbuild 打包的，一般的模块也会像 Vue3 项目一样被编译到最终代码内，不再需要 node_module 目录下的任何东西（如果你担心主进程代码体积太大，可以考虑使用 esbuild 的分片技术来减小主进程入口文件的体积）。

但也有一些比较特殊的库，比如只支持 CommonJS 模块规范的库或原生 C/C++ 编写的库，则需要特殊的打包依赖的操作。

在完成打包依赖操作前，我们先根据当前工程的 package.json 文件为 [yourProject]\
release\bundled 目录创建一个 package.json 文件，使这个目录成为一个 Node.js 工程目录，
代码如下：

```
buildModule() {
  let pkgJsonPath = path.join(process.cwd(), "package.json");
  let localPkgJson = JSON.parse(fs.readFileSync(pkgJsonPath, "utf-8"));
  let electronConfig = localPkgJson.devDependencies.electron.replace("^", "");
  delete localPkgJson.scripts;
  delete localPkgJson.devDependencies;
  localPkgJson.main = "entry.js";
  localPkgJson.devDependencies = { electron: electronConfig };
  fs.writeFileSync(
    path.join(process.cwd(), "release/bundled/package.json"),
    JSON.stringify(localPkgJson)
  );
  fs.mkdirSync(path.join(process.cwd(), "release/bundled/node_modules"));
}
```

这段代码读取当前工程的 package.json 文件后，把文件的内容格式化成一个 JavaScript
对象，接着删掉了对象的 scripts 属性和 devDependencies 属性，因为这两个属性对应的内
容只有开发环境才会用到，生产环境不会用到这些内容。

然后为 main 属性设置值为 entry.js 以定义这个项目的入口文件，entry.js 就是我们主
进程构建后的输出文件，这样当用户双击图标启动 Electron 时，Electron 知道去哪里加载
主进程的代码。

接下来为这个对象增加 devDependencies 属性，并为这个属性设置 Electron 的版本
号，如果 Electron 的版本号前面有 "^" 符号的话，需把它删掉。这是 electron-builder 的
一个 bug，这个 bug 导致 electron-builder 无法识别带 "^" 或 "~" 符号的版本号，详见
https://github.com/electron-userland/electron-builder/issues/4157#issuecomment-596419610
（这个 bug 虽已标记和修复，但其实并未修复）。

根据 npm 的定义，一个 Node.js 模块的版本号一般包含三个数字，其中第一个数
字代表主版本号，第二个数字代表次版本号，第三个数字代表修订版本号。

Electron 版本号前面还有一个 "^" 符号，此符号的意义为：安装此依赖库时允许
次版本号和修订版本号提升，但不允许主版本号提升，举例来说，如果 package.json 里
记录的是 ^1.1.1 版本号，那么通过 yarn 指令安装依赖包后，可能安装的是 1.5.8 版本，

但永远不会是 2.x.y 版本。

　　　另外，如果版本号前面的符号不是"^"而是"~"，这种情况下则只允许修订版本号提升，主版本号和次要版本号均不允许提升。

　　这些工作做完后，就把新的 package.json 文件写入 [yourProject]\release\bundled 目录下，这样在 electron-builder 打包安装包时会自动安装项目 package.json 下 dependencies 配置节配置的依赖项了。

　　如果你的项目依赖的第三方包都是可以被 esbuild 处理的，那么你的 package.json 内是不需要生产依赖的（dependencies 节为空），此时你可以在 [yourProject]\release\bundled 目录下新建一个 node_modules 目录，以防止 electron-builder 为你安装依赖。

6.11　制成安装程序

　　至此，[yourProject]\release\bundled 目录下就是一个五脏俱全的 Node.js 项目了，只不过还不能直接把它分发给用户，没有 Electron 及其二进制资源的加持，它无法为用户提供服务。

　　下面就使用 electron-builder 把它们封装到一个安装程序中，electron-builder 制成安装包的代码如下所示：

```
buildInstaller() {
  let options = {
    config: {
      directories: {
        output: path.join(process.cwd(), "release"),
        app: path.join(process.cwd(), "release/bundled"),
      },
      files: ["**/*"],
      extends: null,
      productName: "yourProductName",
      appId: "com.yourComp.yourProduct",
      asar: true,
      extraResources: require("../common/extraResources.js"),
      win: require("../common/winConfig.js"),
      mac: require("../common/macConfig.js"),
      nsis: require("../common/nsisConfig.js"),
      publish: [{ provider: "generic", url: "" }],
    },
    project: process.cwd(),
  };
```

```
    let builder = require("electron-builder");
    return builder.build(options);
}
```

在上面的代码中，我们首先定义了一个打包配置对象，其中 config.directories.output 属性代表打包输出目录，此处指向 [yourProject]\release\，config.directories.app 代表应用目录，也就是我们前面创建的 [yourProject]\release\bundled\ 目录。

config.productName 是你的应用程序名称，config.appId 是应用程序 ID（此属性与系统通知相关，请谨慎填写），config.asar 属性控制是否需要把源码链接成独立的 asar 文件，project 属性代表当前工程所在目录，最后调用 electron-builder 的 build 方法完成打包工作。这个工作需要执行十几秒钟的时间，打包完成后安装包会出现在目录 [yourProject]\release\ 下。

另外 config.win 与 config.mac 对应不同操作系统的打包配置，config.nsis 对应 Windows 操作系统下 nsis 打包工具的配置，下面先来看一下 config.win 的配置：

```
if (process.platform === 'darwin') module.exports = {}
else module.exports = {
  icon: "../resource/unrelease/icon.ico",
  target: [
    {
      target: "nsis",
      arch: ["ia32"],
    },
  ],
  sign: async (config) => {
    // 应用签名逻辑后面详细介绍
  }
}
```

在这个配置中，我们通过 icon 属性定义了应用程序的图标，electron-builder 会使用你在这里指定的图标修改 electron.exe 的图标。 是 electron.exe 默认的图标，打包工作完成后 electron.exe 会变成 yourProductName.exe，相应的图标也变成你在这个配置文件中指定好的图标。

target.target 属性确定 electron-builder 使用 NSIS 工具打包你的应用，NSIS 是一个开源的 Windows 系统下安装程序制作工具。它提供了安装、卸载、资源压缩与解压缩等功能。NSIS 可以通过脚本语言来描述安装程序的行为和逻辑，类似的工具还有 Inno setup 和 Squirrel。NSIS 是 electron-builder 在 Windows 平台上的默认安装包生成工具。

target.arch 属性确定制成的安装包内的可执行程序是 32 位的还是 64 位的，electron-builder 和 NSIS 都没有真正的编译原生代码的能力，这里指定了 ia32 后，在打包的过程中 electron-builder 会去 Electron 官网（或镜像网站）下载相应架构的二进制可执行程序及其资源进行打包。

目前市场上还有很多 32 位的操作系统，尤其是企业内部，所以飞书、钉钉等企业应用都提供 32 位的可执行程序。如果你无法保证同时提供 32 位和 64 位的可执行程序的话，那么建议你优先保证提供 32 位的可执行程序，因为 32 位的可执行程序是兼容 64 位的操作系统的。如果你开发的是企业桌面端应用，更应该注意这一点。

sign 属性提供了一个自定义签名方法，此处的逻辑会在后面详细介绍。

如果当前操作系统是 Mac 操作系统的话，这个模块将返回一个空对象，一般情况下开发者不会在 Mac 操作系统下打包 Windows 安装包。

相应的 config.nsis 的配置代码如下：

```
let path = require("path");
if (process.platform === "darwin") module.exports = {};
else
  module.exports = {
    perMachine: true,
    allowElevation: true,
    allowToChangeInstallationDirectory: false,
    include: path.join(process.cwd(), "script/common/installer.nsh"),
    createDesktopShortcut: true,
    createStartMenuShortcut: true,
    shortcutName: "youAppName",
    oneClick: false,
    installerIcon: "../resource/unrelease/icon.ico",
    uninstallerIcon: "../resource/unrelease/icon.ico",
    installerHeader: "../resource/unrelease/icon.ico",
    installerHeaderIcon: "../resource/unrelease/icon.ico",
  };
```

在这个配置文件中，allowToChangeInstallationDirectory 属性代表用户是否可以自由的选择安装目录，include 是 NSIS 的开发者自定义脚本，如果开发者希望在安装过程执行前、卸载过程执行后执行一些自定义操作，可在此处提供 NSIS 脚本文件的路径（甚至一定程度上安装界面都可以通过 NSIS 脚本自定义），最后五项配置是安装和卸载界面的图标和边栏图片的配置，其他配置项请参考官方文档：https://www.electron.build/configuration/nsis。

config.mac 对应的配置项则比较简单，代码如下所示：

```
if (process.platform != 'darwin') module.exports = {}
else module.exports = {
  "icon": "resource/unrelease/icon.icns",
  "type": "distribution",
```

```
    "identity": "Apple Distribution: Hangzhou ****** System Technology Co.,
      Ltd. (************)"
  }
```

默认情况下 electron_builder 不会使用第三方工具打包 Mac 安装包，而是使用 Mac 操作系统下 XBuild 提供的命令行工具完成打包和签名的工作，所以开发者要制作 Mac 安装包的话需要先安装 XBuild 开发工具，identity 属性是签名证书的标记字符串，如果开发者不提供此配置，electron_builder 也能完成打包工作，只不过生成的安装包没有签名，最终用户安装时，需要用户确认授权后方可安装。

接下来是 extraResources 配置项，此配置项定义开发者需要把什么文件当作附加资源打包到安装包内，此处我们配置为把当前工程 /resource/release 子目录下的内容打包进安装包内，代码如下所示：

```
module.exports = [{
  from: "./resource/release",
  to: "./",
}];
```

当应用程序在终端用户电脑上运行时，代码就可以通过前面所述的 process.env.RES_DIR 环境变量访问到这些资源所在的目录。

extraResources 配置项还支持复杂的通配符，代码如下所示：

```
[
  { from: './resource/qt', to: '../', filter: ['!abc.exe', '!**/*.log', '!**/*.
    dmp'] },
  { from: './resource/qt/abc.exe', to: '../ABCQt.exe' }
]
```

在这段配置中，第一个数组项代表不复制所有的 log 文件和 dmp 文件，也不复制名为 abc.exe 的文件，其他文件都复制。"!" 代表着不复制，"**" 匹配所有目录（包含子目录）。

第二个数组项代表复制 abc.exe 但文件名要改成 ABCQt.exe。

6.12　引入 TypeScript 支持

TypeScript 是由微软开发的开源编程语言，是 JavaScript 的超集，支持 ECMAScript 6 及以后的标准。TypeScript 设计目标是开发大型应用，它可以编译成 JavaScript 代码，编译出来的 JavaScript 可以运行在任何浏览器上，著名的开发工具 VSCode 就是由 TypeScript 开发完成的（99% 以上的代码由 TypeScript 撰写）。

前面介绍的 esbuild 构建工具默认就支持 TypeScript 的构建工作，而且比微软提供的 tsc 构建工具快数十倍，esbuild 在配置上也基本沿袭了 TypeScirpt 的所有配置，如 module、target、sourcemap 等应有尽有，Vite 内部也是使用 esbuild 完成构建工作的，所以我们的编译脚本无须做任何修改。

在 Vue3 项目中使用 TypeScript 也只需要经过简单的配置即可，把项目根目录下的 index.html 文件打开，修改 script 标签的 src 属性，让其指向一个 TypeScript 文件，代码如下所示：

```
<script type="module" src="./src/render/main.ts"></script>
```

再在 Vue 组件代码中使用脚本的标签内增加 lang="ts" 属性，就可以自由地在 Vue 项目中书写 TypeScript 代码了。

```
<script lang="ts">
```

主进程或渲染进程中非 Vue 模板的脚本文件，则更不需要额外的配置，开发者可以直接创建扩展名为 ts 的文件即可。

需要注意的是，渲染进程中导入 Electron 内置的包，不能通过 import 导入，而应该使用 require 导入，代码如下所示：

```
let { ipcRenderer } = require('electron')
```

这是因为 Vite 在使用 esbuild 编译渲染进程的代码时，还无法判断当前的应用是为 Electron 而作，它会去尝试导入 Electron 包的源码，显然这会导致编译失败。

如需获得更好的 TypeScript 的支持，你应考虑在项目根目录下创建 tsconfig.json 文件，以下为一个示例文件的源码，读者可以根据项目需要调整、增删其中的内容：

```
{
  "compilerOptions": {
    "target": "esnext",
    "module": "esnext",
    "moduleResolution": "node",
    "strict": true,
    "jsx": "preserve",
    "sourceMap": true,
    "resolveJsonModule": true,
    "esModuleInterop": true,
    "lib": ["esnext", "dom"],
    "types": ["vite/client"]
  },
  "include": ["src/**/*.ts", "src/**/*.d.ts", "src/**/*.tsx", "src/**/*.vue"]
}
```

使用 webpack 构建 Electron 项目

本章介绍如何使用 webpack 来构建 Electron 项目。虽然社区里有开源的脚手架 electron-webpack 可以使用，但该项目并不支持 webpack 最新的第 5 版，所以本章为读者提供了一种使用 webpack 构建 Electron 项目的方案，而且为了避免与前一章重复，方案还实现了多入口页面的需求。

7.1　需求起源

虽然 Vue、React、Angular 等现代前端开发框架大行其道，但它们多少都为前端开发者制造了一些门槛，导致目前还是有不少的前端开发者使用纯粹的 HTML、JavaScript、CSS 技术在工作，另外对于把一些老旧项目改造成 Electron 项目的需求来说，几乎不可能先把它们改造成现代前端项目再开展工作。

开发者当然可以直接使用 HTML、JavaScript、CSS 技术来构建 Electron 应用，但没有 webpack 就没有了热更新的能力，这就使开发者在调试前端工程变得异常困难。

早期的前端工程师调试前端代码非常痛苦，需要通过刷新浏览器来检验代码是否运行正确，后来 live-reload 工具出现，此工具只要检测到代码有改动，即帮助开发者自动刷新页面，减轻了开发者的调试负担。webpack 则更进一步，做到了可以不刷新页面即更新改动后的代码，这就是热更新技术。其原理是：webpack 通过 webpack-dev-server 在开发者本地启动一个 http 服务和一个 websocket 服务，同时监控本地源码文件的变化，一旦监控到源码发生改变，则立即执行与之相关的编译工作，之后通过 websocket 长链接告知开发者的浏览器哪些模块发生了变化，浏览器获取这些信息后发起 http 请求获取更新后且编译过的模块，同时执行模块里的代码以起到热更新的效果。

此能力对于大型前端项目非常有用，假设某应用组件较多，且层级较深，如果开发者正在调试一个层级很深的组件，此时刷新页面，可能导致当前页面的所有状态都全部重置，开发者想恢复页面刷新前的状态非常麻烦。此时热更新技术对于他来说帮助就巨大了。

当然除了热更新能力，还有 ES6 的转义能力、捆绑打包能力、DevServer 的代理能力等都是前端开发人员不可或缺的能力。

社区里是有开源脚手架支持 webpack 与 Electron 结合的，比如 electron-userland 组织下的 electron-webpack（https://github.com/electron-userland/electron-webpack），然而这个项目是不支持 webpack 5 的（https://github.com/electron-userland/electron-webpack/issues/408），且这个项目的作者也明言无力维护这个项目（https://github.com/electron-userland/electron-webpack/issues/428），所以今天我们就自己来做这项工作，从无到有地实现把 webpack 5 和 Electron 整合到一起，制作一个多页面多入口的应用程序。

7.2　准备环境

为了便于理解，我们准备完成的项目的工程结构与上一节介绍的工程结构类似。首先新建一个 Node 项目，然后增加 scripts 标签如下：

```
"scripts": {
  "start": "node ./script/dev",
  "release": "node ./script/release"
},
```

接着为项目添加如下开发依赖：

```
"devDependencies": {
  "clean-webpack-plugin": "^3.0.0",
  "electron": "^13.1.3",
  "electron-builder": "^22.11.1",
  "html-webpack-plugin": "^5.1.0",
  "ts-loader": "^8.0.17",
  "typescript": "^4.1.5",
```

```
  "webpack": "^5.21.2",
  "webpack-dev-server": "^3.11.2",
  "webpack-merge": "^5.7.3",
  "webpack-node-externals": "^2.5.2"
}
```

其中 webpack-merge 是一个可以完美地合并 webpack 配置对象的工具，webpack-dev-server 是为调试环境提供 http 服务的工具（热更新能力也是它提供的），clean-webpack-plugin 是打包源码前清空输出目录的工具，html-webpack-plugin 是生成 html 静态页面文件的工具，ts-loader 是 webpack 下 TypeScript 的加载器，webpack-node-externals 是排除 node_modules 下模块的工具。其他依赖库大家都很熟悉，这里就不再多做介绍了。

使用 webpack 编译主进程的代码与编译渲染进程的代码有很多配置都是相同的（书中所述虽然不多，但工程变得庞大复杂后会越来越多），所以为了提升代码的可读性和可维护性，我们特地抽象出来一个配置对象，放置于 script\common\baseConfig.js，代码如下：

```
let nodeExternals = require("webpack-node-externals");
module.exports = {
  target: "node",
  externals: [nodeExternals()],
  module: {
    rules: [
      {
        test: /\.tsx$/,
        use: "ts-loader",
        exclude: /node_modules/,
      },
    ],
  },
  resolve: {
    extensions: [".js", ".ts"],
  },
};
```

上面的代码是一个不完整的 webpack 配置对象，我们简单介绍一下这些配置的含义：

❏ target："node" 是为了屏蔽掉 Node.js 内置的库，比如 path、fs 等，避免 webpack 去尝试构建它们。

❏ externals：[nodeExternals()] 是为了避免 webpack 尝试加载编译 node_modules 目录下的模块。

❏ module.rules 放置 webpack 需要用到的加载器（目前只有 TypeScript 的加载器，实际上会有很多，比如 SCSS 等）。

❑ resolve 配置节是为了让 webpack 自动识别源码文件的扩展名，这样源码中通过 import
加载模块时，可以不用写模块文件的扩展名，比如示例代码" import test from "./
test";"是在加载 test.ts。

7.3　编译主进程代码

使用上述抽象出来的配置文件编译主进程代码，编译逻辑如下：

```
let baseConfig = require("../common/baseConfig.js");
let { CleanWebpackPlugin } = require("clean-webpack-plugin");
let webpack = require("webpack");
let { merge } = require("webpack-merge");
buildMain() {
  let config = merge(baseConfig, {
    entry: { entry: path.join(process.cwd(), "./src/main/app.ts") },
    plugins: [new CleanWebpackPlugin()],
    output: {
      filename: "entry.js",
      path: path.join(process.cwd(), "release/bundled"),
    },
    mode: "production",
    devtool: "source-map",
  });
  return new Promise((resolve, reject) => {
    webpack(config).run((err, stats) => {
      if (err) {
        console.log(err);
        rejects(err);
        return;
      }
      if (stats.hasErrors()) {
        reject(stats);
        return;
      }
      this.injectEnvScript();
      resolve();
    });
  });
},
```

在这个方法中，我们通过 webpack-merge 库提供的 merge 方法合并了两个配置对
象，等于又为 webpack 的配置对象新增了几个属性，其中 entry 为主进程的入口文件，

output 是编译完成后的输出目录和输出文件名，plugins 是一个数组，数组中只包含一个 CleanWebpackPlugin 对象，这个配置的作用就是在编译主进程代码前先清空输出目录，devtool 配置输出调试必备的 source map 文件，mode 配置为 production，否则即使设置了 devtool 选项，source map 文件也不会生成到输出目录中。

完整的配置对象创建成功后，我们就通过 webpack(config) 方法得到 compiler 实例，然后执行 compiler 实例的 run 方法执行构建工作。主进程编译完成后，release/bundled 目录下就有相应的输出文件了。

与上一节所讲的方法一致，我们也为这个输出文件增加了设置环境变量的脚本，代码如下：

```
let path = require("path");
let fs = require("fs");
injectEnvScript() {
  let env = require("./env.js");
  env.WEB_PORT = this.serverPort;
  env.RES_DIR = path.join(process.cwd(), "resource/release");
  let script = "";
  for (let v in env) {
    script += 'process.env.${v}="${env[v]}";';
  }
  let outfile = path.join(process.cwd(), "release/bundled/entry.js");
  let js = '${script}${fs.readFileSync(outfile)}';
  fs.writeFileSync(outfile, js);
},
```

这里需要注意的是，设置环境变量的脚本与业务脚本之间并没有换行符：'${script}${fs.readFileSync(outfile)}'，如果这里设置了换行符，代码映射文件将无法起到调试作用。插入脚本的目的和意图与前面所述并无二致。

至此，主进程代码编译成功。

7.4　启动多入口页面调试服务

我们使用 webpack 创建的项目是一个多页前端应用，/src/renderer 目录下有多个 html 页面，这有别于单页前端项目（SPA）只有一个入口 html 页面，目前亦有大量的前端项目选择多页架构发布应用。

要使 webpack 达到此目的最好的办法就是配置多个入口和多个 HtmlWebpackPlugin

插件，我们先通过如下方法把这些配置对象准备好：

```
getRendererObj() {
  let result = { entry: {}, plugins: [] };
  let rendererPath = path.join(process.cwd(), "src/renderer");
  let rendererFiles = fs.readdirSync(rendererPath);
  for (let fileName of rendererFiles) {
    if (fileName.endsWith(".html")) continue;
    let plainName = path.basename(fileName, ".html");
    result.entry[plainName] = './src/renderer/${plainName}/index.ts';
    result.plugins.push(
      new HtmlWebpackPlugin({
        chunks: [plainName],
        template: './src/renderer/${plainName}.html',
        filename: '${plainName}.html',
        minify: true,
      })
    );
  }
  return result;
}
```

此方法读取渲染进程目录（src/renderer）下的文件，这个目录下放置了很多 html 文件，每个 html 对应一个同名子目录，每个目录内都放置一个 index.ts 文件，该文件是html 文件加载的入口脚本文件，目录结构如下所示：

```
src/renderer
├── another（目录 1）
│   │   ├── index.ts（页面 1 对应的脚本 1）
├── index（目录 2）
│   │   ├── index.ts（页面 2 对应的脚本 1）
│   │   ├── test.ts（页面 2 对应的脚本 2，由脚本 1 调用）
├── another.html（页面 1）
└── index.html（页面 2）
```

获得文件列表后，根据这些文件名生成了 entry 和 plugins 对象。一个 entry 的属性就代表一个入口 JavaScript 脚本文件，一个 HtmlWebpackPlugin 就代表一个将要生成的 html 页面。

需要注意的是，我们使用的这个配置要求我们按这个约束在 src/renderer 目录下放置文件。

接下来使用这个配置对象启动调试服务，代码如下：

```
let { merge } = require("webpack-merge");
let baseConfig = require("../common/baseConfig.js");
let webpack = require("webpack");
startServer() {
```

```
      let rendererObj = this.getRendererObj();
      let config = merge(baseConfig, {
        entry: rendererObj.entry,
        plugins: rendererObj.plugins,
        output: {
          filename: "[name].bundle.js",
          path: path.join(process.cwd(), "release/bundled"),
        },
        mode: "development",
        devtool: "source-map",
      });
      let compiler = webpack(config);
      let devServerConfig = {
        logLevel: "silent",
        clientLogLevel: "silent",
        contentBase: path.join(process.cwd(), "release/bundled"),
        port: this.serverPort,
        after: async (app, server, compiler) => {
          this.createElectronProcess();
        },
      };
      this.server = new WebpackDevServer(compiler, devServerConfig);
      this.server.listen(this.serverPort);
   }
```

这段代码中，我们通过 webpack-merge 库的 merge 方法为 baseConfig 增加了一系列的配置项，其中 entry 和 plugins 前面已经介绍过了，output 为构建输出的目录和文件名的配置，mode 设置为 development，说明当前为开发环境，devtool 设置为 source-map，为开发环境调试代码做好准备（源码的 map 文件在内存中生成，磁盘上并无此文件）。

最终生成的 config 对象如下所示：

```
{
  target: 'node',
  externals: [ [Function] ],
  module: { rules: [ [Object] ] },
  resolve: { extensions: [ '.js', '.ts' ] },
  entry: {
    another: './src/renderer/another/index.ts',
    index: './src/renderer/index/index.ts'
  },
  plugins: [
    HtmlWebpackPlugin { userOptions: [Object], version: 5 },
    HtmlWebpackPlugin { userOptions: [Object], version: 5 }
  ],
  output: {
    filename: '[name].bundle.js',
```

```
      path: 'D:\\project\\electron-book2-demo\\webpack-electron\\release\\bundled'
    },
    mode: 'development',
    devtool: 'source-map'
}
```

接着通过 webpack 方法创建出 webpack 的 compiler 对象，然后以此为基创建 Webpack-DevServer 对象，WebpackDevServer 的配置对象中最重要的属性即为 after，当调试服务启动成功后，WebpackDevServer 会调用此属性对应的方法。我们即在这个方法中启动 Electron 子进程。

7.5　启动 Electron 子进程

前面我们已经编译了主进程的入口程序，现在启动 Electron 子进程时即把主进程入口程序路径当做参数传递给 Electron 子进程，代码如下所示：

```
createElectronProcess() {
  this.electronProcess = spawn(
    require("electron").toString(),
    [path.join(process.cwd(), "release/bundled/entry.js")],
    { cwd: process.cwd() }
  );
  this.electronProcess.on("close", () => {
    this.server.close();
    process.exit();
  });
  this.electronProcess.stdout.on("data", (data) => {
    data = data.toString();
    console.log(data);
  });
}
```

当用户关闭 Electron 进程后，Electron 子进程会收到 close 事件，在这个事件中关闭了 WebpackDevServer 所启动的服务并退出了当前进程。

配置调试环境的方法与 Vite-Electron 项目的方法一致，只需在 .vscode 目录下新建 launch.json 文件并进行如下配置即可：

```
{
  "version": "0.2.0",
  "configurations": [
    {
        "type":"node",
```

```
            "request": "launch",
            "name": "Start",
            "program": "${workspaceFolder}/script/dev/index.js",
            "cwd": "${workspaceFolder}"
        }
    ]
}
```

7.6　制成安装包

制成安装包首先需要打包源码，打包源码则需经过两个步骤：第一，编译主进程代码；第二，编译渲染进程代码。编译主进程代码的逻辑与前面准备开发环境时编译主进程代码相似，只不过移除了源码映射相关的配置项：

```
devtool: "source-map"
```

编译渲染进程代码的逻辑如下：

```
buildRenderer() {
  let rendererObj = this.getRendererObj();
  let config = merge(baseConfig, {
    entry: rendererObj.entry,
    plugins: rendererObj.plugins,
    output: {
      filename: "[name].bundle.js",
      path: path.join(process.cwd(), "release/bundled"),
    },
    mode: "production",
  });
  return new Promise((resolve, reject) => {
    webpack(config).run((err, stats) => {
      if (err) {
        console.log(err);
        rejects(err);
        return;
      }
      if (stats.hasErrors()) {
        reject(stats);
        return;
      }
      resolve();
    });
  });
}
```

其中 getRendererObj 方法与前面准备开发环境时的逻辑一模一样。根据准备好的配置对象编译渲染进程的代码，此处的逻辑与编译主进程代码的逻辑也没什么大的差别。需要注意的是 output 对象下 filename 属性使用了 [name] 通配符，这样生成文件时将以源码文件名为前缀，比如 another.bundle.js。

源码准备好后，则需要准备 pakage.json，代码如下：

```
buildModule() {
  let pkgJsonPath = path.join(process.cwd(), "package.json");
  let localPkgJson = JSON.parse(fs.readFileSync(pkgJsonPath, "utf-8"));
  let electronConfig = localPkgJson.devDependencies.electron.replace("^", "");
  delete localPkgJson.scripts;
  delete localPkgJson.devDependencies;
  localPkgJson.main = "entry.js";
  localPkgJson.devDependencies = { electron: electronConfig };
  fs.writeFileSync(
    path.join(process.cwd(), "release/bundled/package.json"),
    JSON.stringify(localPkgJson)
  );
  fs.mkdirSync(path.join(process.cwd(), "release/bundled/node_modules"));
}
```

这与开发 Vite-Electron 项目时逻辑也是相同的，不再多做解释。接下来再通过 electron-builder 生成安装包，代码如下（详细解释见第 6 章）：

```
buildInstaller() {
  let options = {
    config: {
      directories: {
        output: path.join(process.cwd(), "release"),
        app: path.join(process.cwd(), "release/bundled"),
      },
      files: ["**"],
      extends: null,
      productName: "yourProductName",
      appId: "com.yourComp.yourProduct",
      asar: true,
      extraResources: require("../common/extraResources.js"),
      win: require("../common/winConfig.js"),
      mac: require("../common/macConfig.js"),
      nsis: require("../common/nsisConfig.js"),
      publish: [{ provider: "generic", url: "" }],
    },
    project: process.cwd(),
  };
  let builder = require("electron-builder");
  return builder.build(options);
}
```

7.7　注册应用内协议

前面提到，在开发环境下，也就是当 process.env.ENV_NOW 的值为 development 时，我们使用 localhost 加端口号的方式加载页面：

```
mainWindow.loadURL('http://localhost:${process.env.WEB_PORT}/');
```

当在生产环境下，我们该怎么办呢？难道也在用户的电脑上开一个 http 服务不成？虽然这在技术上是可行的，但这无疑会大大消耗用户电脑的资源，得不偿失。

有些朋友会想到通过 File 协议（file://）的方式加载界面内容，但它对路径查找支持不是很友好，比如，你没办法通过 src="/logo.png" 这样的路径查找根目录下的图片，file 协议不知道你的根目录在哪儿。

好在 Electron 为我们提供了注册协议的 API，在注册协议之前，首先要告诉应用你打算注册一个怎样的协议，拥有什么权限，在主进程的入口文件中增加如下代码：

```
import { protocol } from "electron";
protocol.registerSchemesAsPrivileged([
  { scheme: "app", privileges: { standard: true, supportFetchAPI: true, secure:
    true, corsEnabled: true } },
]);
```

这几行代码告诉应用我们打算注册一个 app:// 协议，这个协议具备内容不受 CSP 策略（Content-Security-Policy 内容安全策略）限制的特权，可以使用内置的 Fetch API。

注意这几行代码必须在 app ready 事件发生前执行，错过时机注册协议将引发异常。执行了上面的代码后，我们在 app 的 ready 事件内注册这个协议，代码如下：

```
app.on("ready", () => {
  protocol.registerBufferProtocol("app", (request, response) =>
    this.regDefaultProtocol(request, respond)
  );
});
```

registerBufferProtocol 方法被调用后，开发者就可以使用 app:// 协议访问页面了，就像使用 http:// 一样。

当用户通过 app:// 协议访问指定的页面或资源时，registerBufferProtocol 方法的回调函数将被执行，回调函数的 request 参数对应的是请求对象，response 参数对应的是响应对象。我们来看一下 regDefaultProtocol 方法的具体逻辑：

```
import path from "path";
import fs from "fs";
let regDefaultProtocol = (request, response) => {
```

```
let pathName = new URL(request.url).pathname;
let extension = path.extname(pathName).toLowerCase();
if (!extension) return
pathName = decodeURI(pathName);
let filePath = path.join(__dirname, pathName);
fs.readFile(filePath, (error, data) => {
  if (error) return
  let mimeType = "";
  if (extension === ".js") {
    mimeType = "text/javascript";
  } else if (extension === ".html") {
    mimeType = "text/html";
  } else if (extension === ".css") {
    mimeType = "text/css";
  } else if (extension === ".svg") {
    mimeType = "image/svg+xml";
  } else if (extension === ".json") {
    mimeType = "application/json";
  }
  response({ mimeType, data });
});
}
```

上面代码逻辑中，首先通过 request 对象得到了请求的文件路径和文件的扩展名，如果文件扩展名为空，我们则认为这个请求是一个页内跳转（Vue Router 创建的连接都是页内跳转），无须任何响应；如果扩展名不为空，则计算出文件的绝对路径和文件对应的mimeType（此处计算的 mimeType 并不完整，但由于浏览器足够智能，即使有些响应不提供 mimeType，浏览器也能正确的处理），接着使用 fs 对象的 readFile 方法读取到文件的内容，然后通过 response 方法把文件内容响应给浏览器。

如果开发者有大量的小体积文件需要被反复请求，可以考虑在此处增加缓存逻辑，但如无特别需要则不必担心 fs 模块 readFile 方法的性能（在一台普通配置的电脑上读取几百 KB 大小的文件，只需要几毫秒即可完成）。

完成上述操作后，应用就可以通过 app:// 协议加载页面了。需要注意的是这里注册的协议只在应用内有效，其他应用还是无法识别 app:// 协议的。

至此，一个完整的 Electron 的开发环境已经搭建完成了。在 package.json 的 scripts 配置节下增加如下配置项：

```
"release": "node ./script/release"
```

命令行下执行 yarn release 命令，就会在工程的 release 目录下看到应用程序的安装文件。读者可以试着安装并运行一下你的程序，看看是否能如你所愿。

使用 Rollup 构建 Electron 项目

本章介绍如何使用更先进的 Rollup 工具构建 Electron 项目。包括 webpack 及 Vite 在内的多个现代前端构建工具都在借鉴和利用 Rollup 的实现方案，所以 Rollup 工具如何与 Electron 相结合也成了很多开发者希望了解的内容。本章还引入了 Svelte 这个新兴的现代前端开发框架，旨在让读者多掌握一项前端开发技能。

8.1　Rollup 与 Svelte

Rollup 是一个飞速发展的 JavaScript 模块打包工具，它可以把分散、小块的 JavaScript 代码打包成一个独立的 JavaScript 库或应用。

它最引以为傲的能力就是 Tree Shaking。以前当开发者为自己的项目引入了一个外部模块时，即使他只使用了这个外部模块的一个方法，这个外部模块的所有程序也都会被打包到他的项目中并分发给用户。

具备 Tree Shaking 能力的打包工具，可以自动移除未使用的代码，输出更小的文件。也就是说，它可以只打包项目中用到的内容，没有用到的内容不会被打包进最终产物内。新版本的 webpack 目前也支持 Tree Shaking。

webpack 打包应用时，会递归地构建一个依赖关系图谱，其中包含应用程序需要的每个模块，然后将所有这些模块打包成一个或多个 bundle。这为 webpack 提供按需加载模块的能力奠定了基础。然而应用运行期加载模块时要遍历这个图谱，会额外花费不少的资源。同时由于要"黏合"这些模块，webpack 在打包时注入了很多自己的代码，这就导致待打包的模块越多，生成的包体积越大。

Rollup 使用 ES6 模块规则完成打包工作，它会从入口模块开始把待打包的文件生成 AST 语法抽象树，然后对每一个 AST 节点进行分析。如果某个节点有被依赖的函数或对象，那么就会分析该函数或对象是否在当前作用域，如果不在，则递归向上查找，一直找到顶级作用域为止。通过这种方式 Rollup 能找到所有依赖的模块，即使项目只依赖了某些模块的一部分代码，Rollup 也可以通过这种方式分辨出来。当 Rollup 把所有代码都分析出来后，生成最终的产物也就是水到渠成的事了。

Rollup 通过这种方法把所有模块构建在一个函数内，所以得到的最终代码相较而言会更加精简，运行起来自然也就更快。

因为 Rollup 具备这些优势，所以很多优秀的现代前端框架，包括 Vue3、React 和 Svelte，都在使用 Rollup 完成打包工作（React 同时使用了 Rollup 和 webpack，Vue3 的 Vite 工具使用了 Rollup）。

但 Rollup 也有缺点。在 Rollup 处理一些 CommonJS 风格的模块时，一些代码无法被翻译为 ES6 语法，此时 Rollup 打包会出现问题。webpack 由于有很完善的模块"黏合"机制，可以很从容地处理这类问题。

接下来我们就介绍一下如何使用 Rollup 和 Svelte 来完成一个 Electron 项目。

Svelte 是一个新兴的构建用户界面的库（也是 Rollup 的作者 Rich Harris 创建的开源项目）。传统框架如 React 和 Vue 使用虚拟 DOM 技术完成界面的渲染和更新，这种架构使浏览器需要做额外的大量的工作完成虚拟 DOM 到真实 DOM 的运算，而且它推迟了浏览器垃圾收集的执行时机。

Svelte 抛弃了这种虚拟 DOM 的技术架构，将虚拟 DOM 相关的工作放到构建应用程序的编译阶段来处理，这就使得 Svelte 可以不像 React 和 Vue 那样，它不需要一个运行时库来处理应用运行过程中的一些工作。实际上 Svelte 也有运行时库，只不过非常轻量。

Svelte 在编译过程中把本应在运行时库中执行的代码编译到用户代码中，以提升执行效率。这会导致代码膨胀，但对于小型项目来说，压缩后代码体积并不会增加太多。

目前 Svelte 已经发布到 3.x.x 版本，据作者介绍其可以应用于商业项目，是一个非常有前景且值得推荐的前端框架。

8.2　准备开发环境

首先从 Svelte 官网下载一个 Svelte 的模板项目：https://github.com/sveltejs/template。
我们并不会深入讲解 Svelte 的语法，但会涉及很多 Rollup 的配置细节。Svelte 的语法非
常简单，读者花几个小时阅读官网文档就可以掌握。如果你希望使用 TypeScript 编写代
码，那么可以在模板项目根目录下执行如下命令，对项目进行格式化以及必备库的安装：

```
> node scripts/setupTypeScript.js
```

然后执行如下两个指令，并用浏览器验证 Svelte 项目环境已经搭建成功：

```
> npm install
> npm run dev
```

接着以开发依赖的方式为项目安装 Electron 依赖：

```
> npm install electron -D
```

修改 package.json，为 scripts 标签增加控制指令：

```
> "start": "node script/dev.js"
```

接下来创建 script/dev.js。这个文件是启动开发环境的脚本，当用户运行 npm run start
指令的时候，Node.js 会执行这个脚本。我们在这个脚本里做了如下三件事情：

❑ 编译渲染进程源码并启动渲染进程的 http 服务。

❑ 编译主进程源码。

❑ 启动 Electron 进程，并执行主进程编译后的代码。

1）编译并启动渲染进程的代码如下所示：

```
// let rollup = require("rollup");
// let livereload = require("rollup-plugin-livereload");
async buildRender() {
  let inputOptions = {
    input: "src/render/main.ts",
    plugins: [
      svelte({
        preprocess: sveltePreprocess({ sourceMap: true }),
        compilerOptions: { dev: true },
      }),
      css({ output: "bundle.css" }),
      resolve({ browser: false, dedupe: ["svelte"] }),
      commonjs(),
      typescript({ sourceMap: true, inlineSources: true }),
```

```
        this.renderServerPlugin(),
        livereload("public"),
      ],
      external: ["electron"],
    };
    let bundle = await rollup.rollup(inputOptions);
    let outputOption = {
      sourcemap: true,
      format: "cjs",
      name: "app",
      file: "public/build/bundle.js",
    };
    await bundle.write(outputOption);
    rollup.watch({ ...inputOptions, output: outputOption });
  },
```

在这段代码中，我们通过 rollup 模块的 rollup 方法编译渲染进程的代码，并通过其 write 方法输出编译结果。

编译配置对象有三个参数：input 为渲染进程的入口文件，external 为编译时要排除的模块；plugins 配置项。

我们在 external 模块处设置了 electron，这样在渲染进程内就可以通过 import 的方式自由地引入 electron 模块了。如果不做此设置，rollup 会尝试获取并编译 electron 模块的代码，显然这是有问题的。

plugins 配置项为 rollup 设置了一些编译过程中的插件，比如关于 TypeScript 脚本处理插件、CSS 样式处理插件、Svelte 界面组件处理插件等。

值得注意的是，http 服务也是以插件的形式提供给 rollup 的，这个插件在 renderServerPlugin 方法内创建，代码如下所示：

```
// let sirv = require("sirv");
renderServerPlugin() {
    let server;
    return {
      writeBundle() {
        if (server) return;
        fn = sirv("public", { dev: true });
        server = require("http").createServer(fn);
        server.listen(5916, "localhost", (err) => {
          if (err) throw err;
        });
      },
    };
  },
```

　　这段代码返回一个 JSON 对象，这个对象包含一个名为 writeBundle 的方法。当 rollup 编译完成，并把编译结果输出到磁盘上后，将执行 writeBundle 方法。更多关于 rollup 插件相关的文档请参阅 https://rollupjs.org/guide/en/#writebundle。

　　在这个方法内，我们启动了一个 http 服务，然后让一个名叫 sirv 的库接管这个 http 服务的请求。该库可以完美地处理一个静态文件请求和响应。由于最终编译结果会被输出到 public 目录下，所以其托管的目录也是 public 目录。

　　除了这个插件外，还有一个 livereload 插件，它负责开发环境下修改代码后重新加载新的编译产物的功能。

　　我们在 rollup 编译输出的配置项中配置了输出文件路径（public/build/bundle.js）、是否生成源码调试文件（是）以及源码模块加载规范（cjs）。这里的 cjs 是指 CommonJs 规范，可选的还有 amd、iife、esm 等。

　　最后还需要执行 rollup 模块的 watch 方法，它会监控磁盘上的文件模块是否发生改变，如果是，则它会重新编译你的源码。

　　2）编译主进程的代码如下所示：

```
async buildMain() {
  let inputOptions = {
    input: "src/main/main.ts",
    plugins: [
      typescript({ sourceMap: true, inlineSources: true }),
      commonjs(),
    ],
    external: ["electron"],
  };
  let bundle = await rollup.rollup(inputOptions);
  let outputOption = {
    file: "public/entry.js",
    format: "cjs",
    sourcemap: true,
  };
  await bundle.write(outputOption);
},
```

　　相对于编译渲染进程的配置来说，这些配置项就简单多了，因为主进程不需要静态文件服务，不需要监控文件变化。开发者其实可以监控文件变化，再重启 Electron 进程，以加载新的主进程代码，但这个过程对实际开发工作干扰太大，笔者不推荐这么做。其他配置项不再赘述。

　　3）启动 Electron 进程的代码如下所示：

```
electronProcess: null,
startMain() {
  this.electronProcess = spawn(
    require("electron").toString(),
    ["public/entry.js"],
    {
      cwd: process.cwd(),
    }
  );
  this.electronProcess.on("close", () => {
    this.electronProcess.kill(0);
    process.exit();
  });
  this.electronProcess.stdout.on("data", (data) => {
    data = data.toString();
    console.log(data);
  });
},
```

这段代码通过 child_process 的 spawn 方法启动一个 Electron 的子进程。

至此，开发环境的启动脚本就编写完了，读者可以运行 npm start 指令看看应用是否正常启动了。

8.3　制成安装包

与开发环境的启动脚本类似，我们也为 package.json 增加一个编译脚本的控制指令：

```
"release": "node script/release.js",
```

接下来在 script 目录下创建 release.js，这个脚本做了四件事情：

❑ 编译渲染进程脚本。

❑ 编译主进程脚本。

❑ 准备配置文件和包安装目录。

❑ 生成安装包。

下面我们就一个一个看看这些任务是怎么完成的。

1）编译渲染进程的方法代码如下所示：

```
async buildRender() {
  let inputOptions = {
    input: "src/render/main.ts",
    plugins: [
      svelte({
```

```
      preprocess: sveltePreprocess({ sourceMap: false }),
      compilerOptions: { dev: false },
    }),
    css({ output: "bundle.css" }),
    resolve({ browser: false, dedupe: ["svelte"] }),
    commonjs(),
    typescript({ sourceMap: false, inlineSources: false }),
    terser(),
  ],
  external: ["electron"],
};
let bundle = await rollup.rollup(inputOptions);
let outputOption = {
  sourcemap: false,
  format: "cjs",
  name: "app",
  file: "public/build/bundle.js",
};
await bundle.write(outputOption);
}
```

这和上一节中讲解的编译渲染进程的代码类似，但我们把 sourceMap 的相关配置都设置成了 false，svelte 插件的调试开关也关掉了，另外还移除了 renderServerPlugin 和 livereload 插件（生产环境是不需要热更新机制的），同时还增加了一个 terser 插件。

rollup-plugin-terser（https://www.npmjs.com/package/rollup-plugin-terser）插件是对 terser 模块的封装，terser 模块的主要作用是压缩源码，移除不必要的空格、注释等，使生产环境中的 JavaScript 脚本体积更小，更容易加载，以提升性能。

2）编译主进程的方法代码如下所示：

```
async buildMain() {
  let inputOptions = {
    input: "src/main/main.ts",
    plugins: [
      typescript({ sourceMap: false, inlineSources: false }),
      commonjs(),
      terser(),
    ],
    external: ["electron"],
  };
  let bundle = await rollup.rollup(inputOptions);
  let outputOption = {
    file: "public/entry.js",
    format: "cjs",
    sourcemap: false,
  };
```

```
await bundle.write(outputOption);
}
```

同样我们也在编译主进程时把 sourceMap 开关关掉了，增加了 terser 插件，保证主进程的 JavaScript 代码是被压缩过的。

3）准备 package.json 和 node_modules 目录的方法代码如下所示：

```
buildModule() {
  let pkgJsonPath = path.join(process.cwd(), "package.json");
  let localPkgJson = JSON.parse(fs.readFileSync(pkgJsonPath, "utf-8"));
  let electronConfig = localPkgJson.devDependencies.electron.replace("^", "");
  delete localPkgJson.scripts;
  delete localPkgJson.devDependencies;
  localPkgJson.main = "entry.js";
  localPkgJson.devDependencies = { electron: electronConfig };
  fs.writeFileSync(
    path.join(process.cwd(), "public/package.json"),
    JSON.stringify(localPkgJson)
  );
  fs.rmdirSync(path.join(process.cwd(), "public/node_modules")); // 先删，再创建，保
                                                                 // 证不会冲突
  fs.mkdirSync(path.join(process.cwd(), "public/node_modules"));
}
```

在这段代码中，我们把工程的 package.json 处理后放置在了 public 目录下（这个路径下还放置了我们刚刚编译的渲染进程脚本和主进程脚本），同时在 public 目录创建了 node_modules 子目录，关于为什么要这么做请参阅本章第一节的内容，这里不再赘述。

4）制成安装包的方法代码如下所示：

```
buildInstaller() {
  let options = {
    config: {
      directories: {
        output: path.join(process.cwd(), "release"),
        app: path.join(process.cwd(), "public"),
      },
      files: ["**/*", "!**/*.map"],
      extends: null,
      productName: "yourProductName",
      appId: "com.yourComp.yourProduct",
      asar: false,
      nsis: {
        perMachine: true,
        allowToChangeInstallationDirectory: true,
        createDesktopShortcut: true,
```

```
        createStartMenuShortcut: true,
        shortcutName: "yourProductName",
        oneClick: false,
      },
    },
    project: process.cwd(),
  };
  let builder = require("electron-builder");
  return builder.build(options);
}
```

由于我们调试时也是加载的 public 目录下的资源，制作安装包时也是把编译后的文件放置在 public 目录下，这就导致 public 目录下有一些多余的文件，比如各类辅助源码调试的 .map 文件。在制成安装包时，我们通过在 files 配置项下使用通配符 !**/*.map 过滤掉了这些文件。

另外配置 allowToChangeInstallationDirectory 属性为 true 后，oneClick 属性必须配置为 false，不然 electron-builder 会提示如下错误信息：

```
allowToChangeInstallationDirectory makes sense only for assisted installer
  (please set oneClick to false)
```

这就是制成安装包的脚本逻辑，你可以试着在工程根目录下运行 npm run release 指令，看看安装包是否成功地生成在 release 子目录下了。

自动化测试

本章介绍如何为 Electron 项目开发自动化测试逻辑，本章使用了主流的测试框架 Spectron 及 Jest，希望读者学习完本章后能为自己的 Electron 项目编写单元测试代码，毕竟这是非常重要的提升版本发布效率、保证产品质量的手段。

9.1 集成 Spectron 及 Spectron 原理

Spectron（https://github.com/electron-userland/spectron#application-api）是 electron-userland 组织为 Electron 应用提供的端到端的测试框架。不同于传统的测试框架（比如 Mocha 等），它提供了一系列针对 Electron 项目的 API 用于做界面测试，比如：界面上是不是呈现出了某个 DOM 元素，应用程序是不是打开了某个窗口，用户剪贴板里是不是有某段文字等。本节就把它集成到 ViteElectron 项目中。

首先通过如下指令安装 Spectron 到项目中：

```
npm install spectron -D
```

接着为 package.json 增加如下脚本指令：

```
"test": "node ./script/test"
```

我们意图使用 yarn test 指令执行测试方法，所以在 script/test 目录下新建 index.js、

env.js，这两个脚本大部分逻辑与前面两个小节介绍的工作相同：编译主进程代码、设置环境变量等，唯独启动 Electron 子进程与前述不同，代码如下：

```
let spectron = require("spectron");
let assert = require("assert");
createElectronProcess() {
  let app = new spectron.Application({
    path: require("electron").toString(),
    args: [path.join(process.cwd(), "release/bundled/entry.js")],
    workingDirectory: process.cwd(),
  });
  app
    .start()
    .then(function () {
      return app.browserWindow.isVisible();
    })
    .then(function (isVisible) {
      assert.strictEqual(isVisible, true);
    })
    .then(function () {
      return app.client.getTitle();
    })
    .then(function (title) {
      assert.strictEqual(title, "Vite App");
    })
    .then(function () {
     console.log("测试通过")
      return app.stop();
    })
    .catch(function (error) {
      console.error("Test failed", error.message);
    });
}
```

在这段代码中，我们首先创建了 spectron 的 Application 实例，与通过 spawn 创建 Electron 子进程类似，创建 spectron 的 Application 实例时，我们也传入了 electron.exe 的路径、主进程入口文件的路径和当前工作目录的路径。如果你想了解 spectron 执行测试代码的工作细节，还可以传入 chromeDriverLogPath 和 webdriverLogPath 路径，以收集日志信息。

接着通过 Application 实例的 start 方法启动 Electron 进程，这个方法返回一个 Promise 对象，当 Promise 对象成功返回后，Electron 应用程序也就成功启动了。start 方法内部还创建了 ChromeDriver 实例和 WebDriver 实例。

❑ WebDriver（https://w3c.github.io/webdriver/）是一个开源工具，它可以横跨多个浏览器自动测试 Web 应用，提供了页面跳转、用户输入、JavaScript 执行等功能。

❑ ChromeDriver（https://sites.google.com/a/chromium.org/chromedriver/home）是一个实现了 WebDriver 标准的独立服务。ChromeDriver 适用于 Android 和桌面（Mac、Linux、Windows、ChromeOS）的 Chrome 浏览器。由于 Electron 内置的浏览器核心与 Chrome 的浏览器核心相同，所以这里就用它来测试我们的 Electron 应用。

由于 Spectron 是以 Remote 方式连接 ChromeDriver 服务的，所以启动 Electreon 窗口时需要配置 enableRemoteModule 为 true 才可以正常使用 Spectron 提供的 API，代码如下所示：

```
mainWindow = new BrowserWindow({
  width: 800,
  height: 600,
  webPreferences: {
    webSecurity: false,
    nodeIntegration: true,
    contextIsolation: false,
    enableRemoteModule: true, // 生产环境需关闭此配置项
  },
});
```

Spectron 除了包装 ChromeDriver 和 WebDriver 对象外，还包装了一系列与 Electron 有关的 API，这样开发人员就可以使用这些 API 来完成测试脚本的编写工作，比如，应用创建成功后就使用了 browserWindow 的 isVisible() 方法来判断窗口是否可见。

我们使用 Node.js 的 assert 内置库的 strictEqual 方法来验证两个值是否严格相等（如果需要验证两个对象是否严格相等可以使用 assert 内置库的 deepStrictEqual 方法，它会递归比较两个对象的所有子对象的可枚举属性）。

app.client.getTitle() 方法可以获取窗口标题，也就是 document.title 指向的内容，client 是 ChromeDriver 的客户端对象，它提供了一系列的方法用于操作用户页面上的内容，比如使用 $ 或 $$ 获取页面中的元素，页面元素对象获取到之后，可以调用该对象的 click 方法执行点击事件，getText 方法获取元素内的文本信息，代码如下所示：

```
async function () {
    let btn = await app.client.$("button");
    await btn.click();
    await btn.click();
    let text = await btn.getText();
    console.log(text);
```

```
        let h1 = await app.client.$$("h1");
        for (let item of h1) {
          text = await item.getText();
          console.log(text);
        }
    }
```

更多关于 WebDriver 的 API 请参阅 https://webdriver.io/docs/api/element/$$。

除了这些操作界面元素的方法外，client 对象还包含获取窗口数量（getWindow-Count）、获取剪贴板信息（getClipboard）、获取 Cookie 和 LocalStorage 内的信息（getCookies 与 getLocalStorage）等 API。

测试代码执行完成后，可以调用 app 对象的 stop() 方法退出客户端程序。

9.2 在 Jest 测试框架中使用 Spectron

开发者开发一个业务复杂的应用，势必会对应用内的业务进行一定程度的抽象、封装、隔离，以保证代码的可复用性和可维护性。每个抽象出的模块或组件都会暴露出自己的接口、对象和数据属性等供其他模块或组件使用。

测试人员（或兼有测试职责的开发人员）会为这些模块或组件撰写单元测试代码，以保证这些模块或组件正常可用。

一个项目有了单元测试代码之后，每次发布前执行一遍单元测试，也可以大大提高测试人员的工作效率，降低产品上线后发生异常的概率。

Node.js 生态里有很多流行的测试框架辅助测试人员完成这项工作，Jest 就是其中之一，它功能强大且简便易用，深得测试人员喜爱。本书也使用它演示如何完成 Electron 应用端到端的测试工作。

首先通过如下方式为工程安装 Jest 测试框架：

```
> npm install jest -D
```

接着在 package.json 的 script 标签下增加如下指令：

```
"test": "jest --config ./script/test/config.js"
```

有此配置之后，我们就可以运行 yarn test 来执行测试脚本了，在撰写测试脚本之前，我们先撰写 jest 的配置文件，也就是 ./script/test/config.js 文件，代码如下：

```
let path = require("path")
```

```
module.exports = async () => {
  let rootDir = path.join(process.cwd(), "script/test/unit")
  return {
    verbose: true,
    rootDir,
    // testMatch: ["**/*.[jt]s?(x)"],
    testMatch: ["**/testSwitchList.js"],
    testTimeout: 999999999
  };
};
```

在这个配置文件中，我们指定了测试脚本所在的目录：script/test/unit；测试文件的匹配规则："**/conversationSwitch.js"；单元测试执行的超时时间：999999999。其中，匹配规则是支持通配符匹配的，这里设置的内容只匹配了一个具体的测试文件，开发者可以根据自己的需要进行调整。

因为 Electron 应用启动和打开新窗口的执行耗时都较长，est 默认的单元测试超时时间 5 秒往往是不够用的，所以此处我们改成了一个非常大的值（注意此处不能为 Infinity），具体再在每个单元测试逻辑中微调。

接下来我们就看看第一个单元测试脚本：

```
let path = require("path")
let spectron = require("spectron")
class TestClass extends TestBase {
  app
  sleep (time) {
    return new Promise((resolve) => setTimeout(resolve, time))
  }
  async init () {
    let workingDirectory = path.join(process.cwd(), "package/win-ia32-unpacked");
    this.app = new spectron.Application({
      path: path.join(workingDirectory, "yourAppName.exe"),
      args: [],
      workingDirectory
    })
    await this.app.start();
  }
  async dispose () {
    if (this.app && this.app.isRunning()) await this.app.stop()
  }
  async login () {
    await this.app.client.windowByIndex(1)          // 第 0 个窗口是调试器窗口，第一个窗
                                                    // 口才是登录窗口
    await this.app.client.waitUntil(async () => {   // 等待窗口渲染完成
      let windowTitle = await this.app.client.getTitle();
```

```
        return windowTitle === '登录'
    }, { timeout: 8000 })
    let usernameInput = await this.app.client.$("input[type = 'text']")
    await usernameInput.setValue("liuxiaolun")
    let passwordInput = await this.app.client.$("input[type = 'password']")
    await passwordInput.setValue('******');
    let loginBtn = await this.app.client.$("#loginBtn")
    loginBtn.click()
    let avatar = await this.app.client.$(".avatarImg")
    await avatar.waitForExist({ timeout: 8000 })
  }
  async switchConversation () {
    let frame = await this.app.client.$("#iframeId")
    await frame.waitForExist()
    await this.sleep(3800)
    await this.app.client.switchToFrame(frame)
    let listContainer = await this.app.client.$("#list")
    await listContainer.waitForExist({ timeout: 8000 })
    let conversations = await listContainer.$$(".item")
    for (let conversation of conversations) {
      conversation.scrollIntoView()
      conversation.click()
      let username = await conversation.$(".user span")
      username = await username.getText()
      username = username.trim()
      await this.app.client.waitUntil(async () => {
        let username2 = await this.app.client.$(".board .title .user")
        await username2.waitForExist()
        username2 = await username2.getText()
        username2 = username2.trim()
        await this.sleep(1600)
        return username === username2
      }, { timeout: 8000 * 100 })
    }
  }
}
let ins = new TestClass();
beforeAll(async () => {
  await ins.init()
}, 36000)
afterAll(async () => {
  await ins.dispose()
})
test("测试登录过程", async () => {
  await ins.login()
  await ins.switchConversation()
})
```

在上述代码中，我们先启动应用再自动登录，接着点击了应用中一个列表内的所有

项，最后验证点击工作都执行完后退出应用。在整个测试脚本中有以下几点需要注意：

1）beforeAll 方法在所有的 test 方法运行之前执行，afterAll 方法在所有的 test 方法运行之后执行（本脚本中只有一个 test 方法），这是 Jest 规定的，相应的还有 beforeEach 和 afterEach 对应的是每个 test 方法执行前和执行后处理的任务。此处我们在 beforeAll 中启动了应用，在 afterAll 中销毁了应用。

2）上述脚本中 init 方法、login 方法、dispose 方法和 sleep 方法都是公用的，可以抽象到一个工具类或基类中，以便开发者撰写多个测试脚本时复用这些逻辑。此处为了演示方便并没有做相应的抽象。

3）this.app.client 虽是 chromeDriver 的客户端对象，但它在某一时刻只能覆盖一个窗口一个页面（frame）对象，如果你需要测试应用中有多个窗口或多个页面（frame）的逻辑则需要使用 this.app.client.windowByIndex(index) 方法切换目标窗口，使用 this.app.client.switchToFrame(frame) 方法切换目标页面。

4）有些页面中的元素可能并不会及时地渲染到页面中，或者渲染了但处于不可用的状态，此时如果想要测试相关的逻辑则必须等待这些元素渲染成功，相应的方法有 waitForExist、waitUntil、waitForEnabled、waitForDisplayed、waitForClickable 等，并且这些 API 大多有超时设置，一旦超时就会报错导致测试不通过，开发者可以根据自己的业务设置超时时间。

Jest 是一个由 FaceBook 团队推出的强大的单元测试框架，更多的 API 和配置方法详见 https://jestjs.io/docs/en/getting-started。知名的测试框架还有 Mocha（https://mochajs.org/），使用方法类似，同样也可以和 spectron 完美地结合用于测试 Electron 应用。

编译与调试 Electron 源码

在产品开发后，产品的运维人员难免会碰到一些难以定位、难以调试的问题。本章介绍了如何编译并调试 Electron 源码、如何分析 Electron 的崩溃报告等内容，希望读者通过学习本章的知识能快速定位并解决 Electron 产品的线上问题。

10.1　build-tools 构建工具介绍

Electron 最早是借用 Chromium 的构建工具 depot_tools(https://chromium.googlesource.com/chromium/tools/depot_tools.git/）来完成构建工作的，但这个工具操作步骤比较烦琐，执行过程中还可能因为环境问题导致种种异常，所以 Electron 团队就自己研发了一个构建工具 build-tools（https://github.com/electron/build-tools），它对 depot_tools 的指令进行了封装，简化了 Electron 的构建过程。

目前这个项目还不是很稳定，本书出版前尚有一些问题没有解决，且使用 depot_tools 手工构建 Electron 更有助于了解构建过程的执行细节，所以笔者还是推荐使用 depot_tools 手工构建 Electron。本节仅对 build-tools 做一些简单的介绍。

开发者可以通过 npm 全局安装 Electron 的 build-tools 工具：

```
> npm i -g @electron/build-tools
```

接下来退出系统中所有的杀毒软件、木马防护程序，配置好网络环境，确保你的磁盘有超过 25GB 的空间剩余（其他还有一些必备条件请参见下一小节的描述），然后以管理员的身份启动命令行工具，执行如下构建指令：

```
> e init --root=~/electron --bootstrap testing
```

上述命令执行完成后，最后一段输出信息如下所示：

```
INFO: creating cache dir (C:\Users\ADMINI~1\AppData\Local\Temp\goma\goma_cache).
GOMA version 9054679ccdd53dc75fd2822f0a9a802025e3b48e@1621990101
waiting for compiler_proxy to respond...
waiting for compiler_proxy to respond...
compiler proxy (pid=11440) status: http://127.0.0.1:8088 ok
Now goma is ready!
Running "D:\project\electron-src\depot_tools\gn.bat gen out/Testing --args=
  import("//electron/build/args/testing.gn") import("C:\Users\Administrator\
  .electron_build_tools\third_party\goma.gn")" in C:\Users\Administrator\electron\
  src
Done. Made 16571 targets from 2847 files in 16903ms
Running "ninja.exe -j 200 electron" in C:\Users\Administrator\electron\src\
  out\Testing
[42192/42192] STAMP obj/electron/electron.stamp
```

此时与 Electron 项目构建相关的源码已被下载到如下目录内（根目录为上述构建指令所运行的目录）：

```
[your command running path]\electron\src
```

其子目录 out\Testing 内已经包含了构建成功的 Electron 可执行文件。默认情况下 build-tools 工具会为你构建 Nightly 版本的 Electron，所以这里生成的可执行文件仅用于测试。

注意：目前来看，build-tools 的操作指令变化也比较频繁，读者读到此节时，请先参考 build-tools 的说明文档再执行相关的指令。

10.2　手工构建 Electron 源码

直接使用 Chromium 的构建工具 depot_tools 手工构建 Electron 项目虽然操作起来比较复杂，但构建过程更为清晰明了，况且 build-tools 工具也是使用 Chromium 的 depot_tools 完成构建工作的，了解构建细节对于我们掌握 Electron 的实现原理也有帮助，接下来就一起使用 depot_tools 来完成 Electron 项目的构建工作。

首先需要确保系统具备如下环境：

❑ 科学上网环境。

❏ Visual Studio 2017 15.7.2 或更高版本。

❏ Node.js（建议使用最新稳定版本）。

❏ Git（建议使用最新稳定版本）。

❏ Debugging Tools for Windows of Windows SDK（版本根据你系统的实际情况确定，后面还有介绍）。

❏ Python 2.7.17。

❏ 如果你的计算机里安装了 nvm 之类的工具，把它卸载掉。

❏ 目标磁盘要保证有 25GB 的空间剩余。

准备好这些环境后，接着通过 git 命令下载谷歌提供的 depot_tools 工具：

```
> git clone https://chromium.googlesource.com/chromium/tools/depot_tools.git
```

你也可以通过谷歌提供的下载地址 https://storage.googleapis.com/chrome-infra/depot_tools.zip 下载该工具（下载地址或许有变化，请到该页面查阅最新的下载地址及说明：https://commondatastorage.googleapis.com/chrome-infra-docs/flat/depot_tools/docs/html/depot_tools_tutorial.html#_setting_up）。

下载完成后，把压缩包解压到目录 D:\depot_tools（具体路径可以自行设置）中，注意这个工作完成后，一定要确认该目录下存在 .git 子目录和 gclient.bat 批处理文件。

然后在你的系统环境变量中增加 depot_tools 的目录路径（注意这个路径必须在所有其他环境变量之前），如图 10-1 所示。

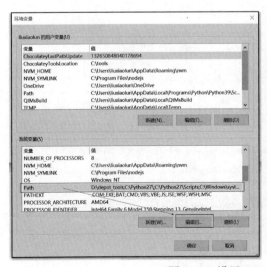

图 10-1　设置 depot_tools 的环境变量

接着再增加另外几个系统环境变量：

```
DEPOT_TOOLS_WIN_TOOLCHAIN: 0
DEPOT_TOOLS_DIR: D:\depot_tools
GIT_CACHE_PATH: D:\.git_cache
http_proxy: http://127.0.0.1:10809
https_proxy: http://127.0.0.1:10809
```

其中 DEPOT_TOOLS_WIN_TOOLCHAIN 环境变量的意义是使 depot_tools 工具不下载 Visual Studio 工具链（不然 depot_tools 将会下载一个只有谷歌内部员工有权限使用的 Visual Studio，做此设置的前提是需要自己安装好 Visual Studio 开发工具）。

GIT_CACHE_PATH 环境变量设置了 git 的缓存目录，因为构建过程中需要下载大约 10GB 的源码及资源文件，所以要防备网络断开、下载失败的情况，如果团队中其他成员也需要完成构建 Electron 的工作，那么可以考虑共享 git 的缓存目录来提升构建效率。

http_proxy 与 https_proxy 两个环境变量的作用是为 Python 提供科学上网的支持。

最终完成设置之后系统的环境变量如图 10-2 所示。

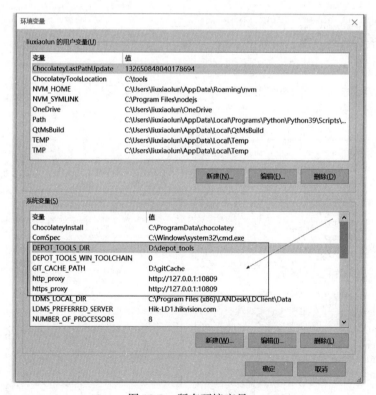

图 10-2　所有环境变量

接下来需要为一系列的工具配置科学上网的环境。

如下控制台指令使 git 具备科学上网环境，注意端口号以操作系统配置的代理端口号为准，一般情况下默认是 10809，你可以通过更改操作系统的代理设置查看自己系统内的代理配置情况，如图 10-3 所示。

```
> git config --global https.proxy http://127.0.0.1:10809
> git config --global http.proxy http://127.0.0.1:10809
```

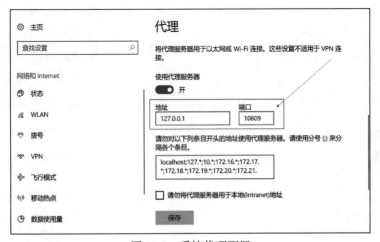

图 10-3　系统代理配置

如下控制台指令使 Node.js 具备科学上网的环境：

```
> npm config set proxy=http://127.0.0.1:10809
> npm config set https-proxy http://127.0.0.1:10809
```

接下来通过命令行设置 winhttp 的代理：

```
> C:\Windows\system32>netsh
> netsh>winhttp
> netsh winhttp>
> netsh winhttp>set proxy http://127.0.0.1:10809
```

接着创建一个目录，在该路径下的命令行工具中执行如下三个指令，以初始化编译环境并同步 Chromium、Electron 和 Node.js 的代码及其相关依赖：

```
> gclient config --name "src/electron" --unmanaged https://github.com/electron/
  electron
> gclient sync --with_branch_heads --with_tags
> gclient sync -f
```

注意这些指令必须在管理员角色下的 cmd.exe 命令行下执行，不能使用 PowerShell，更不能是 cygwin 或 Git Bash。

因为 gclient 要下载 Chromium 源码、Node.js 源码、Electron 源码及一系列的资源与构建工具，所以这个过程非常长。

上述指令执行完成后，接着执行如下指令：

```
> cd src
> set CHROMIUM_BUILDTOOLS_PATH=%cd%\buildtools
> gn gen out/Testing --args="import(\"//electron/build/args/testing.gn\")"
```

这将在 src/out/Testing 子目录内生成一个测试配置文件夹，我们使用这个文件夹下的 testing.gn 构建脚本构建 Electron 源码，你可以用另一个名称替换 Testing，但 src/out 子目录不能更改。

如果执行上述指令时遇到了如下错误，那么说明你安装的 Windows 10 SDK 版本不匹配。

```
You must installWindows 10 SDK version 10.0.19041.0 including the "Debugging
  Tools for Windows" feature.
ERROR at //build/toolchain/win/BUILD.gn:54:3: Script returned non-zero exit code.
```

打开 Visual Studio Installer（此工具是随 Visual Studio 一起安装的），点击"修改"按钮（如图 10-4 所示）。

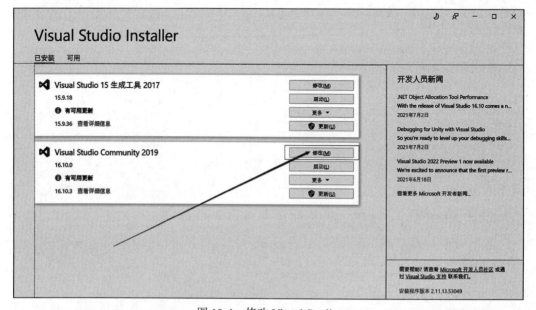

图 10-4　修改 Visual Studio

选择单个组件，勾选报错信息中提示你要安装的 Windows 10 SDK（注意版本号），如图 10-5 所示。

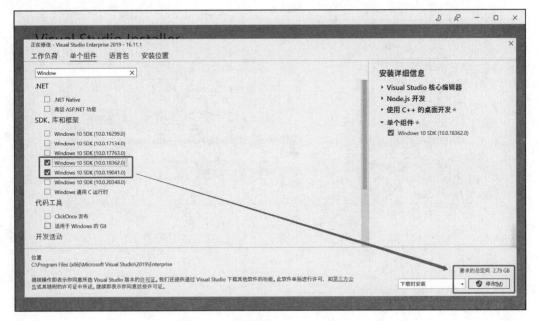

图 10-5　安装 Windows 10 SDK

然后点击"修改"按钮，执行安装过程，安装完成后还不能继续执行指令，因为 Visual Studio Installer 安装的 Windows 10 SDK 不包含 Debugging Tools for Windows。

接着打开操作系统设置中的"应用和功能"选项，找到刚刚安装的 Windows 10 SDK，点击"修改"按钮，如图 10-6 所示。

在弹出界面中选择 Change，点击 Next 按钮，如图 10-7 所示。

选中 Debugging Tools for Windows，然后点击 Change 按钮，如图 10-8 所示。

修改完成后，继续执行上述指令就可以成功执行了。

接着执行如下指令正式构建 Electron。

```
> ninja -C out/Testing electron
```

这将花费更长的时间，因为这个指令要编译链接四万多个文件，如果你遇到如下错误提示：

```
lld-link: error: could not open 'atls.lib': no such file or directory
ninja: build stopped: subcommand failed.
```

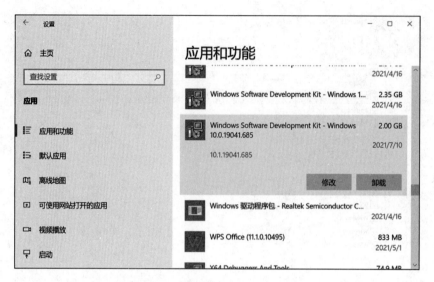

图 10-6 修改 Windows SDK（1）

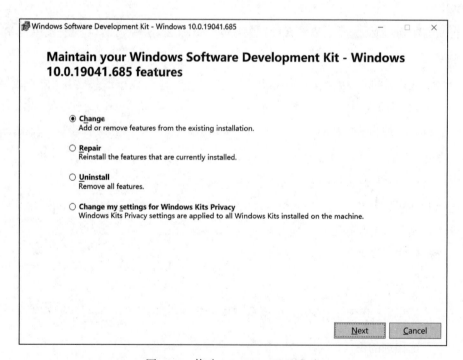

图 10-7 修改 Windows SDK（2）

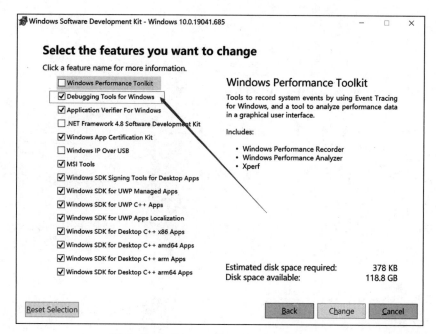

图 10-8　勾选 Debuging Tools for Windows

　　说明还是缺少必需的库，可以在你的 Visual Studio 安装目录（YourVisualStudioInstall-Path\2019\Community\VC\Tools\MSVC\14.29.30037\atlmfc\lib\x64）内找到 atls.lib 和 atls.amd64.pdb 两个文件，拷贝到 Windows 10 SDK 的安装路径下（C:\Program Files (x86)\Windows Kits\10\Lib\10.0.19041.0\ucrt\x64）。

　　再次执行上述指令，将在 src\out\Testing 目录下生成我们自己编译生成的 electron.exe 可执行程序及相关的二进制资源。

　　构建完成后，如果你希望把前面为代理做的一系列设置清除掉，可以执行如下命令。

清除 git 代理的命令：

```
git config --global --unset http.proxy
git config --global --unset https.proxy
```

清除 npm 代理的命令：

```
npm config delete proxy
npm config delete https-proxy
```

清除系统代理的命令：

```
netsh
```

```
winhttp
reset proxy
```

10.3 构建不同版本的 Electron

在上一节中，我们使用 build\args\testing.gn 脚本构建了 Electron 源码，你会发现 src\out\Testing 目录下生成了非常多的 dll、lib、exe 文件。这是因为 Chromium 项目极其庞大，编译、链接工作往往需要耗费大量的时间，为此，Chromium 引入了分块构建的技术，将每个模块作为单独的动态库构建，这就大大加快了编译、链接的速度。

读者除了可以使用 build\args\testing.gn 构建 Electron 外，还可以使用 build\args\release.gn 脚本构建 Electron，命令如下：

```
> cd src
> set CHROMIUM_BUILDTOOLS_PATH=%cd%\buildtools
> gn gen out/Release --args="import(\"//electron/build/args/release.gn\")"
> ninja -C out/Release electron
```

通过以上命令编译链接 Electron 后，将在 src\out\Release 目录下输出 Electron 的编译结果，实际上最终这个目录下也会生成很多无用的文件，开发者只要按照 Electron 团队发布的文件（参照此目录下 node_modules\electron\dist 的文件），从 src\out\Release 目录下挑选出你需要的文件即可，最终分发给用户的也就是这些文件，其他文件都是不需要的。

如果因种种原因你希望修改 Electron 的源码，比如很多商业应用都会修改 asar 的解包方式，以提升自己源码的安全性，那么修改完成后需要按此方式重新编译 Electron 源码。

很多开发者不希望同时维护产品的 32 位版本和 64 位版本，那么此时最佳方案是只推出产品的 32 位版本，因为 32 位版本既可以在 32 位操作系统上运行，又可以在 64 位操作系统上运行，除非开发者打算放弃使用 32 位操作系统的用户，那么也可以只推出 64 位版本的产品。

前面所述的所有指令均默认生成 64 位版本的 Electron，如果开发者希望生成 32 位的 Electron，可以使用如下指令：

```
> gn gen out/Release --args="import(\"//electron/build/args/release.gn\")
  target_cpu=\"x86\""
```

上述指令中最关键的是 target_cpu 参数，其他指令与前面所述相同，另外输出目录可以改写为 out/Release86。

默认情况下，在编译前 gclient 帮我们获取到的源码是 nightly 分支的 Electron 源码，获取源码的指令如下所示：

```
gclient config --name "src/electron" --unmanaged https://github.com/electron/
  electron
gclient sync --with_branch_heads --with_tags
```

这是 Electron 开发团队日常工作时所使用的分支，但一般情况下不是开发者需要的分支，可以通过如下 git 命令切换 src/electron 目录下的分支（使用本地的 git 可视化工具获取正确分支的源码亦可）：

```
> cd src/electron
> git remote remove origin
> git remote add origin https://github.com/electron/electron
> git checkout master
> git branch --set-upstream-to=origin/master
> git pull
```

切换完 Electron 的源码分支后，务必执行如下命令：

```
> gclient sync -f
```

这个指令可以拉取新 Electron 源码分支所依赖的 Chromium 和 Node.js 的源码（gclient 会检查 src/electron 目录下的 DEPS 文件，从中获取依赖信息）。

接着再使用 ninja -C 指令就可以编译你期望的 Electron 版本了。

10.4　调试 Electron 源码

如果你认为你的业务代码非常完美，但应用表现不佳（比如经常会发生应用程序崩溃或应用程序挂起等现象），那么你可能会希望调试 Electron 的源码。

前面已经介绍了如何获取 Electron 及其依赖项目的源码，也介绍了如何使用这些源码编译得到 Electron 的可执行程序，那么想调试 Electron 的可执行程序该怎么办呢？

最简单的方式莫过于使用 Visual Studio 开发工具了，开发者可以使用如下指令生成 Visual Studio 的工程文件：

```
> gn gen out/Testing --ide=vs2019
```

如果你的操作系统内安装的是 Visual Studio 2017，那么应该把上述指令中的 --ide 参数修改为 vs2017。

最终会在 src/out/Testing 目录下生成一个名为 all.sln 的 Visual Studio 工程文件，这是一个聚合工程文件，里面包含近万个子项目，虽然我们刚刚执行的指令已经把大部分工程配置工作完成了，但开发者是还需要找到 electron app 子工程（应用程序的入口函数在这个子工程内），并将其设置为启动项目，才可以开始调试工作，如图 10-9 所示。

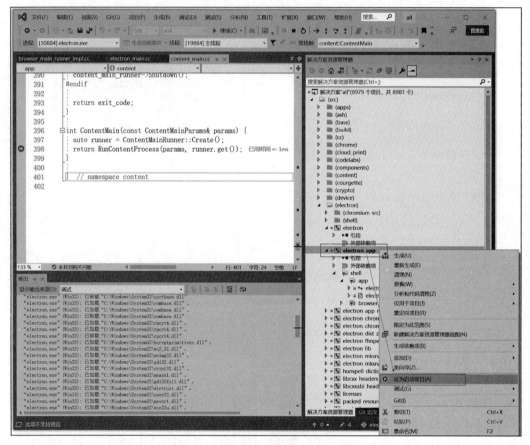

图 10-9　Visual Studio 设置启动项目

接下来开发者只要在感兴趣的地方做好断点，然后在 Visual Studio 内启动项目，即可观察 Electron 内部运行的情况，如图 10-10 所示。

如果开发者想要调试正在运行中的 Electron 项目，可以使用 Visual Studio 附加进程的方式来调试 Electron，在演示这种调试技术之前，首先创建一个测试程序 index.js，保存在 out\Testing\index.js 路径下，源码如下：

```
let { app, BrowserWindow } = require("electron");
let win;
app.on("ready", async () => {
  let config = {
    width: 800,
    height: 600,
  };
  setTimeout(() => {
  win = new BrowserWindow(config);
  win.loadURL('https://www.baidu.com');
  }, 18000);
});
```

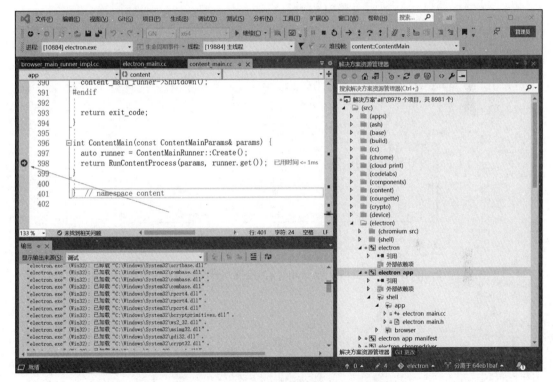

图 10-10　Visual Studio 调试 Electron 源码

在这段代码的逻辑是：应用启动成功后，等待 18 秒的时间，创建一个 BrowserWindow 实例，并让这个窗口加载一个互联网页面。

接下来我们就在 Windows 操作系统使用这个测试脚本调试一下 Electron 内部创建 BrowserWindow 对象的逻辑。

1）使用 Visual Studio 打开 [yourProjectPath]\src\electron\shell 目录，这种打开项目的

方式与前面说的不一样，这是使用 Visual Studio 打开源码目录的方式打开 Electron 工程，如图 10-11 所示。

文件(F)
编辑(E)
视图(V)
Git(G)
项目(P)
调试(D)
测试(S)
分析(N)
工具(T)
扩展(X)
新建(N)
打开(O)
克隆存储库(E)...
启动窗口(W)
添加(D)
关闭(C)
关闭文件夹 Ctrl+K, F
启动 Live Share 会话
加入 Live Share 会话...
项目/解决方案(P)...
文件夹(D)... Ctrl+Shift+Alt+O
网站(E)... Shift+Alt+O
CMake(M)...
文件(F)... Ctrl+O
无配置
服务器资源管理器
工具箱

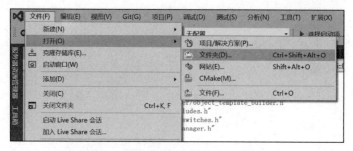

图 10-11　Visual Studio 打开文件夹

2）在 Visual Studio 中打开 [yourProjectPath]\src\electron\shell\browser\api\electron_api_browser_window.cc 文件，并在 BrowserWindow 类构造函数的首行下个断点，如图 10-12 所示。

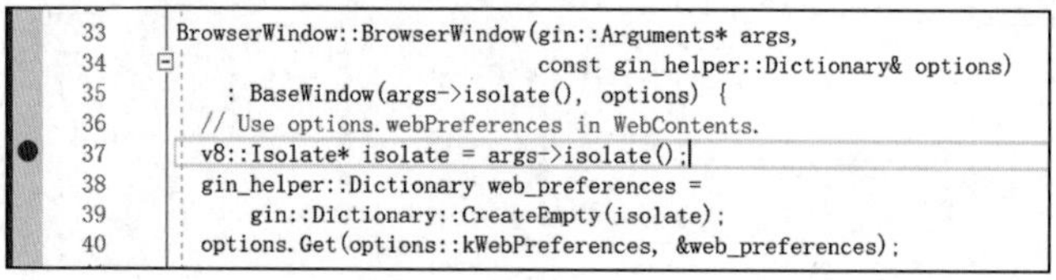

33 BrowserWindow::BrowserWindow(gin::Arguments* args,
34 const gin_helper::Dictionary& options)
35 : BaseWindow(args->isolate(), options) {
36 // Use options.webPreferences in WebContents.
37 v8::Isolate* isolate = args->isolate();
38 gin_helper::Dictionary web_preferences =
39 gin::Dictionary::CreateEmpty(isolate);
40 options.Get(options::kWebPreferences, &web_preferences);

图 10-12　在 Visual Studio 中添加断点

3）在 [yourProjectPath]\electron\src\out\Testing 目录的命令行下，启动调试程序，如下命令所示：

```
> electron.exe index.js
```

4）使用 Visual Studio 的“附加到进程”功能来附加刚刚启动的 Electron 进程，如图 10-13 所示。

5）此时系统中可能会有很多进程，可以在图 10-14 方框处输入“ electron”过滤词，过滤出我们关注的进程。

你会发现仍然有 4 个 Electron 进程（这是 Electron 的多进程架构导致的），此时读者已经无法区分哪个是主进程了，不过好在 Visual Studio 允许同时附加多个进程，所以把这些进程全部选中，点击“附加”按钮附加这些进程。

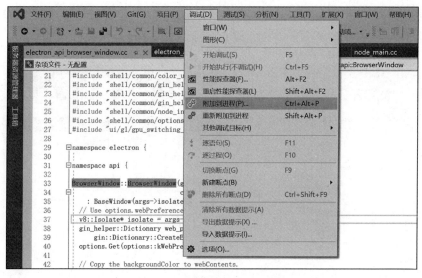

图 10-13　Visual Studio 附加进程调试（1）

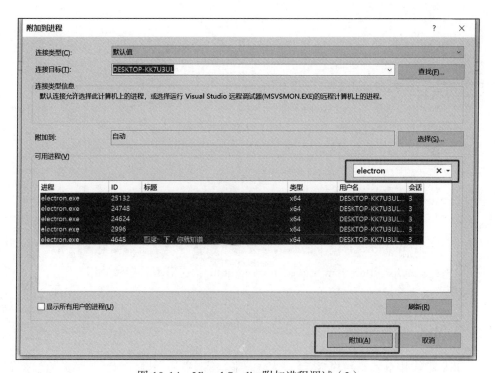

图 10-14　Visual Studio 附加进程调试（2）

当测试脚本尝试创建 BrowserWindow 对象时，我们设置的断点将会中断程序的运行，读者可以通过 F11 键逐语句执行，或 F10 键逐过程执行，如图 10-15 所示。

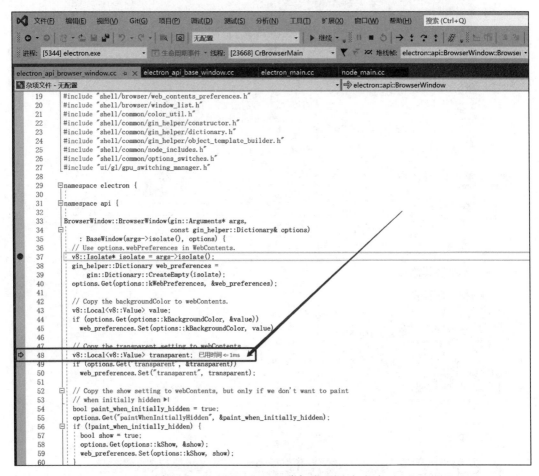

图 10-15　Visual Studio 附加进程调试（3）

以上就是在 Windows 环境下的调试方法，在 Mac 环境下则需要配置好系统中的 lldb 调试工具（详见 https://lldb.llvm.org/use/tutorial.html），这里不再多做介绍。

10.5　调试崩溃报告

当我们把应用分发给用户后，经常会收到这样那样的问题反馈，最常见的就是应用程序无缘无故地崩溃了，那么这种时候该如何排查定位问题呢？

这就需要用到 Electron 的调试符号了，调试符号允许开发者更方便地调试本地原生应用。调试符号内包含可执行文件和动态库中函数的信息，并能为开发者提供函数的调用堆栈的相关信息。

Electron 团队在发布 Electron 的可执行程序时，会同时发布 Electron 的调试符号，在 Electron 的下载页面中类似这样的压缩包：electron-v13.1.7-win32-x64-symbols.zip，就是 Electron 的调试符号。

除此之外，Electron 还对外提供了调试符号服务器，以方便调试器自动加载正确版本的调试符号、二进制文件和源代码，而无须开发者下载这些调试文件。

需要注意的是，因为发布的 Electron 是经过大量优化的，所以调试器有可能不能显示所有变量的内容，而且由于内联、尾调用和其他编译器优化措施，执行路径可能看起来很奇怪。所以如果使用调试符号调试 Electron 不足以帮助你定位问题，那么还是建议你根据前面所述的内容，从源码构建一个不含优化的 Electron 版本，再进行调试。

Electron 的官方符号服务器是 https://symbols.electronjs.org。开发者不能直接访问这个 URL，必须将其添加到调试工具的符号路径中才可以使用它。

在正式开始调试一个崩溃报告前，先写一段代码来引发一个崩溃报告：

```
import { app, protocol, crashReporter } from 'electron'
import os from 'os'
import {MainWindow} from './MainWindow'        // 自定义的主窗口类
let mainWin
app.on('ready', () => {
  crashReporter.start({ submitURL: '', uploadToServer: false })
  mainWin = new MainWindow()                    // 实例化自定义主窗口类
  mainWin.show()
  setTimeout(() => {
    var output = []
    var count = 0
    while (true) {
      output.push(new Object())
      count++
      if (count % 6000 == 0) console.log(process.memoryUsage())
    }
  }, 8000)
})
```

在上面的代码中，我们在 app 的 ready 事件内创建了一个窗口，并在窗口显示之后 8 秒制造了一个内存泄漏问题，开发者当然可以使用 process.crash() 来引发主进程崩溃，但实际生产环境中，更多的还是内存泄漏问题导致的崩溃，所以这里我们在一个死循环中不断地创建 Object 对象，直至引发内存泄漏导致应用崩溃为止，在接下来分析崩溃报告时，开发者也能看到内存泄漏会导致怎样的崩溃报告。

在引发主进程崩溃前，我们调用了 crashReporter 对象的 start 方法，开始追踪崩溃异常，一旦应用程序崩溃，将会在如下目录中生成崩溃报告文件：

```
C:\Users\[yourOSUserName]\AppData\Roaming\[yourAppName]\Crashpad\reports
```

崩溃报告是一个以 .dmp 扩展名结尾的文件，接下来我们就分析一下这个崩溃报告，首先需要安装 WinDbg 调试工具，如果你在安装 Windows 10 SDK 时勾选了 Debugging Tools For Windows，那么 WinDbg 已经在如下目录中了，直接使用即可：

```
C:\Program Files (x86)\Windows Kits\10\Debuggers\x86
```

如果没有，那么可以在如下地址下载安装：

```
https://docs.microsoft.com/en-us/windows-hardware/drivers/debugger/debugger-
    download-tools
```

安装完成后，通过菜单 File->Symbol File Path 打开符号路径设置窗口，输入如下信息：

```
SRV*d:\code\symbols\*https://msdl.microsoft.com/download/symbols;SRV*d:\code\
    symbols\*https://symbols.electronjs.org
```

这段配置中有三个关键信息，依次是符号文件的缓存路径、Windows 操作系统关键 dll 的符号服务器和 Electron 的符号服务器。

设置完符号服务器之后，通过菜单 File->Open Crash Dump 打开我们刚刚生成的崩溃报告，接着就等待 WinDbg 加载对应的符号（WinDbg 会通过 Electron 符号服务器下载与崩溃报告对应的 Electron 版本的符号文件，并保存在缓存目录中以备下次使用）。

接着再在命令窗口的底部输入 !analyze -v 指令开始分析崩溃报告（注意此时需要全程具备良好的网络环境），如图 10-16 所示。

加载完成后 WinDbg 会在窗口中显示崩溃报告内部的信息，这里截取一段供读者分析：

```
EXCEPTION_RECORD:  (.exr -1)
ExceptionAddress: 00007ff725996fac (electron!node::AsyncResource::Callback
    Scope::~CallbackScope+0x000000000013227c)
    ExceptionCode: c0000005 (Access violation)
    ExceptionFlags: 00000000
NumberParameters: 2
    Parameter[0]: 0000000000000001
    Parameter[1]: 0000000000000000
Attempt to write to address 0000000000000000
```

```
PROCESS_NAME: electron.exe
WRITE_ADDRESS: 0000000000000000
ERROR_CODE: (NTSTATUS) 0xc0000005 - 0x%p          0x%p                    %s
EXCEPTION_CODE_STR: c0000005
EXCEPTION_PARAMETER1: 0000000000000001
EXCEPTION_PARAMETER2: 0000000000000000


STACK_TEXT:
00000053'0abf82f0 00007ff7'275a0513 : 00001c69'00000000 00000053'0abf84d8
  00008d04'5e11c7b4 00001c69'00000000 : electron!node::AsyncResource::Callb
  ackScope::~CallbackScope+0x13227c
00000053'0abf84a0 00007ff7'275a0121 : 00008d04'5e11c7a4 00000053'0abf8690
  00007ff7'2b7e55c0 0000452c'0087b1bb : electron!v8::Object::SlowGetInternal
  Field+0x7f3
00000053'0abf84d0 00007ff7'26cacd53 : 00000000'00000000 00007ff7'26c1f112
  00000000'00000000 00000000'06b96722 : electron!v8::Object::SlowGetInternal
  Field+0x401
00000053'0abfcfe0 00007ff7'26652c61 : 00000000'00000000 00001c69'08042229
  00001c69'c0cdb000 00001c69'08282125 : electron!v8::V8::ToLocalEmpty+0x2193
00000053'0abfd010 00007ff7'27720c24 : 00000000'00000000 00000000'00000000
  00000053'0abfd068 00000000'00000000 : electron!v8::Value::ToString+0x2eef1
00000053'0abfd050 00007ff7'251fa720 : 00000000'00000000 00000000'00000000
  00000000'00000000 00001c69'a5e82115 : electron!v8::internal::TickSample::
  Init+0x11a24
00000053'0abfd0d0 00007ff7'25ae571c : 00000000'00000000 00000053'0abfd218
  00001c69'a5e80000 00000000'00000002 : electron!v8::Isolate::CreateParams::~
  CreateParams+0xce60
00000053'0abfd130 00001c69'000c6308 : 00000000'0d72ce44 00001c69'08942dd9
  00000000'06b96722 00001c69'08582e0d : electron!v8_inspector::protocol::
  Binary::operator=+0x6f12c
00000053'0abfd188 00000000'0d72ce44 : 00001c69'08942dd9 00000000'06b96722
  00001c69'08582e0d 00000000'0d72ce44 : 0x00001c69'000c6308
00000053'0abfd190 00001c69'08942dd9 : 00000000'06b96722 00001c69'08582e0d
  00000000'0d72ce44 00001c69'0946344d : 0xd72ce44
00000053'0abfd198 00000000'06b96722 : 00001c69'08582e0d 00000000'0d72ce44
  00001c69'0946344d 00001c69'088c2349 : 0x00001c69'08942dd9
00000053'0abfd1a0 00001c69'08582e0d : 00000000'0d72ce44 00001c69'0946344d
  00001c69'088c2349 00001c69'08582e0d : 0x6b96722
00000053'0abfd1a8 00000000'0d72ce44 : 00001c69'0946344d 00001c69'088c2349
  00001c69'08582e0d 00001c69'083d6e61 : 0x00001c69'08582e0d
00000053'0abfd1b0 00001c69'0946344d : 00001c69'088c2349 00001c69'08582e0d
  00001c69'083d6e61 00001c69'08584a49 : 0xd72ce44
00000053'0abfd1b8 00001c69'088c2349 : 00001c69'08582e0d 00001c69'083d6e61
  00001c69'08584a49 00000000'0000069c : 0x00001c69'0946344d
00000053'0abfd1c0 00001c69'08582e0d : 00001c69'083d6e61 00001c69'08584a49
  00000000'0000069c 00000000'0000645c : 0x00001c69'088c2349
00000053'0abfd1c8 00001c69'083d6e61 : 00001c69'08584a49 00000000'0000069c
  00000000'0000645c 00001c69'08942dd9 : 0x00001c69'08582e0d
```

```
00000053'0abfd1d0 00001c69'08584a49 : 00000000'0000069c 00000000'0000645c
    00001c69'08942dd9 00000000'000000e8 : 0x00001c69'083d6e61
00000053'0abfd1d8 00000000'0000069c : 00000000'0000645c 00001c69'08942dd9
    00000000'000000e8 00001c69'08605fed : 0x00001c69'08584a49
00000053'0abfd1e0 00000000'0000645c : 00001c69'08942dd9 00000000'000000e8
    00001c69'08605fed 00000000'00000000 : 0x69c
00000053'0abfd1e8 00001c69'08942dd9 : 00000000'000000e8 00001c69'08605fed
    00000000'00000000 00001c69'08942de9 : 0x645c
00000053'0abfd1f0 00000000'000000e8 : 00001c69'08605fed 00000000'00000000
    00001c69'08942de9 00001c69'088c2349 : 0x00001c69'08942dd9
00000053'0abfd1f8 00001c69'08605fed : 00000000'00000000 00001c69'08942de9
    00001c69'088c2349 00000053'0abfd2c8 : 0xe8
00000053'0abfd200 00000000'00000000 : 00001c69'08942de9 00001c69'088c2349
    00000053'0abfd2c8 00007ff7'25a7ed0f : 0x00001c69'08605fed
```

```
SYMBOL_NAME:  electron!node::AsyncResource::CallbackScope::~CallbackScope+13227c
MODULE_NAME: electron
IMAGE_NAME:  electron.exe
STACK_COMMAND:  ~0s ; .ecxr ; kb
FAILURE_BUCKET_ID:  NULL_POINTER_WRITE_c0000005_electron.exe!node::AsyncRes
    ource::CallbackScope::_CallbackScope
OSPLATFORM_TYPE:  x64
OSNAME:  Windows 10
FAILURE_ID_HASH:  {3f18c3a4-c6fc-f39e-d02b-f38f7b21394d}
Followup:    MachineOwner
```

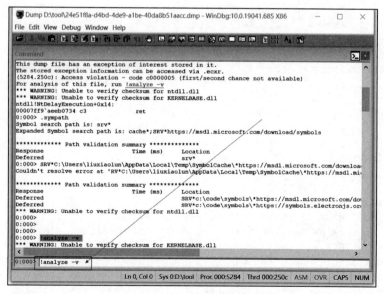

图 10-16　WinDbg 指令输入

上面这段错误信息分为两部分，一部分是 EXCEPTION_RECORD 节，其中 Exception-Address 是崩溃产生时的代码执行地址，这里面的信息为"错误发生在一个异步回调方法内"（electron!node::AsyncResource::CallbackScope），ExceptionCode 是 Windows API 中 GetLastError 获取到的错误码（c0000005 Access violation，访问被禁止），Windows 定义了很多错误码，如果你在调试崩溃报告时遇到了不一样的错误码，可以在这个页面查询错误码的具体含义：https://docs.microsoft.com/en-us/windows/win32/debug/system-error-codes。

接下来还有一行错误：Attempt to write to address 0000000000000000，说明程序试图在某个内存地址写入信息时出错。

另一部分是 STACK_TEXT 节，这个节显示的是堆栈信息，也就是崩溃前 C++ 代码的执行情况，在这里可以看到更明确的错误现场，其中有 7 行是与 V8 引擎执行有关的信息，说明代码发生在 JavaScript 脚本执行期间。

这些就是这个崩溃报告中最有用的信息，如你所见，并没有定位到具体的代码，因为我们的代码是由 V8 引擎解释执行的，而且在 V8 执行代码前，还对代码做了很多优化工作，我们只能知道 V8 在执行代码时何时出了错，并不能准确地知道代码哪一行出了错。

使用 WinDbg 分析崩溃报告设置比较烦琐，为此社区内有人（Electron 贡献者之一）专门开发了一个崩溃报告分析工具——electron-minidump（https://github.com/nornagon/electron-minidump），这个工具会自动帮开发者下载符号文件，执行分析指令。感兴趣的读者可以安装尝试，这里就不再赘述了（注意安装此工具时亦应保持良好的网络状态，因为它会从谷歌源码服务器克隆一个项目）。

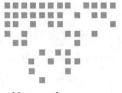

应用分发

本章介绍如何为 Electron 产品的分发做准备，比如分发前如何保护源码、如何为应用增加签名、如何提供开机自启及静默安装的能力等。

11.1 源码混淆

我们使用 webpack 或 Rollup 等工具构建应用时，项目中的 JavaScript 或 TypeScript 代码默认情况只是进行了压缩，并没有进行混淆，比如下面这段代码：

```
function echo(strA,strB){
  var hello=" 你好 ";
  alert("hello world"+hello);
}
```

经过压缩后，变成了如下代码：

```
function echo(b,a){var c=" 你好 ";alert("hello world"+c)};
```

对于一般的压缩工具来说，它们都主要完成了以下五项工作：

❑ 去掉不必要的注释、空行、空格。

❑ 将变量命名替换成更短形式的命名（一般是一两个字符）。

❑ 尽可能地将方括号表示法替换成点表示法，比如把 obj["param"] 替换为 obj.param，这不但能压缩体积，还能提升 JavaScript 的执行效率。

❑ 尽可能地去掉直接量属性名的引号，比如把 {"param": "value"} 替换为 {param: "value"}。

❑ 尽可能地合并常量，比如把 let str = "str1"+"str2" 替换为 let str = "str1str2"。

代码压缩工具主要还是为了提升性能（载入性能与执行性能），而不是为了防止破解，因为 Chrome 的 JavaScript 调试工具有美化代码的功能，所以即使压缩后的 JavaScript 代码，也能把它美化成结构清晰的代码，虽然可读性稍微差一些（变量名是以短字符的形式呈现），但对于调试、观察程序的执行过程没什么影响。

下面介绍一款专门用于混淆 JavaScript 代码的工具——javascript-obfuscator，这个工具可以在更高程度上压缩混淆代码，使代码的可读、可调试性进一步下降（并不能完全解决这些问题）。

首先使用如下指令全局安装 javascript-obfuscator：

```
> npm install -g javascript-obfuscator
```

然后把上述 echo 方法保存成一个文件 a.js，执行如下命令对此文件进行混淆：

```
> javascript-obfuscator a.js
```

混淆后的结果默认保存在同目录的 a-obfuscated.js 文件内，混淆结果如下所示：

```
var a0_0x1805=['1NJAzWg','1510277vdpTCa','hello\x20world','1183847SOOfWb',
'854758BhigAz','567409DdlAOq','1135784dWcHiu','13927zkooFi','116ftYQfV',
'627305DSqfRi'];function a0_0x359e(_0xd24ae4,_0x32563b){return a0_0x359e=
function(_0x1805c7,_0x359ec3){_0x1805c7=_0x1805c7-0x185;var _0x29c93b=a0_
0x1805[_0x1805c7];return _0x29c93b;},a0_0x359e(_0xd24ae4,_0x32563b);}(function
(_0x3fbf65,_0x7b3b10){var _0x1447ad=a0_0x359e;while(!![]){try{var _0x447
db5=-parseInt(_0x1447ad(0x185))+-parseInt(_0x1447ad(0x18c))*-parseInt(_0x1447
ad(0x18b))+parseInt(_0x1447ad(0x18a))+parseInt(_0x1447ad(0x189))+-parseInt
(_0x1447ad(0x18d))+-parseInt(_0x1447ad(0x188))*-parseInt(_0x1447ad(0x18e))+
-parseInt(_0x1447ad(0x187));if(_0x447db5===_0x7b3b10)break;else _0x3fbf65
['push'](_0x3fbf65['shift']());}catch(_0x3d9d4d){_0x3fbf65['push'](_0x3fbf65
['shift']());}}})(a0_0x1805,0xd0056));function echo(_0x3724ef,_0x586396){var _
0x49795a=a0_0x359e,_0x51ce02=' 你好 ';alert(_0x49795a(0x186)+_0x51ce02);}
```

这段代码也可以通过 Chrome 工具美化，但美化后的代码可读性非常差，如下是经 Chrome 调试工具美化后的代码：

```
var a0_0x1805 = ['1NJAzWg', '1510277vdpTCa', 'hello\x20world', '1183847SOOfWb',
    '854758BhigAz', '567409DdlAOq', '1135784dWcHiu', '13927zkooFi', '116ftYQfV',
    '627305DSqfRi'];
function a0_0x359e(_0xd24ae4, _0x32563b) {
    return a0_0x359e = function(_0x1805c7, _0x359ec3) {
```

```
    _0x1805c7 = _0x1805c7 - 0x185;
    var _0x29c93b = a0_0x1805[_0x1805c7];
    return _0x29c93b;
  }
  ,
  a0_0x359e(_0xd24ae4, _0x32563b);
}
(function(_0x3fbf65, _0x7b3b10) {
  var _0x1447ad = a0_0x359e;
  while (!![]) {
    try {
      var _0x447db5 = -parseInt(_0x1447ad(0x185)) + -parseInt(_0x1447ad
        (0x18c)) * -parseInt(_0x1447ad(0x18b)) + parseInt(_0x1447ad(0x18a))
        + parseInt(_0x1447ad(0x189)) + -parseInt(_0x1447ad(0x18d)) + -parseInt
        (_0x1447ad(0x188)) * -parseInt(_0x1447ad(0x18e)) + -parseInt
        (_0x1447ad(0x187));
      if (_0x447db5 === _0x7b3b10)
        break;
      else
        _0x3fbf65['push'](_0x3fbf65['shift']());
    } catch (_0x3d9d4d) {
      _0x3fbf65['push'](_0x3fbf65['shift']());
    }
  }
}(a0_0x1805, 0xd0056));
function echo(_0x3724ef, _0x586396) {
  var _0x49795a = a0_0x359e
    , _0x51ce02 = '你好';
  alert(_0x49795a(0x186) + _0x51ce02);
}
```

如你所见，javascript-obfuscator 使用数组、十六进制、匿名函数等手段来混淆代码，这确实增加了源码逆向的难度，但也在一定程度上降低了程序的执行效率，这是我们开发者在实施这个方案时要考虑的内容：在提升安全性的同时需要损失一部分性能。

大多数时候，我们并不会在命令行下使用 javascript-obfuscator 工具来混淆我们的代码，而是把它嵌入到安装包制成脚本中，在制成安装包前完成源码混淆的工作。首先把 javascript-obfuscator 安装为项目的开发依赖：

```
> npm install --save-dev javascript-obfuscator
```

然后使用如下代码调用 javascript-obfuscator 包公开的接口方法来完成混淆工作：

```
const fs = require('fs-extra')
const path = require('path')
let JavaScriptObfuscator = require('javascript-obfuscator');
let dirs = []
```

```
dirs.push(path.resolve(process.cwd(), 'dist/main'))
dirs.push(path.resolve(process.cwd(), 'dist/renderer'))
dirs.forEach((dir) => {
  fs.readdir(dir, function (err, files) {
    files.forEach(async (file) => {
      if (file.endsWith('.js')) {
        let filePath = path.join(dir, file)
        let content = await fs.readFile(filePath)
        content = content.toString('utf8')
        let result = JavaScriptObfuscator.obfuscate(content)
        let output = result.getObfuscatedCode()
        await fs.writeFile(filePath, output)
      }
    })
  })
})
```

在这段代码中，我们遍历了 dist/renderer 和 dist/main 两个目录下的文件，把所有以 .js 结尾的文件进行混淆操作，混淆方法是 javascript-obfuscator 包的 obfuscate 方法和 getObfuscatedCode 方法，最终用混淆结果覆盖原有文件。

可以在构建主进程源码和构建渲染进程源码的工作都完成后再执行这段逻辑。

11.2　应用签名

每一个正规的商业软件开发商都要为自己开发的软件做应用签名，在 Windows 系统下查看一个可执行文件的属性，往往可以看到其签名信息，如图 11-1 所示。

应用签名的主要目的是确保软件的来源（这个软件是由谁生产的）和软件的内容不被篡改（做应用签名的软件，往往也可以避免一些杀毒软件报毒）。

给 Windows 应用程序签名首先需要购买代码签名证书，你可以在 digicert（https://www.digicert.com/code-signing/microsoft-authenticode.htm）、Comodo

图 11-1　可执行程序的签名

（https://www.comodo.com/landing/ssl-certificate/authenticode-signature）、GoDaddy（https://au.godaddy.com/web-security/code-signing-certificate）、沃通（https://www.wosign.com）或天威诚信（https://www.ert7.com）等平台按时间付费购买代码签名证书。

> 个人开发者可能期望寻求免费的代码签名证书，但类似 Let's Encrypt（https://letsencrypt.org）这种全球知名的免费证书颁发机构都不做软件代码签名证书的业务，主要原因是它们没办法验证现实世界申请人的身份是否真实、合法。对于一个 HTTPS 证书，它们可以做到由机器自动颁发、自动确认，但给软件颁发证书这个过程很难做到全自动，就算能做到也不安全。

一个软件公司可能有很多团队、很多开发者，并开发不同的软件，但用于为软件签名的证书只有一套。由于担心开发者泄露或被不法人员盗取去签名非本公司开发的软件甚至恶意的软件，损坏公司的声誉，因此这套证书一般不会直接给开发者使用。

多数情况下，公司会提供签名服务，开发者开发好软件之后，把软件上传到这个服务上，由这个服务给软件签名，签完名后，开发者再下载签名后的文件分发给用户。这样就达到了保护证书的目的。

如果公司提供的签名服务是标准的 CI 签名服务，那么开发者只要为 electron-builder 设置 CSC_LINK 和 CSC_KEY_PASSWORD 环境变量即可。但很多时候公司只是提供一个简单的 http 上传下载服务，这就需要通过自定义 electron-builder 的签名回调函数来完成相应的工作了。下面就是为 electron-builder 提供的签名回调的配置代码（此处的签名只与 Windows 环境有关）：

```
let options = {
  config: {
    win: {
      sign: async config=>await this.uploadToSign(config)
    }
  }
}
electronBuilder.build(options);
```

在上述代码中，sign 属性就是为 electron-builder 自定义签名的配置入口，此处我们调用了一个异步函数 uploadToSign。

在 electron-builder 为应用打包时，至少有三个可执行文件被打包到应用程序的安装包中，这三个可执行文件如下：

❑ 应用程序 .exe。

❑ 应用程序的卸载文件 .exe。

❑ elevate.exe（这个文件用于以管理员的身份启动程序）。

　　另外再加上应用程序的安装文件，共有四个文件需要签名。理想情况下，上面提到的 uploadToSign 函数被执行四次即可，但实际上这个函数被执行了八次，因为每个 exe 文件产生时会执行两次 sign 函数。

　　如果你有其他的可执行程序要打包到你的应用中，相应的 sign 函数也会被调用，同样也是每个 exe 文件会执行两次 sign 函数。

　　sign 函数被调用时，electron-builder 会为其输入一个 config 参数，这个参数的值如下（两个对象分别对应两次调用）：

```
{
  path: 'D:\\project\\ ***\\ *** 1.3.0.exe',
  name: 'YourAppName',
  site: null,
  options: {
    icon: '../resource/unrelease/icon.ico',
    target: [ [Object] ],
    sign: [AsyncFunction: sign]
  },
  hash: 'sha1',
  isNest: false,
  computeSignToolArgs: [Function: computeSignToolArgs]
}
{
  path: 'D:\\project\\ ***\\ *** 1.3.0.exe',
  name: 'YourAppName',
  site: null,
  options: {
    icon: '../resource/unrelease/icon.ico',
    target: [ [Object] ],
    sign: [AsyncFunction: sign]
  },
  hash: 'sha256',
  isNest: true,
  computeSignToolArgs: [Function: computeSignToolArgs]
}
```

　　两次调用传入的 config 对象的最主要的不同点是 hash 属性，这个属性代表签名的类型。常见的签名类型有两种，一种是 sha1，一种是 sha256。由于 sha1 不安全，基本已经废弃了，所以我们选择 sha256。最终 sign 函数的逻辑为：

```
let uploadToSign = async (config) => {
  if (config.hash != 'sha256') return;
  console.log("start sign: " + config.path)
  child_process.spawnSync("curl.exe", [
```

```
      "-F",
      "username=******",
      "-F",
      "password=******",
      "-F",
      "file=@" + config.path,
      "http://******/sign/",
      "-k",
      "-f",
      "-o",
      config.path
   ], {
   cwd: path.dirname(config.path),
   stdio: "inherit"
   })
}
```

在上面的代码中使用了 curl 工具（https://github.com/curl/curl），这是一个著名的网络请求客户端工具，用它上传待签名的可执行文件，签名完成后再下载下来覆盖原文件。

我们使用 Node.js 的 child_process 模块的 spawn 方法启动了一个 curl 的子进程，并给它传入了一系列参数，每个 -F 参数后都跟着一个表单项，-o 代表接收响应并覆盖文件，更多 curl 的配置参数请参见 https://curl.se/docs/httpscripting.html。

我们通过 config 对象的 path 属性获得待签名文件的绝对路径，同时配置 curl 的工作路径为可执行文件所在的目录：cwd: path.dirname(config.path)。在签名过程中，我们把 curl 上传下载的过程信息输出到了当前控制台：stdio: "inherit"。

通过这样的配置，开发者打包后的安装文件、安装成功后的主程序、附属程序以及卸载程序等都是已经签过名的了。

11.3　静默安装与开机自启

假设你正为一个大型企业开发 Electron 应用，那么静默安装的需求想必已经在你的待办事项清单里了，因为大型企业一般都有完善的域控策略，员工必要的软件都是运维人员通过域控工具为员工安装的，不需要员工自行下载安装。

为了不打扰员工的工作，运维人员通过域控分发软件时一般都是静默安装的（没有任何安装界面或提示信息），安装完成后也不会启动程序，以避免打扰用户。

他们一般使用 electron-builder 默认的 NSIS 工具打包 Electron 应用。执行静默安装命令非常简单，只要在命令行下执行如下命令，安装包就会悄无声息地安装到用户的电脑上，且安装完成后并不会启动应用程序：

```
> yourAppInstaller.exe /S
```

然而静默安装的 Electron 应用存在一个问题：由于静默安装工作执行完成后，安装进程不会启动 Electron 应用，所以一些比较特殊的逻辑就得不到执行，比如 Electron 的开机自启动逻辑。

Electron 提供了开机自启动的 API 给开发者使用，代码如下所示：

```
app.setLoginItemSettings({ openAtLogin: true })
```

但这行代码写在 Electron 应用内部，Electron 应用根本就没有启动过，怎么会执行这段代码呢？如果没有开机自启动，运维人员默默帮用户安装的应用可能就真的石沉大海了，用户可能自己也不知道电脑里已经有了这个应用。

所以我们要另辟蹊径来为用户添加开机自启的逻辑，如果你是使用 electron-builder 默认的 NSIS 工具来打包 Electron 应用的，那么可以考虑为 NSIS 添加配置脚本，代码如下所示：

```
!macro customInit
  WriteRegStr HKCU "Software\Microsoft\Windows\CurrentVersion\Run" "YourApp
    Name" "$INSTDIR\YourAppName.exe"
!macroend
!macro customUnInstall
  DeleteRegValue HKCU "Software\Microsoft\Windows\CurrentVersion\Run" "YourAppName"
!macroend
```

把上面的代码保存在 script/installer.nsh 文件中，并在 electron-builder 的配置信息中增加如下配置：

```
"build": {
  "nsis": {
    "include": "script/installer.nsh"
  }
}
```

这样在安装包执行的时候，installer.nsh 就会被 NSIS 解释执行，installer.nsh 的逻辑就是在用户的注册表里增加开机自启动的逻辑，其中 $INSTDIR 代表应用程序的安装目录，DeleteRegValue 则代表卸载应用时也把开机启动的注册表项删掉，这样即使 app.setLoginItemSettings 没有执行，静默安装后，用户下次开机时，应用程序也会随着自启动，甚至可以把 Electron 应用内关于开机自启动的逻辑删掉。

11.4　自定义安装画面

对于一个现代桌面应用来说，拥有漂亮的安装界面肯定可以给产品增色不少，但如果使用 electron-builder 自带的 NSIS 生成安装包，那么安装界面就不会太漂亮。不仅仅是 NSIS，社区里常用的安装工具（比如 Inno Setup、ClickOnce 等）都很难定制用户自己的界面。

要想制作拥有一个漂亮安装界面的应用程序，应具备以下几个特点：

1）这个应用程序的可执行文件必须是可以独立运行的，不能再依赖其他的 dll 或二进制资源。没有人把安装包发送给用户时还附带 dll 文件，那样就不能算作一个正常的安装包。

2）这个可执行文件必须具备良好的兼容性，不能要求用户的电脑里必须安装某某虚拟机、某某运行时或 Python 之类的执行环境，所以使用 C 或 C++ 开发这个程序就成了不二法门了。

3）开发这个程序时，开发者必须能很容易地控制界面的样式，使用 Windows API 创建窗口虽然也可以做出漂亮的界面，但这个过程非常烦琐，因此这个方案也被排除在外。

在讲解我们推荐的方案前，先讨论互联网上流行的一种方案。这种方案通过 NSIS 工具和 Qt 来制作安装画面。

我们知道一个基于 Qt 框架开发的应用程序是需要依赖额外的 dll 的，比如 Qt5Gui.dll、Qt5Core.dll、Qt5Widgets.dll，这三个 dll 文件是必不可少的（社区里有静态编译 Qt 的方案，但这个方案非常复杂，而且存在版权问题，所以不建议使用）。

这种方案先使用 NSIS 把拥有漂亮界面的安装程序、Qt5Gui.dll、Qt5Core.dll、Qt5Widgets.dll 以及 Electron 相关的二进制资源封装成安装包，在用户执行此安装包时，先把这些资源释放到一个临时目录内，接着启动安装程序，这样用户就可以看到漂亮的安装界面。

当用户选择好安装目录后，再由这个安装程序把缓存目录内的文件复制到用户选择的安装目录内，然后把缓存目录内的文件清除掉（包括安装程序自身，一个可执行文件要想删除自己是不可能的，必须使用批处理命令才能做到）。

这种方案存在两个问题：一是当用户启动 NSIS 制作的安装程序后，要把相应的二进制资源释放完之后才能显示安装界面，这对于配置较低的电脑来说可能耗时比较长，很有可能用户发现双击安装程序之后没有响应，而导致再次启动安装程序的问题；二是这种方案需要定制 NSIS 的打包脚本，特殊情况下还需要在安装过程中与 Qt 应用进行数据交互（显示安装进度），从而增加了复杂度，也容易产生错误。

由于这些原因，还是建议大家制作一个可以独立运行的可执行程序。即使不使用 Windows API 也有很多界面库可以完成这项工作，比如 ultimatepp（www.ultimatepp.org）、gaclib（http://vczh-libraries.github.io/）等。

关于如何使用这些库制作漂亮的安装界面，建议大家阅读官方文档，我们不在这里讲解，此处重点讲解的是如何把 Electron 的二进制资源打包到这个可执行文件中。

当我们开发完安装程序后，第一步要做的就是修改这个程序的资源，把 Electron 的二进制文件添加到这个可执行程序文件中。开发者如果使用 Visual Studio 开发工具制作这个安装程序，那么可以通过如下方式为安装程序增加资源：右击解决方案资源管理器的工程文件，在菜单中选择"添加资源"，自定义一个资源类型 BINNARY，然后点击"导入"按钮，如图 11-2 所示。

读者也可以通过调用 Windows API 来为安装程序的可执行文件附加资源，代码如下所示：

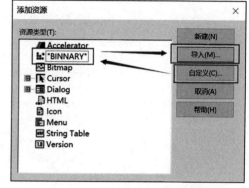

图 11-2　使用 Visual Studio 为可执行
　　　　程序添加资源

```
int BagTar(HWND hwnd,int EditId)
{
  HANDLE hFile;
  DWORD dwFileSize,dwBytesRead;
  LPBYTE lpBuffer;
  char szFile[MAX_PATH+1] = {0};
  ::GetDlgItemText(hwnd,EditId,szFile,MAX_PATH);
  hFile = CreateFile(szFile,GENERIC_READ,0,NULL,OPEN_EXISTING,FILE_ATTRIBUTE_
    NORMAL,NULL);
  dwFileSize = GetFileSize(hFile, NULL);
  lpBuffer = new BYTE[dwFileSize];
  ReadFile(hFile, lpBuffer, dwFileSize, &dwBytesRead, NULL);
  HANDLE hResource = BeginUpdateResource(szFilePath, FALSE);
  UpdateResource(hResource,RT_RCDATA,MAKEINTRESOURCE(EditId),MAKELANGID(LANG_
    NEUTRAL,SUBLANG_DEFAULT),(LPVOID)lpBuffer,dwFileSize);
  EndUpdateResource(hResource, FALSE);
  delete [] lpBuffer;
  CloseHandle(hFile);
  return 1;
}
```

在这段代码中，我们把 Electron 的二进制资源路径存放在 szFile 变量中。建议把所有的文件压缩后存放到一个压缩包文件中，这个变量的值就是这个压缩包的路径。

安装程序的路径被存放在 szFilePath 变量中，通过 ReadFile 方法读出 Electron 的二进制资源文件的内容，然后通过 BeginUpdateResource、UpdateResource 和 EndUpdateResource 方法把这些内容添加到安装程序的资源中。

其中 EditId 代表资源的 ID（此 ID 在释放资源时还需要用到），RCDATA 代表附加的资源为应用程序自定义的资源，其他参数请参阅 Windows API 文档。

我们使用的 NSIS、Inno Setup 等安装包制成工具也是基于这个原理完成工作的。

在安装程序执行的过程中，我们通过如下代码让安装程序读取自身的资源，并把它保存为独立的文件：

```
int FreeRC(LPCTSTR resourceID,LPCTSTR resourceName)
{
  HMODULE hInstance = ::GetModuleHandle(NULL);
  TCHAR   szFilePath[MAX_PATH + 1];
  GetPath(szFilePath,resourceName,hInstance);
  HRSRC hResID = ::FindResource(hInstance,resourceID,RT_RCDATA);
  HGLOBAL hRes = ::LoadResource(hInstance,hResID);
  LPVOID pRes = ::LockResource(hRes);
  DWORD dwResSize = ::SizeofResource(hInstance,hResID);
  if(!dwResSize)
  {
    return 0;
  }
  HANDLE hResFile = CreateFile(szFilePath,GENERIC_WRITE,0,NULL,CREATE_ALWAYS,
    FILE_ATTRIBUTE_NORMAL,NULL);
  DWORD dwWritten = 0;
  WriteFile(hResFile,pRes,dwResSize,&dwWritten,NULL);
  CloseHandle(hResFile);
  if(dwResSize == dwWritten);
  {
    return 1;
  }
  return 0;
}
```

在上述代码中通过 GetModuleHandle 方法获取安装程序的句柄，并使用 FindResource、LoadResource 和 LockResource 等方法读取安装程序的二进制资源，其中 resourceID 就是我们制作安装程序时使用的资源 ID，最后通过 CreateFile 和 WriteFile 等方法把二进制资源写入用户的磁盘。

如果你的资源文件是经过压缩后的文件，那么接下来要做的就是调用解压缩库的

API 执行解压缩工作。

　　上述代码仅仅是为了演示基本原理，实际生产过程中需要增加大量的场景判断和异常控制，这里不再赘述。

11.5　软件防杀

　　杀毒软件会根据应用程序的特征和行为来判断应用程序是否为恶意程序，比如一个软件是否有正确的应用程序签名（签名证书为正规签名公司颁发的，且未过期），是否会访问敏感注册表信息、是否会操作敏感目录或文件、是否会访问或修改操作系统的一些基本设置等。

　　市场上现在有很多杀毒软件，比如 360 杀毒、腾讯电脑管家、金山卫士等，它们评判一个软件是否为恶意软件的标准也不一致，所以在做好软件自身的安全工作时，最好能提前把自己开发的软件上报给这些软件收录平台，一旦被这些杀毒软件的收录平台收录后，它们就不会在用户的计算机上报毒了。

　　下面是笔者整理的几家杀毒软件的收录地址：

❑ 腾讯电脑管家：https://guanjia.qq.com/market.html。

❑ 360 杀毒：https://open.soft.360.cn。

❑ 金山卫士：http://rz.ijinshan.com。

其中腾讯电脑管家的收录方式比较特殊，需要开发者联系对接人再提交自己的软件。

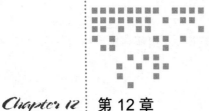

第 12 章

逆向分析

本章介绍如何分析一个在用户电脑中安装的 Electron 应用，比如应用安装目录内的文件的作用、注册表键值的作用、用户数据目录内各子目录的作用等，最后还介绍了一种调试线上应用的方案。

12.1 用户安装目录

经过 electron-builder 打包的 Electron 应用程序，在 Windows 系统下安装之后，应用程序的可执行文件和相关的资源会按照一定的方式被释放到安装目录下，如下所示：

```
应用程序的安装目录

├── locales（Electron 的多国语言文件）
│   │   ├── en-GB.pak（英国英语）
│   │   ├── en-US.pak（美国英语）
│   │   ├── zh-CN.pak（简体中文）
│   │   ├── zh-TW.pak（繁体中文）
│   │   ├── .....（其他国家语言文件，一般情况下可以删除）
├── resources（应用程序资源及编译后的源码）
│   ├── app.asar（编译后的源码压缩文档）
│   ├── app.asar.unpacked（编译后的源码未压缩文档）
│   ├── app（如果没有 app.asar 或 app.asar.unpacked 文件，则编译后源码文档在此目录下）
```

```
│   ├── app-update.yml (应用程序升级相关的配置文件)
│   ├── ..... (通过 electron-builder 配置的其他额外资源)
├── swiftshader (图形渲染引擎相关库)
├── yourApp.exe (应用程序可执行文件, 其实就是 electron.exe 修改图标和文件名后得来的)
├── UnInstall yourApp.exe (卸载应用程序的可执行文件)
└── ...... (其他 Electron 应用程序使用的二进制资源)
```

在 Mac 操作系统上安装之后，会以 app 应用的形式出现在用户的应用程序目录下，开发者可以通过右键菜单的"显示包内容"来查应用程序内的文件组织情况，如下所示：

```
应用程序 .app

├── Contents (根目录)
│   │   ├── _CodeSignature (存放应用程序的签名信息)
│   │   ├── Frameworks (存放 Electron 相关的二进制资源)
│   │   ├── Info.plist(应用程序的配置文件, 包含应用程序名称、id、图标以及底层接口权限的信息)
│   │   ├── Resources (繁体中文)
│   │   │   ├── app-update.yml (应用程序升级相关的配置文件)
│   │   │   ├── app.asar (编译后的源码压缩文档)
│   │   │   ├── app.asar.unpacked (编译后的源码未压缩文档)
│   │   │   ├── app (如果没有 app.asar 或 app.asar.unpacked 文件, 则编译后源码文档在此目录下)
│   │   │   ├── ... (Electron 内置的多国语言文件)
└── └── └── ... (通过 electron-builder 配置的其他额外资源)
```

12.2　用户数据目录

用户第一次启动 Electron 应用后，Electron 会在如下目录创建相应的缓存文件，该目录的结构如下：

```
C:\Users\[yourOsUserName]\AppData\Roaming\[yourAppName]
├── IndexedDB (Electron 应用渲染进程 IndexedDB 数据存放目录)
├── Local Storage (Electron 应用渲染进程 Local Storage 数据存放目录)
├── Session Storage (Electron 应用渲染进程 Session Storage 数据存放目录)
├── Crashpad (Electron 应用崩溃日志数据存放目录)
├── Code Cache (Electron 应用渲染进程源码文件缓存目录, wasm 的缓存也会存在此处)
├── Partitions (如果你的应用中适配了自定义协议, 或根据字符串产生了 session, 此目录将
│       有相应的内容)
├── GPUCache (Electron 应用渲染进程 GPU 运行过程产生的缓存数据)
└── ...... (其他 Electron 渲染进程缓存文件)
```

需要注意的是，虽然以上目录内的文件都是加密存储的，但只要把这个目录下的

文件拷贝到另一台机器上，就可以用一个伪造的 Electron 程序读取到这些缓存文件内的数据。

另外，如果开发者希望在用户的系统中保存一些用户数据（比如用户的应用配置信息、应用程序业务日志信息等），并且不希望这些数据在应用程序升级时被清除，那么可以把这些信息保存在这个目录下。

Electron 为我们提供了一个便捷的 API 来获取此路径：

```
app.getPath("userData");
```

此方法执行时会判断当前应用正运行在什么操作系统上，然后根据操作系统的名称返回具体的路径地址。

给 app.getPath 方法传入不同的参数，可以获取不同用途的路径。用户根目录对应的参数为 home。desktop、documents、downloads、pictures、music、video 都可以当做参数传入，获取用户根目录下相应的文件夹。另外还有一些特殊的路径：

❑ temp 对应系统临时文件夹路径。

❑ exe 对应当前执行程序的路径。

❑ appData 对应应用程序用户个性化数据的目录。

❑ userData 是 appData 路径后再加上应用名的路径，是 appData 的子路径。这里说的应用名是开发者在 package.json 中定义的 name 属性的值。

所以，如果你开发的是一个音乐应用，那么保存音乐文件的时候，可能并不会首选 userData 对应的路径，而是选择 music 对应的路径。

除此之外，还可以使用 Node.js 的能力获取系统默认路径，比如：

❑ require('os').homedir(); // 返回当前用户的主目录，如 "C:\Users\allen"。

❑ require('os').tmpdir(); // 返回默认临时文件目录，如 "C:\Users\allen\AppData\Local\Temp"。

但 Node.js 在不同操作系统下获取到的该目录可能不同，不建议在 Electron 应用中使用。

Mac 操作系统下的缓存目录为：

```
MacintoshHD/用户/[yourOsUserName]/资源库/ApplicationSupport/[yourAppName]
```

该目录下的内容和子目录结构与 Windows 操作系统类似，不再赘述。

12.3　注册表键值

如果开发者使用 Electron 提供的开机自启动 API 为应用程序设置了开机自启动功能，那么在 Windows 操作系统下，用户注册表此路径（计算机 \HKEY_CURRENT_USER\Software\Microsoft\Windows\CurrentVersion\Run）下会增加如下键值对：

```
键: electron.app.[yourAppName]
值: C:\Program Files (x86)\[yourAppName]\[yourAppName].exe
```

设置开机自启动的代码如下所示：

```
import { app } from "electron";
app.setLoginItemSettings({
  openAtLogin: true
})
```

另外，99% 的 Electron 应用是通过安装包分发给最终用户的，有安装包势必就有卸载程序，操作系统一般会在注册表如下三个路径下记录系统的卸载程序路径（也就是安装程序的路径）：

```
计算机 \HKEY_LOCAL_MACHINE\Software\Microsoft\Windows\CurrentVersion\Uninstall
计算机 \HKEY_LOCAL_MACHINE\Software\\Wow6432Node\\Microsoft\\Windows\\CurrentVersion\\
  Uninstall
计算机 \HKEY_CURRENT_USER\Software\Microsoft\Windows\CurrentVersion\Uninstall
```

比如 GitHubDesktop 的注册表内容如图 12-1 所示。

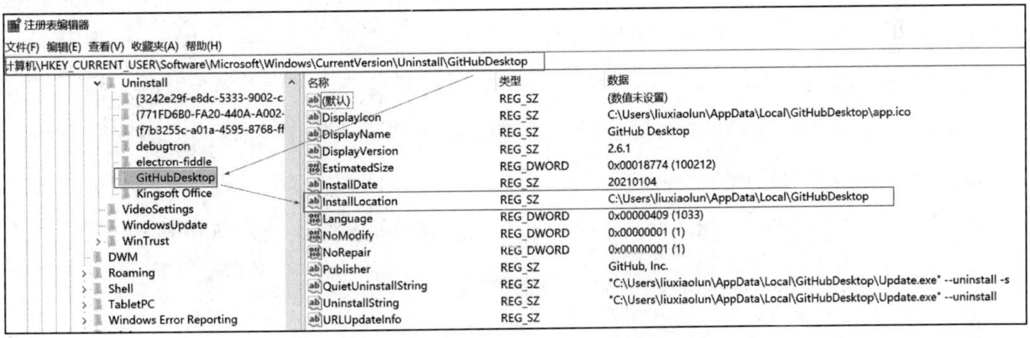

图 12-1　GitHubDesktop 注册表键值

得到应用程序的安装目录后，我们可以检查这个目录的 resources 子目录下是否包含 asar 扩展名的文件或以 asar.unpacked 结尾的文件夹，如果包含，则基本就可以确定这个应用程序是一个 Electron 应用程序。

如果开发者使用 app 对象的 setAsDefaultProtocolClient 方法把自己的应用设置成可以通过外部连接唤起的应用，如图 12-2 所示，那么这个操作也会在用户的注册表内留下痕迹，如下为 GitHubDesktop 在我的注册表中写入的内容：

```
键: 计算机\HKEY_CURRENT_USER\Software\Classes\github-windows\shell\open\command
值: "C:\Users\liuxiaolun\AppData\Local\GitHubDesktop\app-2.9.0\GitHubDesktop.
   exe" --protocol-launcher "%1"
```

如你所见，当用户点击连接唤起应用时，这个注册表键值不但给我的应用传递了 --protocol-launcher 参数，还中转了连接中的参数。

Mac 没有注册表也没有应用程序卸载的功能，相关的信息都是通过 Info.plist 文件和应用程序共同完成的。

图 12-2　GitHubDesktop 被外部链接唤起的提示

12.4　自研逆向调试工具

即使你能拿到目标程序的源码，大概率也没有什么用处，因为目标程序的源码可能是压缩混淆过的，要想深入了解目标程序的运行逻辑，最好还是能对目标程序进行实时调试。

Node.js 6.3 版本之前，IDE 开发者都使用 node-inspector(https://github.com/node-inspector/node-inspector）作为调试 Node.js 的支持库，然而自 6.3 版本发布以来，Node.js 内置了基于谷歌浏览器开发者工具的调试器，这个内置的调试器是谷歌 V8 团队开发的，提供了很多 node-inspector 难以实现的能力，比如长堆栈跟踪和异步堆栈跟踪等。下面就来介绍一下通过这种方式调试目标程序的方法。

首先，我们通过 child_process 的 spawn 方法启动目标程序，代码如下所示：

```
let exeFile = `D:\\project\\vite-electron\\release\\win-ia32-unpacked\\yourProduct
   Name.exe`;
let childProcess = spawn(
  exeFile,
  [
    `--inspect=${this.port.node}`,               // 7676
    `--remote-debugging-port=${this.port.page}`, // 7878
  ],
  {
```

```
        cwd: path.dirname(exeFile),
    }
);
```

需要注意的是，在启动目标程序时，为目标程序指定了两个端口号：一个是通过 --inspect 指令指定的；另一个是通过 --remote-debugging-port 指令指定的，接下来要根据这两个端口号获取调试地址，代码如下所示：

```
async getDebugUrl() {
  let result = [];
  for (let key in this.port) {
      let configs = await this.fetch('http://127.0.0.1:${this.port[key]}/json');
      configs = JSON.parse(configs);
      for (let config of configs) {
      let devUrl = config.devtoolsFrontendUrl.replace(/^\/devtools/, "devtools://
        devtools/bundled")
      let item = {
          title: config.title,
          type: config.type,
          url: config.url,
          devUrl,
      };
      result.push(item);
      }
  }
  return result;
}
```

在这段代码中根据这两个端口请求了两个本地 http 路径，这两个路径对应的 http 服务是在我们启动目标程序后，Electron 在后台创建的，请求这两个服务将得到对应的 JSON 响应，响应结果一个对应着主进程的调试信息，示例如下：

```
{
  description: 'node.js instance',
  devtoolsFrontendUrl: 'devtools://devtools/bundled/js_app.html?experiments=
    true&v8only=true&ws=127.0.0.1:7676/85ac5529-d1a5-49b3-8655-f71c7c198b71',
  devtoolsFrontendUrlCompat: 'devtools://devtools/bundled/inspector.html?ex
    periments=true&v8only=true&ws=127.0.0.1:7676/85ac5529-d1a5-49b3-8655-f71
    c7c198b71',
  faviconUrl: 'https://nodejs.org/static/images/favicons/favicon.ico',
  id: '85ac5529-d1a5-49b3-8655-f71c7c198b71',
  title: 'Node.js[25204]',
  type: 'node',
  url: 'file://',
  webSocketDebuggerUrl: 'ws://127.0.0.1:7676/85ac5529-d1a5-49b3-8655-f71c7c198b71'
}
```

另一个对应着渲染进程的调试信息，示例如下：

```
{
  description: '',
  devtoolsFrontendUrl: '/devtools/inspector.html?ws=127.0.0.1:7878/devtools/
    page/AFCF98D56EE8462C3D8E52FA99C02F91',
  id: 'AFCF98D56EE8462C3D8E52FA99C02F91',
  title: 'Vite App',
  type: 'page',
  url: 'app://./index.html',
  webSocketDebuggerUrl: 'ws://127.0.0.1:7878/devtools/page/AFCF98D56EE8462C3
    D8E52FA99C02F91'
}
```

这两个响应中最重要的信息就是 devtoolsFrontendUrl，得到此信息后，我们稍微加工一下就可以用于调试了，最终输出的结果如下：

```
[
  {
    title: 'Node.js[26376]',
    type: 'node',
    url: 'file://',
    devUrl: 'devtools://devtools/bundled/js_app.html?experiments=true&v8only=
      true&ws=127.0.0.1:7676/e9c9b139-a606-4703-be3f-f4ffc496a6aa'
  },
  {
    title: 'Vite App',
    type: 'page',
    url: 'app://./index.html',
    devUrl: 'devtools://devtools/bundled/inspector.html?ws=127.0.0.1:7878/devtools/
      page/33DFD3D347C1B575DC6361CC61ABAEDE'
  }
]
```

放入谷歌浏览器中加载 devUrl 对应的地址，将得到如图 12-3 所示的结果，读者可以在对应的源文件中下一个断点试试看。

如果目标应用的源码是压缩过的，可以尝试点击调试器右下角的 {} 按钮美化代码，查看美化后的代码，虽然可能还是难以阅读，但至少可以方便地下断点调试了，如图 12-4 所示。

在这个调试工具中，我们使用的 fetch 方法是自己根据 Node 的 http 模块封装的，源码如下：

```
fetch(url) {
  return new Promise((resolve, reject) => {
    let result = "";
    http.get(url, (res) => {
```

```
    if (res.statusCode != 200) reject();
    res.on("data", (chunk) => (result += chunk.toString()));
    res.on("end", () => resolve(result));
    res.on("error", () => reject());
    });
  });
},
```

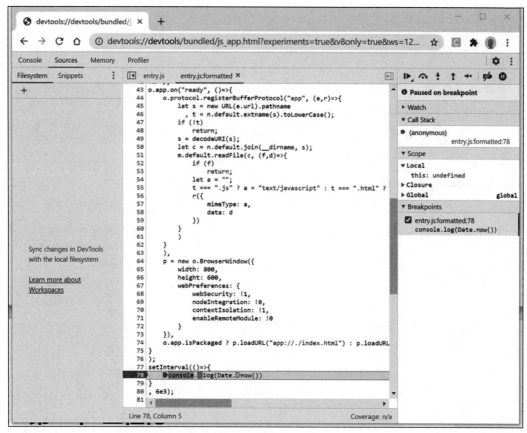

图 12-3　使用开发者调试工具调试线上 Electron 应用

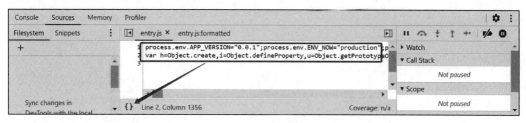

图 12-4　代码美化

　　另外在启动目标程序之后，需要稍待几秒钟再去请求对应的 config 信息，因为承载 config 信息的 http 服务并不能马上准备就绪，此处的控制逻辑代码如下所示：

```
sleep(span) {
  return new Promise((resolve) => setTimeout(resolve, span));
},
async start() {
  this.startTarget();
  await this.sleep(6000);
  let result = await this.getDebugUrl();
  console.log(result);
},
```

　　通过这种方法只能调试市面上一部分基于 Electron 开发的应用，并不是所有的基于 Electron 开发的应用都能使用。

　　这并不稀奇，应用的作者有很多手段来规避自己的应用程序被调试，比如：在应用启动时先检查一下应用启动时的输入参数（可以通过 process.argv 获取），如果输入参数中包含 --inspect 或 --remote-debugging-port 等，则马上退出应用，不给恶意调试者可乘的时机；又或者把 JavaScript 代码编译成 V8 字节码再分发给用户，这样恶意调试者即使打开了调试器，也无法调试源码。类似这样的攻防手段还有很多，此处就不再多做介绍了。

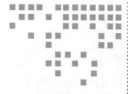

第 13 章 | Chapter 13

其他工程要点

本章介绍了一些值得开发者关注的其他工程要点，比如如何使用 D8 调试工具观察 JavaScript 的运行情况、如何监控内存消耗、如何管控子应用等。

13.1　使用 D8 调试工具

V8 执行 JavaScript 代码的过程对于前端开发人员来说是一个黑箱操作，但 V8 团队开发了一个辅助工具——D8，暴露出了 V8 执行过程中的一些内部信息。比如我们前面讲到 V8 执行 JavaScript 代码生成的抽象语法树、字节码以及优化信息等就是通过这个工具获取的。

如果你成功编译过 Electron 的源码，会在 src\third_party\catapult\third_party\vinn\third_party\v8\win\AMD64 目录下发现一个名为 d8.exe 的可执行文件，可以在命令行下使用它来查看 V8 执行 JavaScript 代码的一些过程信息；如果你没有编译过 Elcctron 的源码，也可以通过如下地址下载：

```
mac: https://storage.googleapis.com/chromium-v8/official/canary/v8-mac64-dbg-
    8.4.109.zip
linux32: https://storage.googleapis.com/chromium-v8/official/canary/v8-linux32-
    dbg-8.4.109.zip
linux64: https://storage.googleapis.com/chromium-v8/official/canary/v8-linux64-
    dbg-8.4.109.zip
```

```
win32: https://storage.googleapis.com/chromium-v8/official/canary/v8-win32-dbg-
  8.4.109.zip
win64: https://storage.googleapis.com/chromium-v8/official/canary/v8-win64-dbg-
  8.4.109.zip
```

当然也可以自行编译 V8（D8 是 V8 的一个子项目），V8 编译成功后，在输出目录中就能看到 d8.exe 文件。编译 V8 与编译 Electron 类似（实际上与编译 Chromium 也一样），同样使用了 depot_tools、gn 和 Ninja 等工具，配置编译环境也如出一辙，这里不再赘述。

前面介绍的查看 JavaScript 文件的抽象语法树对应的 D8 指令如下：

```
> d8 --print-ast test.js
```

查看一个 JavaScript 文件的变量作用域对应的 D8 指令如下：

```
> d8 --print-scopes test.js
```

查看一个 JavaScript 文件的字节码对应的 D8 指令如下：

```
> d8 --print-bytecode test.js
```

查看一个 JavaScript 文件是否执行了代码优化以及相关优化信息的 D8 指令如下：

```
> d8 --trace-opt test.js
```

实际开发过程中常用的还有查看垃圾收集执行情况的指令，同样先写一段模拟内存消耗的代码如下所示：

```
var output = [];
while (true) {
  output.push(new Object());
}
```

在这段代码中，程序在一个死循环中不断地创建对象，并把创建的对象加入到一个全局变量数组中，执行这段代码肯定会造成内存泄漏。

接下来使用如下指令查看执行这段代码时 V8 垃圾回收器的执行情况：

```
> d8 --trace-gc test.js
```

上述指令执行完成后的输出信息如下所示：

```
[16856:0000018D00000000]        101 ms: Scavenge 1.4 (2.5) -> 1.2 (3.5) MB, 6.9 /
  0.0 ms  (average mu = 1.000, current mu = 1.000) allocation failure
[16856:0000018D00000000]        107 ms: Scavenge 1.4 (3.5) -> 1.2 (4.5) MB, 4.1 /
  0.0 ms  (average mu = 1.000, current mu = 1.000) allocation failure
............// 省略多行相同的输出
```

```
[16856:0000018D00000000]          684 ms: Mark-sweep 92.4 (105.5) -> 70.5 (88.1)
   MB, 42.1 / 0.0 ms  (+ 20.8 ms in 72 steps since start of marking, biggest
   step 0.8 ms, walltime since start of marking 73 ms) (average mu = 1.000, current
   mu = 1.000) finalize incremental marking via stack guard GC in old space
   requested
[16856:0000018D00000000]          723 ms: Scavenge 78.5 (88.1) -> 79.4 (88.6) MB,
   36.1 / 0.0 ms  (average mu = 1.000, current mu = 1.000) allocation failure
[16856:0000018D00000000]          763 ms: Scavenge 79.5 (88.6) -> 78.5 (95.6) MB,
   40.4 / 0.0 ms  (average mu = 1.000, current mu = 1.000) allocation failure
............// 省略多行相同的输出
[16856:0000018D00000000]         2668 ms: Mark-sweep 294.3 (311.4) -> 241.1 (258.4)
   MB, 474.4 / 0.0 ms  (+ 102.9 ms in 3 steps since start of marking, biggest
   step 102.4 ms, walltime since start of marking 578 ms) (average mu = 0.709,
   current mu = 0.709) finalize incremental marking via stack guard GC in old
   space requested
[16856:0000018D00000000]         2712 ms: Scavenge 249.1 (258.4) -> 250.1 (259.4)
   MB, 40.7 / 0.0 ms  (average mu = 0.709, current mu = 0.709) allocation failure
............// 省略多行相同的输出
```

从这些输出信息中可知，在执行这段 JavaScript 代码的过程中，V8 动用了两种垃圾收集手段，一种是 Scavenge，另一种是 Mark-sweep。

大部分垃圾收集都是 Scavenge 类型的，偶尔执行一次 Mark-sweep 类型的。

我们知道 V8 把内存分为两块，一块是新生代，一块是老生代，清理新生代内存的过程就是 Scavenge 类型的垃圾收集过程；清理老生代内存的过程就是 Mark-sweep 类型的垃圾收集过程。

实际上对于这段代码来说两种类型的垃圾收集工作都没任何作用，新生代内存的收集工作直接失败了（allocation failure），老生代内存清理实际上是清理那些无法访问的对象，很显然这段代码创建的对象都可以从根节点访问到，所以也没什么效果。

13.2　内存消耗监控

Chromium 为开发者提供了内存监控工具，Electron 也因此具备此能力，打开 Electron 的开发者调试工具，切换到 Memory 面板，如图 13-1 所示。

面板中提供了三种监控内存的方式。

❑ Heap snapshot：用于打印内存堆快照，堆快照用于分析页面 JavaScript 对象和相关 DOM 节点之间的内存分布情况。

❑ Allocation instrumentation on timeline：用于从时间维度观察内存的变化情况。

❑ Allocation sampling：用于采样内存分配信息，由于其开销较小，可以用于长时间记录内存的变化情况。

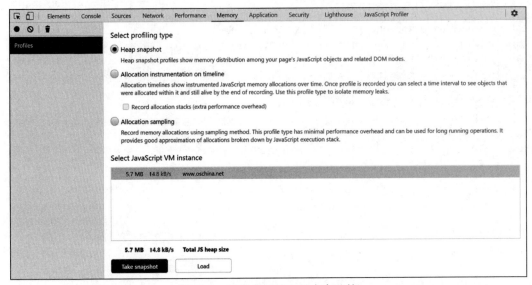

图 13-1　开发者调试工具内存监控

选择 Heap snapshot，并点击 Take snapshot 按钮，截取当前应用内存堆栈的快照信息，生成的快照信息可以通过三个维度查看。

❑ Summary：以构造函数分类显示堆栈使用情况。

❑ Containment：以 GC 路径（深度）分类显示堆栈使用情况（较少使用）。

❑ Statistics：以饼状图显示内存占用信息。

我们先把显示界面切换到 Statistics 模式，如图 13-2 所示。

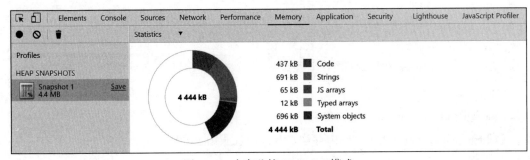

图 13-2　内存监控 Statistics 模式

图 13-2 中列出了源码脚本、字符串对象、数组对象等所消耗内存的占比及数量，开

发者可以通过此图有针对性地优化指定的资源。

接着把界面切换到 Summary 模式，如图 13-3 所示。

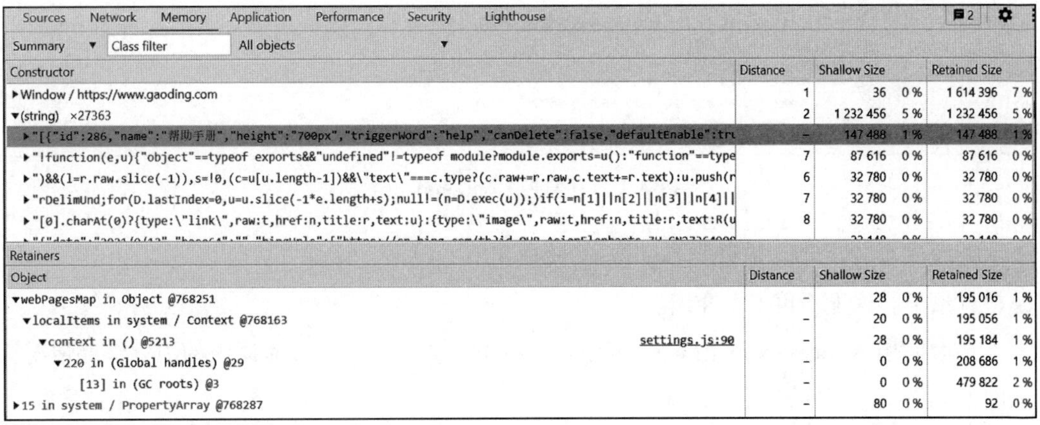

图 13-3 内存监控 Summary 模式

此界面包含以下四列内容。

❑ Constructor：构造函数名，例如 Object、Module、Socket、Array、string 等，构造
函数名后 x21210 代表此行信息存在 21210 个该类型的实例。

❑ Distance：指当前对象到根对象的距离，对于 Electron 应用来说，根对象有可能是
window 对象也有可能是 global 对象。此值越大，说明引用层次越深。

❑ Shallow Size：指对象自身的大小，不包括它所引用的对象，也就是该对象自有的
布尔类型、数字类型和字符串类型所占内存之和。

❑ Retained Size：指对象的总大小，包括它所引用对象的大小，同样也是该对象被
GC 之后所能回收的内存的大小。

一般情况下开发者会依据 Retained Size 降序展示以分析内存消耗情况。

选中一行内存消耗较高的记录后，视图的下方将会出现与这行内存占用有关的业务
逻辑信息，开发者可以通过此视图内的链接切换到业务代码中观察是哪行代码导致此处
内存消耗增加了。

需要注意的是 Constructor 列中值为（closure）的项，这里记录着因闭包函数引用而
未被释放的内存，这类内存泄漏问题是开发时最容易忽略、调优时最难发现的问题，开
发者应尤为注意。

再接下来把内存分析视图调整为 Containment 模式，如图 13-4 所示。

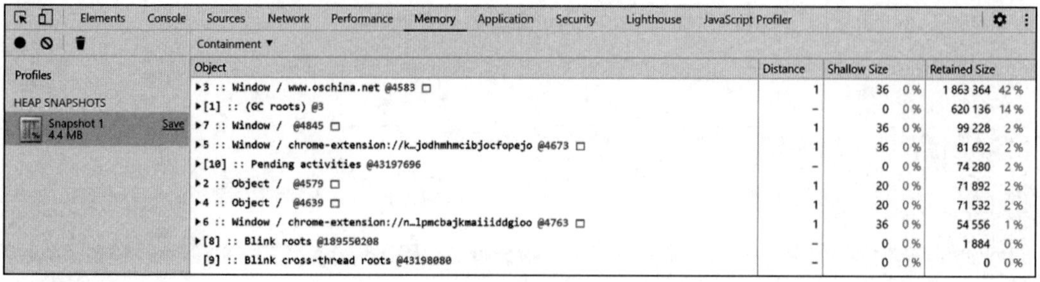

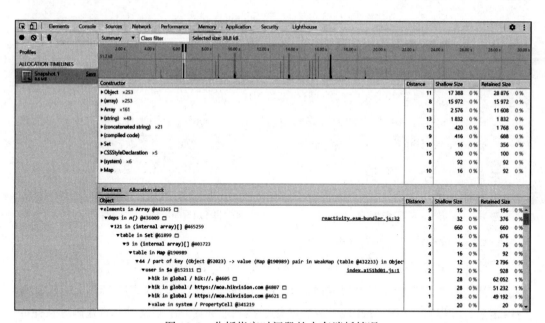

图 13-4 内存监控 Containment 模式

此视图模式大部分信息与 Summary 模式相似，只不过分类方式不再是构造函数，而是根对象了。这里不再多做介绍。

最后使用 Allocation instrumentation on timeline 方式截取一段时间内的内存消耗情况，如图 13-5 所示。

图 13-5 分析指定时间段的内存消耗情况

这种模式最大的优势就是开发者可以截取某一小段时间来观察内存的消长情况，在图 13-5 中，只截取了时间线上蓝色区域的一小段时间，在这段时间内对象与数组的实例分别增加了几百个，点开具体的行，可以在下方区域观察详细的代码执行情况以了解内存增长的具体原因。

13.3　子应用管控

康威定律指出：组织架构越庞大，其系统间沟通成本越高，解决这一问题的有效手段就是将大的系统拆分成一个个微小的可以独立自治的子系统。一旦系统的依赖限制在了内部，功能上就会更加内聚，对外部的依赖就会变少，这就能显著减少了跨系统之间的沟通成本。

有多个原因使开发者不得不考虑对前端架构进行重组，比如完成一个大型桌面端应用往往会面临业务拆分的问题，以一个企业应用为例：人力资源是一个模块，流程管理是另一个模块，个人中心又是一个模块。如果每一个这样的模块都足够复杂、庞大，架构师可能会考虑把这些模块设计成独立的项目，分别部署在不同的服务器上，再由浏览器加载、集成、整合这些项目，使其能融洽地运行在同一个应用内，看起来就像一个独立的应用一样。除此之外，还有其他一些原因促使架构师不得不考虑进行应用级的整合工作，比如：

❑ 第三方团队希望把自己的应用集成到你的应用中。

❑ 应用业务越来越复杂，不进行应用级拆分将难以控制（有的时候是难以维护，有的时候是难以编译，前面讲编译 Electron 源码时，就看到了 Chromium 是由近万个子项目组合而成的）。

❑ 应用由多个不同的团队独立开发，每个团队都使用不同的技术栈，且均有独立部署的诉求。

当前端架构师碰到上述这些问题后，就需要考虑在一个大的应用中集成多个子应用，如果是传统的 Web 前端项目，一般会有两个方案可供选择，下面就介绍一下这两个方案。

1. iframe 方案

iframe 方案通过子页面来承载多个不同的子项目，这个方案的优点是在提供良好的隔离性的前提下，可以比较容易地控制各个子应用并完成应用间的通信及数据交互工作。

下面举几个常见的技术细节来进一步讲解这些工作是如何完成的。

（1）子页面访问父页面的对象

```
let app = window.parent.app
await app.alert(" 你确定要删除此数据吗 ?")
```

上述代码在子页面中运行，代码获取了父页面的 app 对象，并调用了该对象的一个方法，我们可以通过这种方式向子页面公开一些已经抽象封装好的能力，比如上述代码中的 alert 方法就是一个公共方法，所有子页面都可以使用。

（2）子页面访问父页面的元素

```
let dom = window.parent.document.head.querySelector("#icon").cloneNode()
document.head.appendChild(dom);
```

上述代码在子页面中运行，代码获取了父页面 head 元素内 id 为 icon 的元素，制作了这个元素的副本，并把这个副本添加到自己的 head 元素内。我们可以通过这种方法把父页面提供的一些样式、脚本等复制到子页面中，这样子页面也就拥有了使用这些样式或脚本的权力。

（3）父页面访问子页面的对象或元素

```
let frame = document.getElementsById("iframeId").contentWindow;
frame.mathObj.sum();
let dom = frame.document.querySelector("#nodeId");
```

上述代码在父页面中运行，第一行获取到一个子页面的 window 对象，后面两行就是利用这个 window 对象访问子页面的对象或者元素。

虽然我们可以使用 iframe 方案解决大多数业务中多应用集成的问题，但 iframe 方案也有其缺点，具体如下：

1）页面刷新时子页面的状态丢失。比如刷新页面后浏览器的前进、后退操作将失效，不过这个问题在 Electron 应用中影响不大，因为我们使用 Electron 开发桌面应用一般都会禁用刷新、前进、后退等功能。

2）DOM 结构不共享。比如页面内某个 iframe 希望创建一个全局的遮罩层的弹框，这个问题影响也不大，可以在父页面实现这个遮罩层弹窗，并暴露出 API 供子页面调用，或者直接在子页面访问父页面的 DOM 对象，为父页面创建 DOM，再控制这些 DOM 实现遮罩层弹窗的功能（这个方案侵入式比较强，不推荐）。

3）同源策略限制。比如子页面与父页面根域名不同的情况下，还需要访问父页面的 cookie（这往往在子页面身份验证时会碰到，比如获取用户的 token 信息）。这个问题可以通过关闭 Electron 的同源策略开关来解决。

4）上下文完全隔离导致内存变量不共享。这个问题主要是考校开发人员的编码水平，应尽量避免子页面持有父页面的对象的引用，避免内存不能及时清理而导致内存溢出的问题。

5）性能问题。由于每个页面都有一套独立的 DOM 树，独立的脚本上下文环境，甚至与服务器传输数据都会有多余的数据传输。这个问题不是很好解决，好在影响不大，只在较低配置的电脑上才表现得比较明显。

2. 微前端架构方案

微前端架构的底层原理很简单，我们知道无论是 Vue 项目、React 项目还是 Angular 项目，都是初始化好 DOM 结构之后，再把这个结构的根对象添加到页面某个元素上的，以 Vue 为例：

```
const app = new App({ target: document.body});
```

以上代码就是在页面的 body 元素上渲染由 Vue 创建的 DOM 结构。

微前端就是利用这一点，它提前在页面中把各个子项目的 JavaScript 资源加载好，再在合适的时候让这些脚本在页面不同的 DOM 元素上渲染各自的内容。

由于都是在同一个页面上完成的工作，所以这就很好地解决了 iframe 方案的绝大多数问题（性能问题只是得到了缓解，并没有完全解决）。

但这个方案也带来了新问题，比如使用 native ES modules（https://developer.mozilla.org/en-US/docs/Web/JavaScript/Guide/Modules）加载资源的一些框架就很难使用微前端方案，比如使用 Vite 开发的 Vue 项目。

因为 native ES modules 是动态地按需加载 JavaScript 资源的，而微前端要求提前把 JavaScript 资源加载好，要适应微前端框架的这个要求非常困难且得不偿失，这也是至今为止知名的微前端框架 qiankun 仍不支持 vite 的原因。

> qiankun（https://qiankun.umijs.org/）是蚂蚁金融科技团队基于 single-spa 框架（https://github.com/CanopyTax/single-spa）实现的微前端框架，旨在帮助大家能更简单、无痛地构建一个生产可用微前端架构系统。

除了上述两个方案外，还有两个 Electron 独有的方案，就是使用 Electron 内置的 webview 或 BrowserView 方案。

webview 是 Electron 独有的标签，开发者可以通过 \<webview\> 标签在网页中嵌入另外一个网页的内容，代码如下所示：

```
<webview id="foo" src="https://www.github.com/" style="width:640px; height:
  480px"></webview>
```

如你所见，它与普通的 DOM 标签并没有太大区别，也可以设置 id 和 style 属性。

它还有一些专有的属性，比如：nodeintegration，使 webview 具备使用 Node.js 访问系统资源的能力；useragent，设置请求 webview 页面时使用怎样的 useragent 头等。

　　默认情况下 webview 标签是不可用的，如果需要使用此标签，那么在创建窗口时，把 webPreferences 的属性 webviewTag 设置为 true 即可。

　　然而目前 webview 标签及其关联的事件和方法尚不稳定，其 API 很有可能在未来被修改或删掉，Electron 官方不推荐使用，这是 webview 最大的局限性，也是 webview 标签默认不可用的原因之一（另一个原因是使用 webview 标签加载第三方内容可能带来潜在的安全风险）。

　　BrowserView 是仅主进程可用的类型，它被设计成一个子窗口的形式，依托于 BrowserWindow 存在，可以绑定到 BrowserWindow 的一个具体区域，可以随 BrowserWindow 放大缩小而放大缩小，随 BrowserWindow 移动而移动，看起来就是 BrowserWindow 里的一个元素一样。使用 BrowserView 的示例代码如下所示：

```
let view = new BrowserView({
  webPreferences: { preload }
});
win.setBrowserView(view);
let size = win.getSize();
view.setBounds({ x: 0,y: 80, width: size[0], height: size[1] - 80 });
view.setAutoResize({ width: true, height: true });
view.webContents.loadURL(url);
```

　　但这两种方案都没有解决 iframe 方案的问题，甚至在性能、资源损耗上比 iframe 更严重，所以如果不是特殊要求，还是推荐使用 iframe 或微前端方案来管控多个子应用。

　　实际上，通过控制系统内模块间的耦合程度、增强产品的管控能力、增强团队的管控能力来避免多子应用同时存在的问题是更值得推荐的。

第三部分 *Part 3*

实　　践

本部分介绍了我在开发 Electron 应用过程中遇到的一些挑战以及应对这些挑战的方案，这些挑战都是非常具有代表性的，相信只要实际完成过 Electron 项目的读者都会深有体会，比如：一旦应用变得复杂，会有大量的跨进程消息，该如何管控这些消息呢（第 14 章将介绍具体的方案）？Electron 创建并显示一个窗口太慢该如何解决（第 15 章将具体介绍应对策略）？如何自己开发原生模块和为什么 Node.js 生态里的原生模块无法在 Electron 应用内使用？如何整合 Electron 应用和 Qt 应用等。

前面两个部分更希望读者知道、会用，本部分与前面两个部分不同，更注重逻辑和理解，比如在第 14 章用短短几十行代码就实现了一个多进程传递消息的引擎，其巧妙的逻辑值得读者用心揣摩。

如果读者只对这部分内容感兴趣，打算读完这部分内容就把本书束之高阁了，那真的是一件非常遗憾的事情，我强烈建议你读一下前两部分的内容，哪怕一时用不上那些知识，但我相信它们也同样能给你带来收获知识的乐趣。

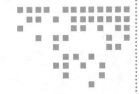

第 14 章 *Chapter 14*

跨进程消息总线

本章从前端事件机制谈起，先后介绍了 Node.js 的事件机制、Electron 进程间通信机制等内容，并通过短短几十行代码实现了一个跨进程、跨窗口的事件引擎，除此之外还介绍了如何用 Promise API 封装事件，以及跨进程通信带来的潜在技术问题等内容。

14.1 前端事件机制

如果我们要在一个前端项目中设计一套事件机制，以使不同组件之间可以以一种松耦合的方式交互数据，那么这很容易做到，很多现代前端框架都支持事件机制，以 Vue 框架为例，示例代码如下所示：

```
// main.js 注册消息总线
Vue.prototype.$eventer= new Vue()

// comA.vue 负责发射事件
mounted() {
  this.$eventer.$emit("eventName", {param:123});
}

// comB.vue 负责监听事件
mounted() {
  this.$eventer.$on("eventName", (obj)=>{
    console.log(obj);
```

```
    });
  }
```

上述代码在 Vue 的入口代码内初始化了一个消息总线（实际上就是一个 Vue 实例），在组件 A 内发射了一个名为 eventName 的事件，并让这个事件携带了一个 JSON 对象，在组件 B 内监听了这个事件，并在回调函数内输出了这个事件携带的数据。

如果在程序运行过程中不再对某事件感兴趣，可以使用如下代码来移除这个事件的监听函数。

```
this.$eventer.$off('eventName')                       // 移除这个频道的所有事件
this.$eventer.$off('eventName',yourCallBackFunction)  // 移除指定的事件
```

实际上并不是非得利用现代前端框架才能使用事件机制，还可以使用 HTML5 提供的 CustomEvent 来自己构造一个事件机制，代码如下所示：

```
// 页面某部件监听事件
document.addEventListener("eventName", function(e) {
  console.log(e.detail)
});

// 页面另一个部件发射事件
var event = new CustomEvent("eventName", {
  bubbles : true,
  cancelable : false,
  detail: { param:123  }
});
document.dispatchEvent(event);
```

在这段代码中，首先在页面的某处利用 document 的 addEventListener 方法监听了一个名为 eventName 的事件，接着在页面的另一处使用 document 的 dispatchEvent 发射了这个事件。

这是一个 CustomEvent 类型的事件，与事件相关的数据被放置在事件对象的 detail 属性内，在上面的代码中，还为事件增加了两个额外的属性：是否允许事件冒泡（是）、是否允许事件被取消（否）。

除了这两种方案外，我们自己实现一套事件机制也不是特别复杂，只要维护一个全局的 map 对象，当某组件注册事件时，就把这个事件及其处理函数记录到 map 对象中，当另一个组件发射这个事件时，就遍历 map 对象，找到前面注册的回调函数，然后执行回调函数就可以了，这里不再给出具体的实现。有一个非常著名的开源项目——mitt（https://github.com/developit/mitt）就是使用这个原理实现的。

14.2 Node.js 的事件机制

前面介绍的事件机制及方案主要应用在单纯的前端项目中，Electron 项目下有更好的方案支持事件机制。因为在 Electron 项目中，无论是渲染进程还是主进程都有使用 Node. js API 的能力，且 Node.js 提供了内置的事件支持模块 events。

下面的代码就是使用 TypeScript 封装的 events 模块供业务逻辑使用，这是一个工具类，我们为它起名为 eventer.ts，后面的章节还会讲到它。

```
// eventer.ts
let events = require("events");
interface Eventer {
  emit(eventName:string,obj?:any)
  on(eventName:string,cb:Function)
  off(eventName:string,cb:Function)
  once(eventName:string,cb:Function)
}
let ins: Eventer = new events.EventEmitter();
ins.setMaxListeners(Infinity)
export let eventer = ins
```

在上面的代码中 interface Eventer 是 TypeScript 的接口声明，主要是为了开发方便，并没有实际意义，另外，由于默认情况下 EventEmitter 对象的事件绑定数量的上限是 10 个，但这对于 Electron 应用来说显然是不够的，所以这里我们用 setMaxListeners 方法把 eventer 事件数量上限设置到无限大，实际上这个设置是有风险的，假设某个组件会随着应用的运行不断地注册事件，就会造成内存泄漏的问题，但如果 MaxListeners 设置成了无限大，Node.js 将不再给出异常提示，也就很难定位问题了。

开发者使用上面的 eventer 对象就可以在一个组件中发射事件，在另一个组件中监听事件了，代码如下：

```
// 组件 A 发射事件
Import { eventer } from "./eventer"
eventer.emit("toast", {
  Info: "更新成功",
  type: "success"
})

// 组件 B 接收事件
Import { eventer } from "./eventer"
let toastFunc = (obj) => {
  console.log(obj)
```

```
}
eventer.on('toast', toastFunc)
```

上面的代码中，组件 A 发射了一个名为 toast 的事件，组件 B 注册了这个事件，当事件发生时，会执行组件 B 的处理函数。

值得注意的是，随着页面路由的跳转、刷新，组件 B 可能会不断地注册这个事件，为了防止事件被注册多次，造成内存泄漏的问题，开发者应该适时取消监听该事件：

```
eventer.off('toast', toastFunc)
```

这在有热更新机制的开发框架上尤为重要，因为每修改一次代码，相应的组件就会被重新加载一次，事件也会被重新注册一次，当事件被触发时，响应事件的函数也会被执行多次。同样的，在 Electron 应用内使用 ipcRenderer.on 监听主进程消息也应该注意类似的问题。

另外，如果要在渲染进程中使用这个事件发射接收器，则必须在创建窗口的时候设置窗口的 webPreferences.nodeIntegration 为 true，不然这个窗口的渲染进程是无法使用 Node.js 的任何能力的，包括访问 events 模块。在主进程中则不需要做任何设置即可直接使用 eventer 对象。

使用 Node.js 提供的事件 API 有如下三个好处：

1）统一了主进程和渲染进程的事件机制的实现逻辑，不必渲染进程使用一套事件机制，主进程再使用另一套事件机制。

2）不必引入任何第三方库。

3）渲染进程和主进程在工程上可以复用事件发射接收器的实现代码，事件发射接收器的实现代码最好放置在 src/common 目录下。

尽管如此，渲染进程中发射的事件在主进程中依然无法接收，主进程中发射的事件，渲染进程也无法接收。窗口 A 发射的事件窗口 B 也无法接收，反之亦然，接下来的章节就会介绍突破这个局限性的方法。

14.3　Electron 进程间通信

渲染进程与主进程互相通信往往通过 IpcRenderer 和 IpcMain 两个模块收发消息，假设我们希望实现渲染进程发消息给主进程的逻辑，首先需要在主进程中监听消息，代码如下所示：

```
ipcMain.handle('flashFrame', (e, flag) => {
  let win = BrowserWindow.fromWebContents(e.sender)
  win.flashFrame(flag)
})
```

接着在渲染进程中发送消息，代码如下所示：

```
ipcRenderer.invoke('flashFrame')
```

除了使用 ipcMain.handle 和 ipcRenderer.invoke 方法外，Electron 还提供了 ipcMain.on 和 ipcRenderer.send 方法。它们背后的实现原理都是相似的。

但 ipcMain.handle 和 ipcRenderer.invoke 方法提供的是 Promise 风格的 API，在 ipcMain.handle 的回调方法里可以直接返回一个值给渲染进程，通过 await ipcRenderer.invoke 方法就可以得到这个返回值。ipcMain.on 和 ipcRenderer.send 则没有这么灵活，所以建议优先选择使用 ipcMain.handle 和 ipcRenderer.invoke 方法完成渲染进程与主进程通信的需求。

如果希望实现主进程发消息给渲染进程的逻辑，则首先需要在渲染进程中监听消息：

```
ipcRenderer.on('windowMaximized', () => {
  isMaximized.value = true
})
```

接着在主进程中发送消息：

```
this.win.webContents.send('windowMaximized')
```

上面讲了渲染进程发消息给主进程的方法，也讲了主进程发消息给渲染进程的方法，相信大家也知道如何把消息从一个渲染进程发送给另一个渲染进程了：只要先让 A 渲染进程把消息发送给主进程，再让主进程把 A 发来的消息发送给 B 渲染进程就完成了 A 渲染进程和 B 渲染进程间的通信。B 渲染进程如要给 A 渲染进程发消息也是一样，经由主进程中转一下消息即可。关键代码如下：

```
ipcMain.handle("messageFromCommonWin", (e, param) => {
  mainWin.webContents.send("messageFromCommonWin", param)
})
ipcMain.handle("messageFromMainWin", (e, param) => {
  let item = BrowserWindow.getAllWindows().find(v => v.webContents.getURL()
    === param.url)
  if (!item) return;
  item.webContents.send("messageFromMainWin", param)
})
```

这段代码是在主进程中实现的，messageFromCommonWin 是一个普通窗口渲染进程发消息给主窗口渲染进程的事件。messageFromMainWin 是主窗口渲染进程发消息给普通窗口渲染进程的事件。

在第二个事件中我们通过遍历每个窗口的 url 地址来确定消息要被中转到哪个目标窗口，这就需要确保你的应用中每个窗口的 url 地址不一样，当然你也可以用窗口的 id 来确定目标窗口。

读者还可以在渲染进程中使用 webContents 对象的 sendToFrame 方法向另一个渲染进程传递消息，但需要读者自己管理目标进程的 processId 和 frameId，这并不比前面介绍的方案更简单。

以上方案都是传统的主进程、渲染进程互相通信的实现逻辑，不足为奇。如果我们希望利用 Node.js 的 events 模块实现可以跨进程通信的事件机制是否可行呢？答案是可行的，接下来就介绍满足此需求的一个具体实现。

14.4　跨进程事件

我们先来聊一下预期中的 eventer.ts 的基本能力：

❏ 在某个渲染进程中发射的事件，当前渲染进程可以接收，主进程也可以接收，其他任何一个渲染进程也可以接收。

❏ 主进程发射的事件，主进程可以接收，所有渲染进程都可以接收。

❏ 任何一个进程都应该复用一套代码来实现上述两个诉求。

是不是很吸引人呢？我们来看一下这个类的实现，代码如下所示：

```
let events = require("events");
let { ipcRenderer, ipcMain, webContents } = require("electron");
class Eventer {
  private instance;
  emit(eventName, eventArgs) {
    this.instance.emit(eventName, eventArgs);
    if (ipcMain) {
      webContents.getAllWebContents().forEach((wc) => {
        wc.send("__eventPipe", { eventName, eventArgs });
      });
    }
    if (ipcRenderer) {
      ipcRenderer.invoke("__eventPipe", { eventName, eventArgs });
    }
  }
}
```

```
  on(eventName, callBack) {
    this.instance.on(eventName, callBack);
  }
  initEventPipe() {
    if (ipcRenderer) {
      ipcRenderer.on("__eventPipe", (e, { eventName, eventArgs }) => {
        this.instance.emit(eventName, eventArgs);
      });
    }
    if (ipcMain) {
      ipcMain.handle("__eventPipe", (e, { eventName, eventArgs }) => {
        this.instance.emit(eventName, eventArgs);
        webContents.getAllWebContents().forEach((wc) => {
          if (wc.id != e.sender.id) {
            wc.send("__eventPipe", { eventName, eventArgs });
          }
        });
      });
    }
  }
  constructor() {
    this.instance = new events.EventEmitter();
    this.instance.setMaxListeners(Infinity);
    this.initEventPipe();
  }
}
export let eventer = new Eventer();
```

首先从渲染进程发射事件、主进程接收事件的角度来讲解这段代码。

主进程接收事件的代码如下所示：

```
import { eventer } from "../common/eventer";
eventer.on("eventName", (args) => {
  console.log(args);
});
```

一旦 import 了这个 eventer 对象，Eventer 的构造函数就会被执行，在这个构造函数中创建了一个私有的 EventEmitter 对象 instance。接着设置了事件监听数量，并执行了一个 initEventPipe 方法，我们稍后再讲解 initEventPipe 方法，先讲更容易理解的 on 方法。

当我们在主进程中使用 eventer 对象的 on 方法注册事件时，实际上是给私有的 EventEmitter 对象 instance 注册事件。也就是说只有 instance 对象上发射了名为 eventName 的事件后，主进程才会执行事件的回调函数，才会打印事件携带的数据。

我们再来看渲染进程发射事件的代码，如下所示：

```
import { eventer } from "../../common/eventer";
eventer.emit("eventName", { param: 'hello from renderer process' });
```

当渲染进程执行这段代码时，同样也会在当前渲染进程内实例化一个 eventer 对象，也就是实例化一个 EventEmitter 对象，需要注意的是，这个 EventEmitter 对象与主进程实例化的 EventEmitter 对象是完全不同的两个对象，其他窗口的渲染进程实力化的 EventEmitter 对象也与当前窗口渲染进程的 EventEmitter 对象不同。

当这个渲染进程调用 eventer 对象的 emit 方法时，首先要做的就是让它拥有的 EventEmitter 对象发射一个名为 eventName 的事件，注意这个事件是在当前渲染进程发射的，主进程或其他窗口的渲染进程是收不到这个事件的，但当前渲染进程如果注册了这个事件，那么与事件关联的回调函数是会被执行的。

接着当前渲染进程就使用 ipcRenderer 对象的 invoke 方法，向主进程发射了一个名为 __eventPipe 的消息（之所以使用 "__" 作为消息名的前缀，是因为这是一个框架私有的消息，为了避免与业务消息重名），消息携带的数据包含事件的名字和事件所要传递的数据：eventName 和 eventArgs。

现在我们回头再看主进程的 eventer 对象，我们前面讲到，它在初始化时执行了一个 initEventPipe 方法，在这个方法内主进程会通过 ipcMain 模块的 handle 方法监听一个名为 __eventPipe 的消息（与前面 ipcRenderer 对象 invoke 的消息名是匹配的）。一旦某个渲染进程发来了这个消息，它就会在 instance 对象上发射一个事件，这个事件的事件名和事件数据是由发射消息的渲染进程决定的。

前面我们提到渲染进程 invoke 了名为 __eventPipe 的消息，所以主进程也即接到了这个消息，并且紧随其后 instance 对象也发射了名为 eventName 的事件，注意，这里的 instance 对象就是主进程的 instance 对象，前面在主进程通过 eventer 对象的 on 方法注册的事件也即得到了执行，主进程控制台上会打印如下信息：

```
{ param: 'hello from renderer process' }
```

如果你在渲染进程也注册了这个事件，那么同样也会在渲染进程输出此信息，这是 Eventer 类内 emit 方法内的第一行代码起的作用。

主进程 instance 对象发射了这个事件之后，接着遍历了应用中所有的 webContents 对象，如果此时应用中有其他的窗口，那么就通过这些窗口的 webContents 对象的 send 方法向它们的渲染进程发送了一个名为 __eventPipe 的消息。

这就涉及主进程发射事件、渲染进程接收事件的逻辑了，当我们在主进程通过

eventer 对象的 emit 方法发射事件时，首先执行的就是在主进程的 instance 对象上发射这个事件，接下来就遍历所有的渲染进程，并给所有的渲染进程发送 __eventPipe 的消息（同时也携带了主进程事件要传递的数据）。

渲染进程在实例化 eventer 对象时，也会执行 initEventPipe 方法，这个方法在渲染进程内会使用 ipcRenderer 对象的 on 方法监听 __eventPipe 消息，一旦收到消息，就在自己的 instance 对象上发射对应的事件。

至此，我们就使用短短四十几行代码实现了一个大一统的跨进程事件机制，在应用程序的任何一个角落里发射事件，另一个地方都能收到这个事件，而且注册与接收逻辑都如此一致且简单。

有人可能会担心性能问题，比如绝大多数事件只会在当前进程发射和接收，只有少部分的事件是需要跨进程传递的。使用这个机制之后程序会做很多无意义的工作，确实如此，但要想规避这种浪费也非常简单，只要在事件的消息体内增加一个开关变量，比如叫作 isCrossProcess，当这个变量值为 true 时，我们再执行跨进程的逻辑即可。

14.5　使用 Promise 封装事件

有的时候 A 组件发射了事件，B 组件处理了事件，B 组件想把处理结果及时反馈给 A 组件，要处理这种问题，自然可以再让 A 监听一个 eventBack 事件，B 处理完 A 发射的事件后，再发射 eventBack 事件。这样 A 就可以在 eventBack 事件的处理逻辑里接收到 B 的返回值了，但这种方法凭空增加了很多代码逻辑，维护起来比较麻烦，不是最佳方案。

为了介绍最佳方案，我们举个更常见、更难处理的需求：模拟 alert 对话框。某个组件创建 alert 对话框（由 DOM 模拟的一个对话框，不是 alert 弹窗，由于 alert 弹窗会阻塞 JavaScript 的执行线程，造成很多难以预料的问题，所以不常用，开发者往往更倾向于用 DOM 模拟此类对话框），当用户点击 alert 对话框的确定或取消后，组件需要收到 true 或 false 的返回值。

实现这个需求既要用到我们前面介绍的 eventer，又要用到 ES6 的 Promise API，代码如下所示：

```
let alert = (param) => {
  return new Promise((resolve, reject) => {
```

```
  param.__alertPromiseId = 'alertPromiseId_${Math.random()}'
  eventer.once(param.__alertPromiseId, result => resolve(result))
  eventer.emit("alert", param)
  })
}
```

某组件需要使用这个 alert 对话框时，可以通过如下代码创建 alert 对话框：

```
let result = await alert({
  type:'error', //显示一个错误图标
  Info:'这是一段系统通知'
})
```

公共的 alert 方法被调用后，会先创建一个 Promise 对象，在这个对象的回调函数中，我们为 param 参数附加一个 __alertPromiseId 属性，这个属性的值带有一个随机数的结尾，目的是避免并发调用时重复。param 参数是调用者传递给 alert 界面组件的 JSON 对象。

接下来我们在全局的 eventer 对象中注册了一个一次性事件监听器，监听的事件名即为 param.__alertPromiseId 对应的值，eventer.once 方法可以只监听某个事件一次，事件被触发后，则不再监听该事件。由于 param.__alertPromiseId 是一个全局唯一的值，永远不会被多次触发，所以也只需要监听一次即可。

接着发射了一个 alert 事件，真正的 alert 组件接收到这个事件后，会把相应的 DOM 渲染到界面上，等待用户操作。alert 组件的核心逻辑如下：

```
<template>
  <div v-if="config" class="alertMask">
    //这里省略了很多界面相关的 HTML 代码
  </div>
</template>
let config = ref()
let alert = (param) => {
    config.value = param
  }
  onMounted(() => {
    eventer.on('alert', alert)
  })
  onUnmounted(() => {
    eventer.off('alert', alert)
  })
let okBtnClick = (btnName) => {
    eventer.emit(config.value.__alertPromiseId, true)
    config.value = null
}
```

```
let cancelBtnClick = (btnName) => {
    eventer.emit(config.value.__alertPromiseId, false)
    config.value = null
}
```

当这个组件收到 alert 事件时，它把事件传递过来的参数赋值给了 config 对象，注意，此时 config 对象的值是包含一个 __alertPromiseId 属性的。一旦 config 对象的值不为 null，则这个组件会渲染在用户的界面上（这是模板内条件渲染指令 v-if 的作用）。

当用户点击"确定"或"取消"按钮后，这个组件会发射一个 __alertPromiseId 所代表的事件，事件携带了一个布尔类型的值，代表用户操作了"确定"按钮还是"取消"按钮。

事件发射之后，config 对象被设置为 null，这个组件随即在用户界面上被隐藏（这也是模板内条件渲染指令 v-if 的作用）。

与此同时，前面用 eventer.once 注册的 __alertPromiseId 事件会被触发，相应的 Promise 对象会被 resolve，并且 resolve 的值是 true 或 false（依用户点击了确定或取消按钮而变），执行 await alert 方法的组件也即得到了结果。这个方案是不是更巧妙地完成了前面所提的需求呢？

实际上任何事件都可以被封装成 Promise 风格的 API，前面讲的跨进程事件也不例外，这里不再赘述，请大家自己实现。

14.6　基于 HTML API 的跨进程事件

我们前面介绍了通过 Electron API 在不同渲染进程传递消息的机制，本节将介绍一种通过 HTML API 的方式实现不同渲染进程的通信机制，代码如下所示：

```
let events = require("events");
let crypto = require("crypto");
class Eventer {
  private instance;
  emit(eventName, eventArgs) {
    let rnd = crypto.randomBytes(6).toString("hex");
    let name = 'eventerEx${rnd}';
    let dataStr = JSON.stringify({ eventName, eventArgs });
    localStorage.setItem(name, dataStr);
    this.instance.emit(eventName, eventArgs);
  }
  on(eventName, callBack) {
```

```
      this.instance.on(eventName, callBack);
    }
    storageListener() {
      window.addEventListener("storage", (e) => {
        if (e.storageArea != localStorage) return;
        if (e.key && !e.key.startsWith("eventerEx")) return;
        if (!e.newValue) return;
        let dataStr = localStorage.getItem(e.key);
        let data = JSON.parse(dataStr);
        this.instance.emit(data.eventName, data.eventArgs);
        localStorage.removeItem(e.key);
      });
    }
    constructor() {
      this.instance = new events.EventEmitter();
      this.instance.setMaxListeners(Infinity);
      this.storageListener();
    }
  }
export let eventer = new Eventer();
```

这个方案依然对 Node.js 的 EventEmitter 对象进行了封装，不过在 Eventer 的构造函数中，我们监听了 HTML 5 的 storage 事件，这个事件的定义为：当同源页面的某个页面修改了 localStorage，其他的同源页面只要注册了 storage 事件就会触发。

我们利用 HTML 5 的这个能力来实现了跨渲染进程通信方案，当页面的某个组件调用 emit 方法发射事件时，我们生成了一个以 eventerEx 为前缀的随机字符串，随机数是使用 crypto 模块的 randomBytes 方法生成的，这是不同于 Math.random() 的一种生成随机字符串的方法，前面使用 Math.random() 生成的实际上是一个介于 0 ～ 1 之间的小数，我们只不过把这个小数当作一个随机字符串使用而已，crypto.randomBytes 方法则可以生成真正的随机字符串，里面是包含字符的，但这个方法比 Math.random() 的效率要低一些。

接着把事件名和事件数据封装成一个 JSON 对象，并把它序列化成字符串，并存储到 localStorage 内。

使用随机字符串作为 localStorage 数据的键名，而不直接使用 eventName 作为键名，主要是为了避免短时间内有大量同一个 eventName 的事件被触发而导致接收逻辑混乱的问题。

由于必须是两个不同的同源页面才会触发 storage 事件，也就是说在一个页面中修改了 localStorage 的内容，在另一页面上注册的 storage 事件才会被触发，同一个页面上注册的 storage 事件不会被触发，所以我们在存储完 localStorage 数据后，还在当前渲染进程的 EventEmitter 实例上 emit 了这个事件，就可以确保在同一个页面上注册的事件也会被触发。

storage 事件在另一个渲染进程中被触发时，storage 事件的回调函数将被执行，在这个回调函数中首先进行了一系列的过滤，值得说明的是关于 e.newValue 的判断逻辑，当 e.newValue 有值时，代表某个页面正在 localStorage 中添加新的数据，没有值时，代表正在 localStorage 中删除数据。

接着使用 e.key 找到了我们关注的事件数据，e.key 是触发 storage 事件的 localStorage 数据项的键名，也就是前面讲的那个附带随机数的字符串，拿到事件数据后，将这些数据反序列化成 JSON 对象，有了这个对象我们就拿到了事件名和事件数据，之后就在 EventEmitter 对象上触发了对应的事件。该渲染进程内注册的事件处理程序就会被执行。

为了不让 localStorage 中与事件有关的数据越来越多，在发射完事件之后应立即把 localStorage 数据项删除。

这个方案可以不经过主进程的中转就实现窗口间通信的需求，但要想把渲染进程的事件发射到主进程中则不能使用这个方案，因为主进程内是没有 localStorage 之类的存储机制的，也没有 storage 事件。

可能会有读者觉得这个方案比前面介绍的方案高效，但根据浏览器的实现原理来看应该说相差无几，Chromium 背后也是多进程机制，这里因一个页面的数据变化导致另一个页面的事件被触发，也是经由进程间通信实现的，并没有更先进的技术实现。

14.7　跨进程通信带来的问题

假设有一个需求：要控制应用程序的托盘图标开始闪烁和停止闪烁。使托盘图标闪烁并不是什么难事，只要通过一个定时器不断切换托盘图标的图像就可以做到，代码如下所示：

```
let { Tray } = require('electron');
let iconPath = path.join(__dirname, 'icon.png');
let iconPath2 = path.join(__dirname, 'icon2.png');
let flag = true;
let flashTimer = setInterval(() => {
    if (flag) {
        tray.setImage(iconPath2);
        flag = false;
    } else {
```

```
        tray.setImage(iconPath);
        flag = true;
    }
}, 600)
```

控制其停止闪烁也很方便，只要停止这个定时器就可以了。但问题就在于，我们在什么地方控制托盘图标开始闪烁或停止闪烁？假设我们在渲染进程来控制托盘图标的闪停，那么你将面临进程间同步的问题。

我们知道 Electron 的托盘图标控制对象是一个主进程独有的对象，渲染进程不能直接使用它，而大部分控制托盘图标闪停的需求都要在渲染进程中实现，比如用户收到一个消息需要闪烁托盘图标，用户阅读过此消息后再停止闪烁托盘图标。

假设要求停止闪烁的消息比要求开始闪烁的消息先到达主进程，那么此时托盘图标将一直闪烁下去，直到用户阅读完另一条消息之后才会停止，显然这不是我们期望的结果。

这类问题不是很好处理，最简单的方式就是在消息体内增加时间戳，在控制托盘图标闪停的逻辑里根据时间戳排序来处理消息，这需要创建一个消息队列，每隔一段时间之后处理一次消息队列中的消息，这就能保证这一段时间内的消息是有序处理的。建议大家使用 performance.timeOrigin 来生成时间戳，它比 Date.now() 要精确得多，更容易区分消息的先后。

但假如停止闪烁的消息体比开始闪烁的消息体先生成呢？这种情况下时间戳的方案就失效了。

要想解决这类问题，就要考虑把业务数据附加到消息体内，在停止闪烁的处理逻辑内，判断是否有一个对应的开始闪烁的消息已经被处理过了，如果是，则正确执行停止闪烁的逻辑，如果不是，则要把这个消息存起来，等待开始闪烁的消息被处理完之后，再处理这个停止闪烁的消息。

总之，Electron 没有提供进程同步的 API，也没有类似 mutex 之类的互斥锁，要处理异步逻辑带来的同步问题只能根据实际情况选择正确的方案。

第 15 章 *Chapter 15*

窗　口　池

Electron 创建并渲染窗口的执行效率不佳，本章介绍了一种应对这个问题的方案：通过提前创建窗口，并把这些窗口置入一个"池子"中，随取随用，用完即弃，最后还介绍了一种使用模拟手段创建模态窗口的方案。

15.1　窗口渲染过慢

Electron 创建窗口速度非常快，但渲染窗口速度很慢，在一台普通配置的电脑上（CPU：i5 8250U，内存：16GB）从创建窗口完成到渲染窗口完成（加载本地一个简单的 HTML 页面）大概需要 2 秒的时间。

也就是说如果开发者想要实现一个类似系统设置或个人信息的独立窗口，是需要特别考虑用户体验的问题的，终端用户从唤起这个窗口开始到真正呈现出来，可能要等待 2 秒左右的时间。

这就是开发者总是尽量避免使用独立窗口的原因，有类似需求时，也是使用 HTML 技术解决：用 HTML DOM 模拟一个页面内的弹窗来达到相似的效果。

这种方案有一个明显的问题就是这个窗口是无法拖动到父窗口外面的，这在某些场景下是无法满足用户需求的。比如用户需要在操作弹窗内的内容时，还要操作父窗口的内容。

遇到这种情况，开发者又不得不寻求独立窗口的解决方案，那么有没有一种既能快速渲染窗口又能避免模拟弹窗问题的方案呢？

开发者很快就能想到：我先把窗口都创建好，但并不显示，等需要的时候再显示，用完也不关闭窗口，只是隐藏窗口，等待下一次使用。这个方案是可行的，因为让一个窗口从隐藏状态切换到显示状态是非常快的。

但这个方案也带来了新问题，由于 Electron 是多进程架构的，每个窗口都是一个独立的进程，每多开一个窗口就会占用更多的系统资源，如图 15-1 所示。

如果开发者在应用初始化时就把设置窗口、个人信息窗口等可能会用到的窗口全部一次性创建好，等着用户使用，那么此时用户系统内就会有很多个进程，占用

图 15-1　Electron 应用的多进程状况

用户的 CPU 和内存资源，导致应用不稳定。而且用户可能根本就不会打开这些窗口，开发者只是担心用户打开窗口时的体验问题，就提前把这些窗口都创建出来了，平白浪费了很多用户的资源。

另外由于每次打开和关闭窗口，只是显示和隐藏，所以窗口页面的状态也不会按需得到初始化和还原。需要开发者自行控制（往往需要窗口间通信的方式来控制窗口内页面的状态），这又增大了开发者的负担。看似简单的方案其实并不是最理想的方案。

那么有没有更好的解决方案呢？答案是肯定的。接下来我们就详细描述一下窗口池方案的设计与实现。

15.2　构建窗口池

窗口池的原理就是提前准备 n 个隐藏的备用窗口，这里的 n 可以随意设置，一般情况下 1 ~ 2 个足矣。让这 n 个隐藏的窗口加载一个空白页面，如果是 Vue 或者 React 项目，也可以让这些窗口提前初始化它们的实例，甚至可以把自定义的窗口标题栏渲染出来，只不过内容区域不做渲染。

当用户需要使用窗口时，程序就从窗口池中取出一个备用窗口，迫使内容区域路由到用户指定的页面，然后把窗口显示出来。由于我们已经初始化了窗口所需的资源，所以路由跳转的过程是非常快的，一般不会超过 0.5 秒。

当用户关闭窗口时，就直接把窗口实例释放掉，但程序会监听窗口的关闭事件，一旦释放了一个窗口，就马上创建一个新的隐藏窗口备用，也就是说确保窗口池中始终有 n 个窗口等待被使用。

窗口池的原理与线程池、数据库链接池的原理类似，创建线程或数据库链接是消耗资源非常高的操作，所以程序会创建一个"池子"，提前准备好 n 个线程或链接，当应用程序索取时，就从"池子"里"捞出"一个空闲的线程或链接给消费者程序使用。一旦消费者程序使用完毕，要么归还线程或链接，要么直接释放，如果是直接释放的话，"池子"就要有自我创建的能力，确保"池子"里有充足的资源备用。我们这里就是采用直接释放窗口的逻辑。这主要是为了保证每次使用的窗口都具备全新的状态，而不必考虑清除上一次使用时遗留的状态。

窗口池的代码分为两部分：一部分为窗口池的代码；一部分为窗口池内窗口实例的代码。我们先看窗口池的代码，如下所示：

```
import { ipcMain } from "electron";
import { Win } from "./Pool/Win";

class Pool {
  dic: Win[] = []
  async init() {
    this.dic.push(new Win())
  }
  constructor() {
    ipcMain.handle("loadWindow", async (e, param: { width: number, height:
      number, url: string }) => {
      let oldObj = this.dic.find(v => v.url === param.url)
      if (oldObj) {
        oldObj.win.show();
        oldObj.win.moveTop()
        return
      }
      let blankObj = this.dic.find(v => v.url === "/blank")
      await blankObj.use(param)
      this.dic.splice(0, 0, new Win())
    })
  }
}
export let pool = new Pool()
```

首先，应用初始化的时候调用 pool 的 init 方法，生成一个窗口实例，并把它放入窗口池中（就是 pool 的一个数组）备用，Win 类型是窗口池内窗口的通用类，后面会详细解释。

接着通过 ipcMain.handle 方法监听 loadWindow 事件，等待用户操作使用窗口，在这个事件的回调方法中，我们首先在窗口池中查找是否具有相同 url 的窗口，如果有则直接显示这个窗口即可，不必再消耗一个备用窗口（这个约定不一定适用于你的业务，是否采纳应视具体情况而定）。

如果没有找到相同 url 的窗口，那么就找出备用窗口（此时备用窗口的 url 为 "/blank"），然后调用窗口实例的 use 方法把它使用掉，之后马上创建一个新的备用窗口实例，放入窗口池内以备下次使用。

15.3　构建窗口实例

放入窗口池中的窗口类型是我们自定义的一个类型，这个类型的实例持有一个 BrowserWindow 类型的对象，还有很多额外的属性和方法，我们先来看一下这个类型的构造方法：

```
constructor() {
  let config = new WindowConfig();
  config.maximizable = true
  config.resizable = true
  config.show = false
  this.win = new BrowserWindow(config);
  this.initEvent()
  protocol.load(this.win, "/blank")
}
```

在构造方法中创建了一个 BrowserWindow 对象，迫使它加载一个特定的空白页面（开发者可以把这个页面制成一个骨架屏），并把它赋值给 win 属性，同时还通过 initEvent 方法为这个窗口注册了一系列的事件。

其中 WindowConfig 是我们自定义的一个配置类型，它抽象了 BrowserWindow 的一些常用配置参数，代码如下：

```
import { BrowserWindowConstructorOptions } from 'electron'
import {WebPreferencesConfig} from "./WebPreferencesConfig"
export class WindowConfig implements BrowserWindowConstructorOptions {
  width?
  height?
  maximizable?
```

```
  resizable?
  x?
  y?
  alwaysOnTop?
  skipTaskbar?
  frame = false
  show = false
  webPreferences = new WebPreferencesConfig()
  nodeIntegrationInSubFrames = true
  nativeWindowOpen = true
  modal?
  parent?
  movable = true
  thickFrame = true
  minHeight?
  minWidth?
}
```

WebPreferencesConfig 也是用于配置窗口对象的类型，代码如下：

```
import { WebPreferences } from 'electron'
export class WebPreferencesConfig implements WebPreferences {
  preload?
  nodeIntegration = true
  devTools = true
  webSecurity = false
  nodeIntegrationInSubFrames = true
  nodeIntegrationInWorker = true
  worldSafeExecuteJavaScript = true
  contextIsolation = false
  center = true
}
```

BrowserWindow 实例创建成功后，我们监听了这个实例的一系列事件，代码如下：

```
private initEvent() {
  this.win.on("close", () => {
    let index = pool.dic.findIndex(v => v.url === this.url)
    pool.dic.splice(index, 1)
  })
  this.win.on("maximize", () => {
    this.win.webContents.send('windowMaximized')
  })
  this.win.on("unmaximize", (e) => {
    this.win.webContents.send('windowUnmaximized')
  })
}
```

在这个方法中，最重要的是窗口的 close 事件，因为一旦窗口关闭，我们必须把窗口池内的实例销毁掉，另外当窗口最大化或还原时需要通知渲染进程，以使渲染进程的自定义标题栏最大化和还原按钮显示正确的图标。

开发者不应试图在渲染进程内部，点击"最大化"和"还原"按钮时记录窗口的最大化和还原的状态，因为我们往往不能确定程序会在什么地方最大化或还原窗口，比如当用户双击 -webkit-app-region: drag 区域时，窗口也会最大化，此时开发者如果在渲染进程内部记录了窗口状态，这个窗口状态的值就会错乱。

在主进程中监听 BrowserWindow 实例的 maximize 和 unmaximize 事件，当事件被触发时，再发消息给渲染进程，通知渲染进程更新界面的窗口状态是最佳方案（但这也并不是完美的解决方案，当用户插入 VGA 或 HDMI 线时，操作系统会重绘桌面上的所有窗口，在某些情况下会导致最大化的窗口变成还原状态，此时是不会触发 BrowserWindow 的 unmaximize 事件的）。

15.4　通用的窗口标题栏

一般情况下开发者不会使用系统默认的标题栏，而是通过界面设置自己的标题栏，前面提到窗口的最大化和还原事件是由主进程的窗口实例监控的，当这两个事件触发时，渲染进程会接收到主进程发来的消息，消息接收逻辑代码如下：

```
import { ref } from 'vue'
let isMaximized = ref(false)
ipcRenderer.on('windowMaximized', () => {
  isMaximized.value = true
})
ipcRenderer.on('windowUnmaximized', () => {
  isMaximized.value = false
})
```

这两个事件并没有多少逻辑，只是更新了 isMaximized 变量的值，这个变量控制着标题栏的界面应该显示什么按钮图标：

```
<div v-if="!isMaximized" @click="maxmizeMainWin" title=" 最大化 ">
  <i class="icon iconfangda"></i>
</div>
<div v-else @click="unmaximizeMainWindow" title=" 还原 ">
  <i class="icon iconsuoxiao"></i>
</div>
```

至于关闭窗口、最大化窗口、最小化窗口、还原窗口的按钮点击事件处理逻辑就是渲染进程 invoke 调用主进程的逻辑，完成相应的操作，此处以最大化窗口为例介绍，代码如下：

```
// 以下为渲染进程的按钮点击事件
let maxmizeMainWin = () => {
  ipcRenderer.invoke('maxmizeWindow')
}
// 以下为主进程的处理逻辑
ipcMain.handle('maxmizeWindow', (e) => {
  let win = BrowserWindow.fromWebContents(e.sender)
  win.maximize()
})
```

这里需要注意 e.sender 是当前窗口的 webcontents 实例，所以可以通过 BrowserWindow.fromWebContents 方法获取当前窗口的实例，然后再执行 maximize 方法最大化窗口，其他事件也大致相同。

如果 ipcRenderer.invoke 的代码是从 BrowserView 内执行的，那么通过 BrowserWindow.fromWebContents 方法是没办法获取到窗口实例的，应该通过如下代码获取：

```
let bv = BrowserView.fromWebContents(webContents)
result = BrowserWindow.fromBrowserView(bv)
```

另外，除了设置界面的窗口标题外，还应该考虑设置窗口的任务栏标题，如图标 [GitHub Desk..] 所示，设置任务栏的标题不需要主进程参与，只要更改 document.title 属性即可：

```
document.title = '系统登录'
```

15.5　消费窗口池中的窗口

开发者可以通过如下代码消费一个窗口池内的窗口：

```
ipcRenderer.invoke('loadWindow', {
  width: 375,
  height: 420,
  resizable: false,
  url: '/user?id=123456',
})
```

loadWindow 事件前面已经介绍过了，在这个事件的处理方法中我们使用 await blankObj.use(param) 消费了窗口池中的一个窗口，其中 use 方法是窗口实例上的方法，下面来看一下这个方法的实现逻辑：

```
public async use(param) {
  this.url = param.url
  this.width = param.width;
  this.height = param.height;
  this.resizable = param.resizable
  this.extraData = param.extraData
  this.alwaysTop = param.alwaysTop
  protocol.load(this.win, this.url)
  this.win.setSize(this.width, this.height)
  this.win.setAlwaysOnTop(!!this.alwaysTop)
  this.win.center()
  this.win.show()
}
```

这个方法保存了渲染进程通过 loadWindow 事件传递过来的一些窗口参数，接着就通过工具方法 protocol.load 来操作窗口完成页面跳转，其内部逻辑就是判断当前处于生产环境还是开发环境，以使用不同的协议加载页面，前面已有介绍，此处不再赘述，然后执行设置窗口大小以及显示窗口的工作。

虽然 protocol.load 也是加载整个页面，但由于是从同域下的空白页面跳转到新的页面，所以效率还是非常高的，比一个全新的窗口加载一个全新的页面效率要高得多。

开发者也可以考虑使用 this.win.webContents.executeJavaScript 方法来迫使窗口的渲染进程执行一段 JavaScript 脚本，然后让渲染进程完成路由跳转的工作，这种方案的执行效率又比上一种方案高一些。

15.6　模拟模态窗口

Electron 是支持模态窗口的，但支持得并不好。在创建一个窗口时只要设置好相关属性的值，就可以为一个父窗口创建一个子模态窗口，代码如下所示：

```
let win = new BrowserWindow({
  parent: myWindowInstans,
  modal: true,
  show: true
})
```

一个全新的窗口加载一个全新的页面是非常慢的，模态窗口也是一样，但我们又没办法把一个窗口池里的备用窗口设置为另一个窗口的模态窗口，为此我给 Electron 提交了一个 Issue（https://github.com/electron/electron/issues/27107），已经被官方标记了 enhancement 标签，遗憾的是本书出版前尚未修复。

下面我们来看一种折中的设置模态窗口的方法：

```
if (this.isModal) {
  this.win.setSkipTaskbar(true)
  this.win.setParentWindow(yourWindowInstance)
  BrowserWindow.getAllWindows().forEach(w => {
    if (w.id === this.win.id) return;
    w.webContents.executeJavaScript('globalThis.app.showMask(true)').then().
      catch()
  })
}
```

在上面的代码中，我们首先通过 setSkipTaskbar 方法控制窗口不显示在任务栏区域，接着通过 setParentWindow 方法把当前窗口设置为备用窗口的父窗口，然后通过 webContents.executeJavaScript 方法迫使除这个模态窗口之外的所有其他窗口执行一段 JavaScript 脚本。这段脚本为这些窗口的界面添加了一个遮罩层，达到了禁用用户点击操作的目的：

```
// 界面代码
<template>
  <div id="modalWindowMask" class="mask"></div>
</template>
<style lang="scss" scoped>
.mask {
  position: absolute;
  top: 26px;
  left: 0px;
  right: 0px;
  bottom: 0px;
  background: transparent;
  z-index: 999999999;
  display: none;
}
</style>
// 脚本代码
public showMask(flag) {
  document.getElementById('modalWindowMask').style.display = flag ? 'block' :
    "none"
}
```

当模态窗口关闭时，我们要把这些窗口的遮罩层去掉，在这个模态窗口的关闭事件中增加如下逻辑：

```
this.win.on("close", () => {
  if (this.isModal) {
    BrowserWindow.getAllWindows().forEach(w => {
      w.webContents.executeJavaScript('globalThis.app.showMask(false)').then().
        catch()
    })
  }
})
```

这样就通过一种模拟的方式实现了模态窗口的效果。

第 16 章 *Chapter 16*

原生模块

本章介绍了开发 Node.js 原生模块的知识，以及如何在 Electron 应用内使用 Node. js 原生模块的办法。如果读者的产品暂时不会涉及原生模块的需求，那么可以跳过本章，直接学习后面的内容。

16.1 需求起源

很早以前，计算机的世界里只有单线程应用程序，程序完成一项操作前必须等待前一项操作结束。这种模式有很大的局限性，因为进程之间内存是不共享的，要开发大型应用程序需要很复杂的程序模型和较高的资源消耗。

后来出现了多线程技术，同一进程可以创建多个线程，线程之间共享内存。当一个线程等待 IO 时，另一个线程可以接管 CPU。这给开发者带来了新的问题，就是开发者很难知道在给定时刻究竟有哪些线程在执行，所以必须仔细处理对共享内存的访问，使用诸如线程锁或信号量这样的同步技术来协调线程的执行工作。如果应用中有非常多此类控制逻辑，很容易产生错误，而且这种错误很难排查。

JavaScript 是事件驱动型的编程语言，是单线程执行的，拿 Node.js 来说，其内部有一个不间断的循环结构来检测当前正在发生什么事件，当某个事件发生时，它就执行事件关联的处理程序，且在任一给定的时刻，最多运行一个事件处理程序。

如下代码是 Node.js 写文件的示例代码：

```
fs.writeFile(filePath, data, callback);
```

在 Node.js 发起写操作后（IO 操作），这个函数并不会等待写操作完成，而是直接返回，把 CPU 的控制权交给这行代码之后的业务代码，没有任何阻塞。当实际的写操作完成后，会触发一个事件，这个事件会执行 callback 内的逻辑（需要注意的是，JavaScript 是单线程的，但 Node.js 并不是单线程的，写文件的工作是由 Node.js 底层的 C++ 模块完成的，完成后再触发 JavaScript 执行线程的回调事件）。

早期的 C++、C# 或 Java 处理类似的业务，如果不开新线程的话，只能等待 IO 操作完成之后，才能处理后面的逻辑。

这一特性使得 JavaScript 语言在处理高 IO 的应用时如鱼得水。但也正是因为这一点，使得 JavaScript 语言不适合处理 CPU 密集型的业务，假如一个任务长时间占用 CPU，整个应用就会“卡住”，无法处理其他业务，只能等待这个任务执行完成后才可以处理其他任务。

虽然 Node.js 对常见的一些 CPU 密集型的业务进行了封装，比如加密解密、文件读写等，但我们还是会碰到一些特殊的 CPU 密集型业务需求，比如编码解码、数据分析、科学计算等。为此 Node.js 提供了一个支持方案，允许开发者使用 C、C++ 等语言开发原生模块，遵循此方案开发出的原生模块可以像普通的 Node.js 模块一样通过 require() 函数加载，并使用 JavaScript 访问模块提供的 API。

除此之外，还有如下一些其他的原因，使我们希望 Node.js 具备原生模块的能力。

❑ 性能提升：JavaScript 毕竟是解释型语言，相对于系统级语言来说性能上还是略有不足；

❑ 节约成本：有很多现成的 C/C++ 项目，能在 Node.js 项目中直接复用这些项目可以节约很多开发成本；

❑ 能力拓展：Node.js 不是万能的，比如枚举桌面窗口句柄、访问系统驱动信息等需求，也需要 C/C++ 的能力来辅助完成。

我们知道 Electron 框架内置了 Node.js，Node.js 是 Electron 的三驾马车（Chromium、Node.js、Electron Native Module）之一，所以 Node.js 面临的问题，Electron 也会面临，Node.js 具备的能力，Electron 同样也具备，接下来就介绍如何在 Electron 应用中使用原生模块。

16.2 原生模块开发方式

Node.js 是一个伟大的开源项目，与所有开源项目一样，其 API 是在不断演进的过程中成熟的。

Node.js 为 JavaScript 开发者提供的 API 设计得非常健壮、精良，随着时间的推移变化并不大（如果仔细观察的话会注意到一系列被弃用的 JavaScript API），但支持原生模块开发的 C++ API 及周边的工具却变革比较剧烈。

最早开发 Node.js 原生模块只能直接使用 V8、Node.js、libuv 等库暴露出来的接口，给开发者带来了很多麻烦，这不单是如何处理好各种模块之间关系的问题，更重要的是 V8、Node.js 演进过程中剧烈变化导致 API 不一致的问题，使得开发者实现的原生模块无法向后兼容。

V8：谷歌浏览器团队使用 C++ 语言开发的 JavaScript 执行引擎（https://v8docs.nodesource.com/）。

libuv：实现了 Node.js 的事件循环、工作线程以及平台所有的异步执行库，基于 C 语言开发。它也是一个跨平台的抽象库，使应用可以像 POSIX 一样访问常用的系统任务，比如与文件系统、socket、定时器以及系统事件的交互。libuv 还提供了一个类似 POSIX 多线程的线程抽象，可被用于实现复杂的需要超越标准事件循环的异步插件。

Node.js 自身还包含一系列的静态链接库，比如 OpenSSL、zlib 等。

只有部分 libuv、OpenSSL、V8 和 zlib 的接口是被 Node.js 有目的地公开的，并且可以被插件在不同程度上使用。

后来 Node.js 团队推出了 NAN 框架（Native Abstractions for Node.js, https://github.com/nodejs/nan），这个框架通过一系列的宏来保证原生模块的源码可以在不同版本 Node.js 环境下成功编译（这些宏会判断当前 Node.js 的版本号，并展开成适应此版本的 C++ 源码）。聪明的读者可能已经发现了，这个技术方案并不能保证编译出的原生模块向后兼容新版本的 Node.js，它只起到了帮助开发者用同一套代码生成不同版本的原生模块的作用，也就是说代码需要在不同版本的 Node.js 下重新编译，如果版本不匹配的话，Node.js 无法正常载入这个原生模块。

现如今 Node.js 团队推出了 Node-API（以前叫 N-API，后改名），Node-API 专门用于构建原生模块，它独立于底层 JavaScript 运行时，并作为 Node.js 的一部分进行维护。它是跨 Node.js 版本的应用程序二进制接口（Application Binary Interface，ABI），旨在将原生模块与底层实现隔离开，并允许为某个 Node.js 版本编译的模块在更高版本的 Node.js 上运行而无须重新编译。也就是说不同版本的 Node.js 使用同样的接口为原生模块提供服务，这些接口是 ABI 化的，只要 ABI 的版本号一致，编译好的原生模块就可以直接使用，而不需要重新编译。

如果你想了解某个 Node.js 的 ABI 的版本号，那么可以访问如下地址：https://nodejs.org/en/download/releases/，参考如图 16-1 所示的信息（NODE_MODULE_VERSION 列就是 ABI 的版本号）。

Version	LTS	Date	V8	npm	NODE_MODULE_VERSION[1]				
Node.js 16.3.0		2021-06-03	9.0.257.25	7.15.1	93		Downloads	Changelog	Docs
Node.js 16.2.0		2021-05-19	9.0.257.25	7.13.0	93		Downloads	Changelog	Docs
Node.js 16.1.0		2021-05-04	9.0.257.24	7.11.2	93		Downloads	Changelog	Docs
Node.js 16.0.0		2021-04-20	9.0.257.17	7.10.0	93		Downloads	Changelog	Docs
Node.js 15.14.0		2021-04-06	8.6.395.17	7.7.6	88		Downloads	Changelog	Docs
Node.js 15.13.0		2021-03-31	8.6.395.17	7.7.6	88		Downloads	Changelog	Docs
Node.js 15.12.0		2021-03-17	8.6.395.17	7.6.3	88		Downloads	Changelog	Docs
Node.js 15.11.0		2021-03-03	8.6.395.17	7.6.0	88		Downloads	Changelog	Docs

图 16-1　Node.js 的 ABI 的版本号

在开始编写代码之前，我们还应该了解一个工具：node-gyp（https://github.com/nodejs/node-gyp）。它是专门为构建开发、编译原生模块环境而生的跨平台命令行工具，它的底层内置了 Chromium 团队开发的 gyp-next 工具。不管开发者系统内安装了什么版本的 Node.js 环境，node-gyp 都可以有针对性地为指定版本的 Node.js 编译原生模块（它会为开发者下载指定 Node.js 版本的库和头文件）。

node-gyp 自身也是一个 Node.js 模块，开发者可以通过如下指令全局安装它：

```
> npm install -g node-gyp
```

接着使用 npm init 指令创建一个 Node.js 项目，在这个项目中观察 node-gyp 工具的具体用法。

我们需要为这个项目创建一个编译配置文件 binding.gyp，放置在项目的根目录下，代码如下所示：

```
{
  "targets": [
    {
```

```
      "target_name": "addon",
      "sources": [ "src/hello.cc" ]
    }
  ]
}
```

此配置文件中指定了编译工作所需的模块名（addon）和源码文件（src/hello.cc）。

开发者可以先创建一个没有任何内容的 src/hello.cc 文件，然后执行如下命令，生成项目的构建工程：

```
> node-gyp configure
```

如果在命令行下看到了一段彩色文字 gyp info ok，那么说明构建工程已经创建成功了。如果你在 Windows 系统下完成这项工作，那么构建工程的项目文件位于 build\binding.sln。

接下来就可以在 src\hello.cc 文件内编写原生模块的代码逻辑（后面会详细讲解），编写完成后，执行如下命令编译原生模块：

```
> node-gyp build
```

如果编译成功，同样会看到 gyp info ok 的输出。原生模块将被生成在此位置：build\Release\addon.node。

这就是使用 node-gyp 工具创建、编译原生模块的步骤。无论使用什么方式开发 Node.js 的原生模块，都应该使用 node-gyp 工具来构建开发、编译环境，但为 Electron 项目开发原生模块则不应该使用它（后面我会讲解具体的原因）。

强烈建议大家基于 Node-API 来实现原生模块，尽管如此还是会介绍一下直接基于原始 API 开发原生模块的方法，供感兴趣的读者了解（当然，如果你不感兴趣，直接跳过下一小节）。

16.3 传统原生模块开发

我们使用传统的方式撰写 hello.cc 文件的源码，如下所示：

```
#include <node.h>

namespace demo
{
  using v8::FunctionCallbackInfo;
  using v8::Isolate;
  using v8::Local;
```

```
using v8::Object;
using v8::String;
using v8::Value;
using v8::Number;
using v8::Boolean;
using v8::Context;

void Hello(const FunctionCallbackInfo<Value> &args)
{
  Isolate *isolate = args.GetIsolate();
  args.GetReturnValue().Set(String::NewFromUtf8(isolate, "world").ToLocal
    Checked());
}
void Initialize(Local<Object> exports)
{
  NODE_SET_METHOD(exports, "hello", Hello);
}
NODE_MODULE(NODE_GYP_MODULE_NAME, Initialize)
}
```

在上面代码中，NODE_GYP_MODULE_NAME 宏指代模块名，就是在配置文件中设置的 target_name；Initialize 方法使用宏 NODE_SET_METHOD 为该模块公开一个 JavaScript 可访问的方法 hello，当 JavaScript 调用此模块的 hello 方法时，在模块内编写的 Hello 方法将被执行。

在 Hello 方法内，开发者可以通过 args 参数获取 JavaScript 的输入参数，也可以通过 args 参数设置方法的返回值。

如果设置的返回值是字符串，则需要进行编码和本地化操作：String::NewFromUtf8 (isolate, "world").ToLocalChecked()，就像上面的代码中所展示的那样。

接下来在该目录的命令行下执行如下命令，完成编译工作。

```
node-gyp build
```

如果你在命令行最后看到彩色的 gyp info ok 输出，说明原生模块已经编译成功了，它被放置在 build\Release\addon.node 路径下。此时再在 binding.gyp 同级目录下创建一个 test.js 文件，以验证编译出的原生模块是正常可用的，代码如下：

```
let addon = require("./build/Release/addon.node");
console.log("addon hello", addon.hello());
```

然后在命令行下执行如下指令：

```
> node test.js
```

你将会在命令行下看到预期的结果输出：

```
> addon hello world
```

如果我们希望 addon.hello 方法返回的是布尔类型或数字类型，则可以直接设置 args 的返回值即可，代码如下所示：

```
int _count = 1;
args.GetReturnValue().Set(_count);

// args.GetReturnValue().Set(false);
```

如果我们希望 addon.hello 方法返回一个 JSON 对象，可以通过如下代码进行操作：

```
Isolate *isolate = args.GetIsolate();
Local<Object> obj = Object::New(isolate);
Local<Context> context = isolate->GetCurrentContext();
obj->Set(context, String::NewFromUtf8(isolate, "paramString").ToLocalChecked(),
  String::NewFromUtf8(isolate, "valueString").ToLocalChecked()).FromJust();
obj->Set(context, String::NewFromUtf8(isolate, "paramNum").ToLocalChecked(),
  Number::New(isolate, 1)).FromJust();
obj->Set(context, String::NewFromUtf8(isolate, "paramBool").ToLocalChecked(),
  Boolean::New(isolate, false)).FromJust();
args.GetReturnValue().Set(obj);
```

在上面的代码中我们创建了一个具备 paramString、paramNum、paramBool 等属性的 JSON 对象，并把它返回给函数的调用方。

除此之外，开发者还可以从输入参数 args 中获取传入的字符串、对象甚至回调函数，这里不再详述。

16.4 使用 Node-API 开发原生模块

基于 Node-API 开发原生模块仍存在两种方式（可选路径如此之多，真是劝退初学者），一种方法是使用 C 语言开发，由于 Node-API 就是用 C 语言封装的，所以这种方法更为直接，但由于 C 语言过于简单直接，语言特性较少，所以开发起来显得非常麻烦。

另一种方式是基于 node-addon-api 项目（https://github.com/nodejs/node-addon-api）使用 C++ 语言开发，node-addon-api 项目是对 Node-API 的 C++ 再包装，这种方式可以精简很多代码。下面通过创建一个 JavaScript 对象为例来对比一下这两种写法的不同。

先来看使用 C 语言完成这项工作的代码：

```
napi_status status;
napi_value object, string;
status = napi_create_object(env, &object);
if (status != napi_ok) {
  napi_throw_error(env, ...);
  return;
}
status = napi_create_string_utf8(env, "bar", NAPI_AUTO_LENGTH, &string);
if (status != napi_ok) {
  napi_throw_error(env, ...);
  return;
}
status = napi_set_named_property(env, object, "foo", string);
if (status != napi_ok) {
  napi_throw_error(env, ...);
  return;
}
```

在这段代码中，首先通过 napi_create_object 接口创建对象，然后通过 napi_create_string_utf8 接口创建字符串，最后通过 napi_set_named_property 接口为对象附加一个属性，并把这个属性的值设置为字符串的值。这段逻辑不但包括复杂的 API 使用，还包括好几处错误检查，代码非常冗长拖沓。

> 直接使用 Node-API 开发原生模块，有如下几个约定需要开发者注意：
> ❑ 所有 Node-API 调用都返回 napi_status 类型的状态代码，此状态指示 API 调用是成功还是失败。如果失败，则可以使用 napi_get_last_error_info 方法获取具体的错误信息。
> ❑ API 的返回值通过输入的 out 参数传递给调用方。
> ❑ 所有 JavaScript 值都抽象在一个名为 napi_value 的类型内。

再来看一下 C++ 语言完成此项工作的代码：

```
Object obj = Object::New(env);
obj["foo"] = String::New(env, "bar");
```

仅此两句代码就把需求实现了，第一句创建对象，第二句为对象属性赋值，非常精炼直接。

但由于 node-addon-api 是一个独立的项目（也是由 Node.js 团队维护的），并不像 Node-API 一样是 Node.js 的一部分，所以每当 Node-API 升级后，你的项目依赖的 node-addon-api 也要跟着升级，才能使用 node-addon-api 包装的新特性，不过如果你不介意的话，可以在你的项目中使用 C 风格的代码直接访问 Node-API 提供的新接口，node-addon-api 同时也提供了这样的方法来帮助你做类似的事。

综上所述，推荐大家基于 node-addon-api 来开发 Node.js 的原生模块。接下来我们就一起完成这样一个原生模块。

1）新建一个 Node.js 项目，并通过如下指令安装 node-addon-api 依赖：

```
> npm install node-addon-api
```

2）创建编译配置文件 binding.gyp，源码如下：

```
{
  "targets": [
    {
      'cflags!': [ '-fno-exceptions' ],
      'cflags_cc!': [ '-fno-exceptions' ],
      'defines': [ 'NAPI_DISABLE_CPP_EXCEPTIONS' ],
      "target_name": "addon",
      'include_dirs': ["<!(node -p \"require('node-addon-api').include_dir\")"],
      "sources": [ "src/hello.cc" ]
    }
  ]
}
```

此文件的配置信息比之前介绍的内容丰富了一些，其中 include_dirs 配置 node-addon-api 项目提供的 C++ 头文件所在路径，defines、cflags_cc! 和 cflags! 起到禁用 C++ 异常的作用（注意，如果开发者选择禁用 C++ 异常，那么 node-addon-api 框架将不再为开发者处理异常，开发者就需要自己检查异常了）。

3）编写 src/hello.cc 的源码，如下所示：

```
#include <napi.h>
Napi::String Hello(const Napi::CallbackInfo &info)
{
  Napi::Env env = info.Env();
  return Napi::String::New(env, "world");
}
Napi::Object Init(Napi::Env env, Napi::Object exports)
{
  exports.Set(Napi::String::New(env, "hello"), Napi::Function::New(env, Hello));
  return exports;
}
NODE_API_MODULE(NODE_GYP_MODULE_NAME, Init)
```

NODE_API_MODULE 这个宏方法定义此原生模块的入口函数，一旦 Node.js 加载该模块时，将执行 Init 方法，NODE_GYP_MODULE_NAME 宏展开后为编译配置文件 binding.gyp 中的 target_name。

Init 方法是这个模块的入口函数，这个函数包含两个参数（Node.js 调用此函数时会输入这两个参数），第一个是 JavaScript 运行时环境对象，第二个是模块的导出对象（也就是 module.exports）。我们可以给这个对象设置属性，以导出我们想要暴露给外部的内容，此处导出了 hello 方法，当外部调用此方法时，将执行 Hello 函数。入口函数退出时应把 exports 对象返回给调用方。

Hello 函数执行时调用方会传入一个 CallbackInfo 类型的参数，它是一个由 Node.js 传入的对象，该对象包含 JavaScript 调用此方法时的输入参数，可以通过这个对象的 Env 方法获取 JavaScript 运行时环境对象。

String 对象的静态方法 New 创建一个 JavaScript 字符串，它的第一个参数是 JavaScript 运行时环境对象，也就是说，要指明这个字符串被使用的环境。

4）代码编写完成后，执行如下两条指令编译并生成原生模块：

```
> node-gyp configure
> node-gyp build
```

node-gyp configure 命令只需要运行一次，多次编译项目仅执行 node-gyp build 指令即可。

5）如果你在命令行下看到彩色的 gyp info ok 这行信息，说明原生模块已经编译成功了，它被放置在 build\Release\addon.node 路径下。此时我们再在项目根目录下创建一个 test.js 文件，以验证编译出的原生模块是正常可用的，代码如下：

```
let addon = require("./build/Release/addon.node");
console.log("addon hello", addon.hello());
```

6）在命令行下执行如下指令：

```
> node test.js
```

你将会在命令行下看到预期的结果输出：

```
> addon hello world
```

至此，我们使用 C++ 语言开发了一个 Node.js 原生模块，但这个模块并没有什么能力，只做了简单的数据输出，接下来我们就通过几个实例来了解更多 C++ 语言开发 Node.js 原生模块的细节。

16.5 Node-API 进阶

下面通过一个累加方法讲解输入参数和异常信息，首先在上一节介绍的 src/hello.cc
的 Init 方法内暴露出另外一个方法：

```
exports.Set(Napi::String::New(env, "add"), Napi::Function::New(env, Add));
```

如下是这个 Add 方法的实现代码：

```
Napi::Value Add(const Napi::CallbackInfo &info)
{
  Napi::Env env = info.Env();
  if (info.Length() < 2)
  {
    Napi::TypeError::New(env, "Wrong arguments numbers").ThrowAsJavaScriptException();
    return env.Null();
  }
  double result = 0;
  for (int i = 0; i < info.Length(); i++)
  {
    if (!info[i].IsNumber())
    {
      Napi::TypeError::New(env, "Wrong arguments").ThrowAsJavaScriptException();
      return env.Null();
    }
    double arg = info[i].As<Napi::Number>().DoubleValue();
    result += arg;
  }
  Napi::Number resultVal = Napi::Number::New(env, result);
  return resultVal;
}
```

在这个方法中，我们通过 info.Length() 获取参数数量，如果参数数量小于 2，则通过
TypeError::New 方法创建一个异常对象，接着调用这个对象的 ThrowAsJavaScriptException
方法抛出这个异常（一旦异常抛出 JavaScript 运行时将中止运行），最后返回一个空值。

如果参数数量不小于 2，则遍历所有的输入参数，并把参数的值转型成 double 类型，
然后进行累加。累加工作执行完成后，通过 Number::New 方法创建一个 JavaScript 的
Number 类型的变量，最后把这个变量返回给调用者。

执行 node-gyp build 指令重新编译工程，在 test.js 中增加如下测试代码，观察一下新
方法的运行情况：

```
console.log("add", addon.add(1, 2, 3, 4, 5, 6, 7, 8, 9));
// console.log("add", addon.add());
```

```
// console.log("add", addon.add("aabb", "ddcc"));
```

如果没有为 add 方法传入参数，那么模块会抛出如下异常信息（包含堆栈情况）：

```
D:\project\electron-book2-demo\nativeModule\NodeAPIModuleCPP>node test add 45
D:\project\electron-book2-demo\nativeModule\NodeAPIModuleCPP\test.js:4
  console.log("add", addon.add());
                           ^
TypeError: Wrong arguments numbers
  at Object.<anonymous> (D:\project\electron-book2-demo\nativeModule\NodeAPI
    ModuleCPP\test.js:4:26)
  at Module._compile (node:internal/modules/cjs/loader:1092:14)
  at Object.Module._extensions..js (node:internal/modules/cjs/loader:1121:10)
  at Module.load (node:internal/modules/cjs/loader:972:32)
  at Function.Module._load (node:internal/modules/cjs/loader:813:14)
  at Function.executeUserEntryPoint [as runMain] (node:internal/modules/run_
    main:76:12)
  at node:internal/main/run_main_module:17:47
```

如果传入的参数并非数字，模块也会抛出类似的报错信息。正常情况下这个模块会输出如下信息：

```
> add 45
```

至此，一个简单的数学运算方法已经成功地添加到这个原生模块中去了，但这个例子未能体现出 Node.js 的异步能力。接下来我们就在原生模块内实现一个异步方法，带领大家进一步了解 node-addon-api 的语法和能力。

首先再为模块暴露一个方法，在 src/hello.cc 的入口函数 Init 方法内增加如下代码：

```
exports.Set(Napi::String::New(env, "asyncMethod"), Napi::Function::New(env,
  AsyncMethod));
```

接下来编写 AsyncMethod 方法的实现，代码如下：

```
Napi::Value AsyncMethod(const Napi::CallbackInfo &info)
{
  Napi::Env env = info.Env();
  Napi::Object runInfo = info[0].As<Napi::Object>();
  int timeSpan = runInfo.Get("timeSpan").As<Napi::Number>();
  Napi::Function callback = runInfo.Get("callBack").As<Napi::Function>();
  MyWorker *asyncWorker = new MyWorker(callback, timeSpan);
  asyncWorker->Queue();
  Napi::Object obj = Napi::Object::New(env);
  obj.Set(Napi::String::New(env, "msg"), Napi::String::New(env, "please wait..."));
  return obj;
};
```

在这个方法中，我们通过 info[0].As<Napi::Object>() 获取了输入参数，这个参数是一个 JavaScript 对象，这个对象包含一个 timeSpan 属性，它的值是异步方法执行的时间，以秒为单位；还有一个 callBack 属性，它的值是一个 JavaScript 的方法，当异步方法执行 timeSpan 秒后，将调用 callBack 属性所指向的方法。

具体的异步执行逻辑被我们封装到一个新的类 MyWorker 里了，MyWorker 继承自 AsyncWorker 类，AsyncWorker 类是一个抽象类，开发者可以通过实现这个抽象类来简化事件循环与工作线程交互的烦琐工作。

一旦 AsyncWorker 的实例调用了 Queue 方法，Node.js 框架将收到它的请求，当有线程可用时，将调用 AsyncWorker 实例的 Execute 方法。一旦 Execute 方法执行完成，AsyncWorker 实例的 OnOK 方法或 OnError 方法将被调用。当这两个方法中的任一个执行完成后，AsyncWorker 的实例将被销毁。

因为 AsyncWorker 的实例是异步执行的，所以 AsyncMethod 的调用者不会等待 Async-Worker 的执行结果，这里我们给 AsyncMethod 的调用者返回了一个对象，这个对象只有一个 msg 属性，值为字符串：please wait...（此处并没有实际意义，只是为了演示如何使用 C++ 代码创建 JavaScript 对象）。

另外需要注意的是，我们使用了 MyWorker 类就要引入这个类的头文件（MyWorker 的头文件 MyWorker.h 和实现 MyWorker.cc 也放置在 src 目录下），开发者需要在 src/hello.cc 的首行加入如下代码：

```
#include "MyWorker.h"
```

那么我们就先来看看这个头文件的代码，如下所示：

```
#pragma once
#include <napi.h>
using namespace Napi;
class MyWorker : public AsyncWorker
{
public:
  MyWorker(Function &callback, int runTime);
  virtual ~MyWorker(){};
  void Execute();
  void OnOK();
private:
  int runTime;
};
```

这段代码中 #pragma once 表示此文件只允许被编译一次，然后引入了 Node-API 的头文件 napi.h。我们在 MyWorker 的头文件中引入了 napi.h，不但意味着 MyWorker 的实现文件不必再引入这个头文件，而且 src/hello.cc 也不必再引入这个头文件。

接着引入了名称空间 Napi，同样代表 src/MyWorker.cc 和 src/hello.cc 内可以直接使用 Napi 名称空间下的类型，比如 Napi::String 可以简写为 String。

下一步就是类声明和方法声明，其中 Execute 方法和 OnOK 方法是从 AsyncWorker 继承而来的方法，runTime 是一个私有变量，用于保存异步对象的执行时间，也就是前面 AsyncMethod 输入参数中包含的 runTime 数据。

下面我们看一下 MyWorker 的实现文件，代码如下：

```
#include "MyWorker.h"
#include <chrono>
#include <thread>

MyWorker::MyWorker(Function &callback, int runTime)
  : AsyncWorker(callback), runTime(runTime){};

void MyWorker::Execute()
{
  std::this_thread::sleep_for(std::chrono::seconds(runTime));
  if (runTime == 4)
  {
    SetError("failed after 'working' 4 seconds.");
  }
};

void MyWorker::OnOK()
{
  Napi::Array arr = Napi::Array::New(Env());
  arr[Number::New(Env(), 0)] = String::New(Env(), "test1");
  arr[Number::New(Env(), 1)] = String::New(Env(), "test2");
  arr[Number::New(Env(), 2)] = Number::New(Env(), 123);
  Callback().Call({Env().Null(), arr});
};
```

在 MyWorker 的构造函数执行前，我们把回调方法 callback 传递给了基类 AsyncWorker，并初始化了私有变量 runTime。

当这个异步对象执行时，我们使用 thread 库的 this_thread::sleep_for 方法等待 runTime 所指定的时间。其中 chrono 库负责把整型变量转换为时间变量。

如果等待时间为 4 秒的话，当等待时间到期后，通过 SetError 方法抛出一个异常（这并没有实际意义，只是为了演示异步函数内异常信息的生成方式）。

抛出异常后，父类的 OnError 方法将被执行，最终把控制权返回给回调函数，并且异常信息将作为回调函数的第一个参数出现。

如果等待时间不是 4 秒的话，OnOK 方法将被执行，在这个方法内构造了一个数组对象，并把这个数组对象作为回调方法的第二个参数传递，第一个代表错误信息的参数是一个空对象，证明没有错误。

> 几乎所有的 Node.js 回调函数都有这样的约定，第一个参数为错误对象，后面的参数才是真正的业务数据。这种约定甚至对一些其他语言的设计产生了影响。

至此，这个具备异步执行能力的原生模块就开发完成了。执行 node-gyp build 指令再次编译后，通过如下测试代码来检验其异步能力：

```
let param = {
  timeSpan: 6,
  callBack: (err, result) => {
    if (err) {
      console.log("callback an error: ", err);
    } else {
      console.log("callback array:" + result);
    }
  },
};
let result = addon.asyncMethod(param);
console.log("asyncMethod", result);
param.timeSpan = 4;
result = addon.asyncMethod(param);
console.log("asyncMethod", result);
```

不出意外的话，上述测试代码将会输出如下调试信息，这符合我们的预期：

```
> asyncMethod { msg: 'please wait...' }
> asyncMethod { msg: 'please wait...' }
> callback an error:  [Error: failed after 'working' 4 seconds.]
> callback array:test1,test2,123
```

16.6　Electron 环境下的原生模块

Electron 环境下的原生模块与 Node.js 环境下的原生模块开发方式相同，但编译方式不同。读者可能会有疑问，Electron 底层不也是 Node.js 吗？为什么在 Node.js 环境下可以正常使用的原生模块，放到 Electron 下就不能用了呢？

这是因为 Electron 内置的 Node.js 版本可能与你编译原生模块使用的 Node.js 版本不同（Electron 内置的一些模块也与 Node.js 不同，比如 Electron 使用了 Chromium 的加密解密库 BoringSL，而不是 Node.js 使用的 OpenSSL 加密解密库）。

如果你在 Electron 工程内使用原生模块时，碰到如下错误：

```
Error: The module '/path/to/native/module.node'
was compiled against a different Node.js version using
NODE_MODULE_VERSION $XYZ. This version of Node.js requires
NODE_MODULE_VERSION $ABC. Please try re-compiling or re-installing
the module (for instance, using 'npm rebuild' or 'npm install').
```

说明你使用的原生模块与 Electron 的 ABI 不匹配，此时我们就要针对 Electron 内置的 ABI 来编译你的原生模块。

建议开发者不要尝试使用 node-gyp 工具来完成这项工作，而是使用 Electron 团队提供的 electron-rebuild（https://github.com/electron/electron-rebuild）工具来完成，因为 electron-rebuild 会帮我们确定 Electron 的版本号、Electron 内置的 Node.js 的版本号以及 Node.js 使用的 ABI 的版本号，并根据这些版本号下载不同的头文件和类库。

新建一个 Electron 工程，并安装好 Electron 依赖（配置好主进程入口脚本和渲染进程入口页面），接着把上一小节中创建的项目拷贝到 ./addonNodeApi 目录下，注意要包含 package.json 文件和 node_modules 文件夹。

接下来为这个 Electron 项目安装 electron-rebuild 工具，命令如下所示：

```
> npm install --save-dev electron-rebuild
```

同时为 Electron 项目的 package.json 增加如下 script 指令：

```
"scripts": {
  "start": "node ./script/dev",
  "buildModule": "electron-rebuild -f -m ./addonNodeApi"
},
```

之后就可以通过如下指令编译 addonNodeApi 目录下的 C++ 代码了：

```
> npm run buildModule
```

electron-rebuild 命令的 -f 参数为强制编译模块，-m 参数指定模块所在的目录（可以是相对目录），还有其他的一些命令参数请参阅 https://github.com/electron/electron-rebuild#cli-arguments。

编译成功之后将在该位置生成原生模块 addonNodeApi\build\Release\addon.node。我

们可以在主进程编写如下代码，启动项目并测试原生模块是否可用（不出意外的话，输出的结果与上一小节输出的结果是相同的）：

```
let addonPath = 'D:\\ project\\ electron-book2-demo\\ nativeModule\\ addonElectron\\
  addonNodeApi\\ build\\ Release\\ addon.node';
let addon = require(addonPath);
console.log("addon hello", addon.hello());
```

注意，此处为了演示，我们直接使用绝对路径 require 了这个 addon.node 文件，开发者应该充分考虑项目打包后的情况，建议读者参阅 6.2 节，把 addon.node 文件放置在 resource\release\dll 目录下再打包应用并分发给用户。

默认情况下，开发者无法在渲染进程中使用这个原生模块，除非你在创建窗口时启用了 webPreferences.nodeIntegration 配置项，该配置项可以启用渲染进程的 Node.js 能力。在渲染进程中使用原生模块的方法与主进程使用原生模块的方法一致，这里不再赘述。

无论是为 Node.js 项目提供原生模块，还是为 Electron 项目提供原生模块，开发者一般都不直接提供编译好的 addon 文件，因为他们不知道使用者把这个 addon 文件用在什么 ABI 版本的 Node.js 环境下。

社区里有些原生模块是使用较老的技术开发的，要想在 Electron 的渲染进程中使用这类模块，还得额外打开一个开关，代码如下所示：

```
app.allowRendererProcessReuse = false;
```

app 对象的 allowRendererProcessReuse 允许渲染进程使用非上下文感知的原生模块，这样渲染进程才能使用这个原生模块。Electron 之所以默认情况下不允许渲染进程直接执行原生模块，主要是出于安全考虑，因为有很多开发者会在 Electron 窗口内加载第三方页面或脚本，这些页面或脚本的行为是不受开发者控制的，终端用户可能会因此而遭受攻击，所以 Electron 把这两项都默认设置为 false 了。

Chapter 17 | 第 17 章

应 用 控 制

本章介绍了如何控制 Electron 应用自身，比如应用单开、注册唤起协议等内容；还介绍了如何控制外部应用，比如唤起外部应用、封装第三方 dll 并为 Electron 所用等内容。

17.1　应用单开

大多数应用都允许用户同时运行多个实例，比如浏览器和 VSCode，但有些特殊的应用是不允许用户打开多个实例的，比如某些游戏和某些企业应用客户端。

Electron 提供了禁止应用多开的 API，下面我们就介绍一种常见的方法，代码如下所示：

```
import { app } from 'electron'
let appInstanceLock = app.requestSingleInstanceLock()
if (!appInstanceLock) {
  app.quit()
} else {
  startYorApp()
}
```

上面的代码中首先使用 app.requestSingleInstanceLock() 方法请求一个单应用实例锁，如果这个方法返回 false，则说明当前操作系统中已经有一个应用程序实例获得了这个锁，

也就是说已经有一个当前应用成功启动了，新的应用则不必再启动了。我们直接调用
app.quit() 方法退出了应用，否则将执行你的启动逻辑。

需要注意的是，当新的应用实例尝试获取锁的时候，老的应用实例将触发 app 的
second-instance 事件，给开发者利用这个机会显示应用的主窗口，免得用户在双击应用图
标时没有任何反应，代码如下所示：

```
app.on('second-instance', (e, argv) => {
  mainWindow.show()
})
```

17.2　注册唤起协议

有时我们希望在外部应用中唤起自己的应用，比如当用户点击网页中一个特殊的连
接时，系统能唤起我们的应用完成用户预期的任务，最常见的就是网页中的 mailto 连接，
如下所示：

```
<a href="mailto:webmaster@sina.com"> 邮箱 </a>
```

当用户点击上面的连接时，如果用户电脑安装了 foxmail 或 hotmail 客户端，那么就
会启动这些客户端（如果安装了多个，也只会启动一个默认的），用户可以使用这些客户
端完成发送邮件的功能。

Electron 也提供了类似的 API 来满足这种需求，代码如下所示：

```
import { app } from 'electron'
app.setAsDefaultProtocolClient('yourAppProtocal')
```

app.setAsDefaultProtocolClient() 方法为系统注册一个协议，就像 http:// 或 mailto://
一样，传入参数为协议的名字，不包含 " ://"，通过这种方式注册了协议之后，用户就可
以通过 yourAppProtocal:// 连接唤起你的应用，可以在应用中通过如下方式获取该连接传
递过来的参数信息：

```
private getSchemaParam = async (argv) => {
  let url = argv.find(str => str.startsWith("YourAppName://"))
  if (!url) return;
  // your code
}
```

需要注意的是，如果你的应用禁用了应用多开的能力，那么你需要考虑在 app 的 second-
instance 事件中接收外部应用唤起本应用的 url 参数，代码如下所示：

```
app.on('second-instance', (e, argv) => {
  this.getSchemaParam(argv)
  mainWindow.show()                    // 点击启动图标，唤醒窗口
})
```

　　假设你的应用正在运行过程中，用户点击了 YourAppName:// 连接，此时会触发应用的 second-instance 事件，这个时候开发者就可以处理连接中的信息了。

　　如果你的应用并没有启动，用户点击了 YourAppName:// 连接，操作系统会唤起你的应用，你应该记下连接内的信息，待应用正常启动后，再让应用执行连接中的信息对应的任务。

17.3　唤起外部应用

　　虽然 Electron 和 Node.js 为我们提供了丰富完善的 API，但难免还是需要通过其他程序来补充应用的能力，比如屏幕截图就是一个很好的例子。假设你的公司已经有一个应用程序提供了屏幕截图的能力，那么我们就没必要再开发一个一模一样的截图模块了，直接使用这个应用程序的截图功能即可。接下来我们就介绍如何使用 Node.js 的 child_process 模块访问和控制一个第三方可执行程序，代码如下所示：

```
async function _spawn(exe: string, args: Array<string>): Promise<any> {
  return new Promise((resolve, reject) => {
    try {
      const process = spawn(exe, args, {
        detached: true,
        stdio: "ignore",
      })
      process.on("error", error => {
        reject(error)
      })
      process.unref()
      if (process.pid !== undefined) {
        resolve(true)
      }
    }
    catch (error) {
      reject(error)
    }
  })
}
```

　　上述代码中，_spawn 方法是对 child_process 库 spawn 方法的 Promise 包装，当执行

这个方法时，Node.js 将启动 exe 变量所指向的应用程序。在 Windows 操作系统内，如果为 spawn 方法设置了 detached:true 的参数，可以使子进程在父进程退出后继续运行。

默认情况下，父进程会等待被分离的子进程退出，为了防止父进程等待子进程，可以使用 subprocess.unref() 方法。这样做使父进程的事件循环不会将子进程包含在其引用计数中，使得父进程可以独立于子进程退出。

当使用 detached 选项来启动长期运行的进程时，该进程在父进程退出后不会保持在后台运行，除非提供不连接到父进程的 stdio 配置，这也就是为什么上述代码中设置了 stdio: "ignore" 的缘故。

上述代码除了演示启动一个新进程外，还演示了如何使用 Promise 对象封装异步 API，这对于封装一些老旧的 Node.js 库十分有用。

除了 spawn 方法外，Node.js 还提供了 execFile 等 API 用于启动新的进程，用法也与 spawn 方法类似，这里不再赘述。

spawn 方法的返回值是一个 ChildProcess 对象，这个对象继承自 EventEmitter 类，所以它有一系列的事件可供监听，比如进程退出事件 close、接收到进程间消息的事件 message 等。

开发者可以在子进程中使用 process.send() 给父进程发送消息（process 是 Node.js 内置的对象，代表当前进程），父进程通过 childProcess.on("message",...) 监听子进程发来的消息。

子进程也可以通过 process.on("message" , ...) 监听父进程发来的消息，父进程可以通过 childProcess.send() 方法给子进程发送消息。

但这两种消息的收发方式仅限于 Node.js 进程与 Node.js 进程之间，不能用于异构进程，且启动子进程也必须是通过 fork 方法启动，spawn 和 exec 等 API 均不行。

如果父进程希望子进程退出，可以使用 childProcess.kill() 方法向子进程发送退出信号，但并不是任何时候子进程都会乖乖退出，一旦退出失败，将会触发 childProcess 的 error 事件，所以开发者再调用 kill 方法后，最好还是处理相应的 error 事件，避免给用户的系统中留下残留进程。

17.4　常规截图方案介绍

前面提到了截图的需求，本节就介绍几种实现截图需求的不同方案。不依赖第三方软件和库，单使用 Electron 和 HTML 5 技术是可以实现屏幕截图功能的，具体的思路分为如下几个步骤：

1）在用户点击截图按钮或按下截图快捷键时，创建一个全屏的、无边框的、始终置顶的窗口，关键代码如下：

```
import { BrowserWindow } from "electron";
let win = new BrowserWindow({
  fullscreen:true,
  frame: false,
  resizable:false,
  enableLargerThanScreen: true,
  skipTaskbar:true,
  alwaysOnTop:true,
  show:false,
  webPreferences: {
    nodeIntegration: true,
    webSecurity:false
  }
})
win.show();
```

其中 enableLargerThanScreen 属性代表是否允许改变窗口的大小使之大于屏幕的尺寸，这是为 Mac 开发者提供的一项设置，其他操作系统默认允许窗口尺寸大于屏幕尺寸。

另外，为了让用户无感，我们还设置了 skipTaskbar 属性，不允许窗口出现在任务栏；窗口创建之初是隐藏状态，待我们为窗口准备好内容后再显示此窗口。

2）在这个窗口的渲染进程中使用 desktopCapturer 模块的 getSources 方法获取到屏幕的图像（也就是给此刻的屏幕拍个照），关键代码如下所示：

```
let { desktopCapturer,ipcRenderer } = require("electron")
desktopCapturer.getSources({
  types: ['screen'],
  thumbnailSize: {width:1920,height:1080} // 实际屏幕尺寸可以通过主进程的 screen 模块获得
}).then(imgs=>{
yourImgDom.src = imgs[0].thumbnail.toDataURL()
ipcRenderer.invoke("showWindow")         // 屏幕拍照完成后再显示这个窗口，不然这个窗口
                                         // 也会被拍进去

})
```

Electron 内置的 desktopCapturer 库是用来截获屏幕或窗口的视频流的，我们把截获的屏幕图片赋值给了一个 img Dom 元素 yourImgDom，当这个任务完成后，调用主进程的 showWindow 方法显示窗口。

3）在渲染进程中允许用户拖拽选择截图区域，这是纯 HTML 5 的知识，不再提供关

键代码。

4）使用第三方库完成图像截取并保存为本地文件或写入用户剪贴板。这里图像截取操作可以使用 HTML 5 的 Canvas 技术实现，也可以使用现成的库，比如 Jimp（https://github.com/oliver-moran/jimp）或 ImageMagick（https://imagemagick.org）。

这种方案满足简单的截图需求尚可，但假设产品经理要增加截图涂鸦标注、高亮窗口区域等功能，那开发者要完成的工作就会成倍增加了。

目前社区里有很多应用都具备截图的能力，那么现有应用的截图库能否为我们所用呢？下面介绍一种使用第三方应用的截图库来实现截图功能的方案。

17.5 使用第三方截图库

有很多桌面应用都有屏幕截图的功能，这些功能往往都被封装到 dll 动态链接库中，由应用的可执行文件调用，很多时候我们自己开发的可执行文件也可以调用这些动态链接库中的功能函数。

如果开发者希望使用这样的动态链接库里的功能函数，那么开发者就需要知道这些动态链接库导出的功能函数的确切名字，微软的 Visual Studio 开发工具提供了一个 DUMPBIN 命令行工具，可以帮助开发者查看动态链接库的导出函数。

选择 Visual Studio 开发工具的系统菜单"工具"→"命令行"→"开发者命令提示"打开命令行提示符，输入如下指令：

```
> dumpbin /exports a.dll
```

注意 a.dll 修改为你需要查看的 dll 文件的文件名，也可以是一个绝对路径。命令执行后，你将得到如下信息：

```
Dump of file D:\project\YourAppName\src\static\PrScrn.dll
File Type: DLL
  Section contains the following exports for PrScrn.dll
    00000000 characteristics
    5620A284 time date stamp Fri Oct 16 15:08:52 2015
        0.00 version
           1 ordinal base
           1 number of functions
           1 number of names
    ordinal hint RVA      name
          1    0 00008072 PrScrn
```

```
Summary

    4000 .data
    B000 .rdata
    6000 .reloc
  105000 .rsrc
    1000 .shared
   1E000 .text
```

其中最关键就是"1   0 00008072 PrScrn"这行信息了，这就是 dll 的导出函数，如果你希望了解更多有关 DUMPBIN 的知识，请参阅 https://docs.microsoft.com/en-us/cpp/build/reference/dumpbin-options?view=vs-2017。

接下来我们就要写一个 C++ 程序来使用这个动态链接库导出的功能函数。这个 C++ 程序很简单，代码如下：

```cpp
#pragma comment(linker, "/subsystem:windows /entry:mainCRTStartup")
#include <stdio.h>
#include <tchar.h>
#include <windows.h>
#include <exception>
#include <iostream>
using namespace std;
typedef int (*PrScrn)();
int main(int argc, char *argv[])
{
  try
  {
    HINSTANCE hDll = LoadLibrary(_T("PrScrn.dll"));
    if (hDll == NULL)
    {
      printf("LoadLibraryError %d\n", GetLastError());
      return -1;
    }
    PrScrn prScrn = (PrScrn)GetProcAddress(hDll, "PrScrn");
    int result = prScrn();
    FreeLibrary(hDll);
    return result;
  }
  catch (exception &e)
  {
    std::cout << e.what() << std::endl;
    return -1;
  }
}
```

程序的第一行告诉操作系统，这是一个窗口程序，不是一个控制台程序，不需要出现控制台命令行界面。

在程序的 main 方法中，我们使用 LoadLibrary 方法加载了这个第三方动态链接库，并通过 GetProcAddress 方法把这个动态链接库的导出函数 PrScrn 的地址映射到了一个函数指针上。接着通过这个指针调用了这个导出函数，导出函数执行完成后，通过 FreeLibrary 方法释放了这个动态链接库。

程序编写完成后，需要确定目标 dll 是 32 位的还是 64 位的，如果目标是 32 位的，我们生成的 exe 可执行文件也应该是 32 位的，如何查看一个 dll 是 32 位还是 64 位的呢？同样需要使用 dumpbin 工具来查看：

```
dumpbin /headers a.dll
```

执行上面命令后，得到的关键信息是：

```
FILE HEADER VALUES
             14C machine (x86)
               6 number of sections
        5620A285 time date stamp Fri Oct 16 15:08:53 2015
               0 file pointer to symbol table
               0 number of symbols
              E0 size of optional header
            2102 characteristics
                   Executable
                   32 bit word machine
                   DLL
```

如果你用这个命令测试一个 64 位的动态链接库，得到的 FILE HEADER VALUES 第一行应为 8664 machine (x64)，显然这是一个 32 位的动态链接库。

可执行文件编译成功后，可以通过 Node 内置的 child_process 模块唤起这个可执行程序，代码如下：

```
import { execFile } from 'child_process'
new Promise((resolve, reject) => {
  try {
    let exeProcess = execFile(yourExePath, (error) => {
      if (error) resolve(false)
    })
    exeProcess.on('exit', (code) => {
      if (code === 1) {
        resolve(true)
      } else {
        resolve(false)
      }
    })
```

```
    } catch (ex) {
      resolve(false)
    }
  })
```

在上面的代码中，我们使用 child_process 模块的 execFile 方法启动了屏幕截图的可执行程序，可执行程序 exe 文件的路径保存在 yourExePath 变量中，可执行程序执行成功后会返回 1（这就是我们 C++ 程序 main 函数的返回值），执行失败会返回 –1，相应的 Node.js 程序中 Promise 对象的 resolve 结果也会跟着变化。

聪明的读者可能会注意到不单是截图的动态链接库，其他动态链接库也可以考虑使用这种方法访问其导出函数的功能。

由于 Mac 操作系统自带功能强大的截图工具，所以可以直接唤起 Mac 内置的截图工具供用户使用，代码如下：

```
import { spawn } from 'child_process'
new Promise((resolve, reject) => {
  let instance = spawn('screencapture', ["-c","-i"])
  instance.on('error', err => reject(err.toString()))
  instance.stderr.on('data', err => reject(err.toString()))
  instance.on('close', code => {
    (code === 0)
    ? resolve(true)
    : reject(false)
  })
})
```

在上面的代码中，我们使用 child_process 模块的 spawn 方法唤起了 Mac 系统中内置的截图工具，screencapture 是 Mac 系统中一个全局指令，-c、-i 是给这个指令附加的两个参数，-c 参数意为截图内容写入到剪贴板，-i 参数意为启用区域选择工具，由用户自由选择屏幕区域进行截图。

开发者还可以使用 -w 参数使截图工具可以自动识别窗口区域，-x 参数禁用截图时的声音，screencapture 指令的更多参数参见 http://www.osdata.com/programming/shell/screen-capture.html。

读者当然也可以不选择 Mac 自带的 screencapture 库，使用第三方截图 App，通过 Electron 唤起这些 App 的方法与前面讲的方式一样。

第 18 章 Chapter 18

Electron 与 Qt 的整合

Electron 并不是全能的，它也有解决不了的问题，这个时候就需要引入系统级编程语言解决问题，当然开发 Electron 的原生模块是一种解决方案，但 Electron 的原生模块也有解决不了的问题，本章我们就介绍如何为 Electron 工程引入 Qt 技术以解决这些问题。

18.1　需求起源

虽然我们可以用系统级语言（比如 C/C++）为 Electron 应用开发原生模块，以弥补 Electron 在系统底层控制和计算密集型任务上的不足。但对于一些特殊的业务需求来说，这种技术形式要么起不到什么帮助作用，要么就需要付出大量的代价才能达到预期的目的，比如应用首屏渲染慢、系统菜单美化、进程守护、核心业务界面逻辑防逆向等需求。下面就一个一个来聊一下这些问题。

前面我们已经讲过，Electron 成功渲染一个窗口是非常慢的，这个问题在应用成功启动后，可以利用用户操作应用的间歇，提前加载窗口，以缓解窗口渲染慢的问题，这就是窗口池方案有效的前提，但也仅仅是缓解，并没有从根源上解决问题，假设用户需要在短时间内访问多个不同的窗口，你的代码可能就会面临来不及准备窗口，用户就想使用的问题。但无论如何，应用的第一个窗口也就是移动端开发工程师常说的首屏，是很难使用这个方案的。因为用户双击应用图标后就希望马上看到首屏，根本不会给你准备备用窗口的时间。

对于系统菜单美化的需求来说，有开发者可能马上想到了使用 DOM 元素模拟菜单的方案，但这样模拟出来的菜单是没法浮出窗口之外的，Electron 的窗口就是一个浏览器，DOM 没办法在浏览器之外生存。而 Electron 提供的菜单 API 仅仅是对操作系统菜单 API 的映射，个性化定制空间几乎没有。如果通过创建一个独立的、常驻的窗口来满足菜单美化的需求，又有牛刀杀鸡之嫌，而且一个窗口就是一个进程，会消耗很多用户的内存和 CPU 资源，这也是常驻的菜单窗口的劣势，如果不是使用常驻的窗口，又会面临窗口创建过慢的问题。

进程守护是指应用程序无故崩溃后，要能自动重启，这就需要另外一个完全独立的进程来监控主进程是否存活，开发者当然可以写个简单的批处理或者 shell 脚本来完成这个工作，但如果主进程崩溃后，需要打开一个界面询问用户或需要用户完成一定的操作后才能重启进程呢？引入另一个 Electron 应用显然小题大做了。

我们知道 Electron 对开发者的源码保护能力非常有限，开发者往往要自己动手生成 V8 字节码或编写原生 Addon 的方式去保护自己的源码，但这也仅仅局限在保护应用的核心逻辑代码上，比如加解密类、数据库访问、网络接口访问等，该如何防护核心界面的实现逻辑呢？

这些需求都是系统底层操作与界面用户体验深度结合的需求。这类问题都涉及界面，如果开发者使用 Node.js 的 Addon 技术方案解决这些问题的话，那么可能要实现 2 ～ 3 套代码，因为 Windows、Mac 和 Linux 三个系统下创建、渲染界面的 API 都不相同，而且就算开发者只支持 Windows 操作系统，那么使用原生 Windows API 创建的窗口也非常丑陋、死板，难以满足客户的定制化需求。所以这时最好的办法就是引入另一个桌面端开发框架——Qt。Qt 几乎是不二之选，因为它具备以下特点：

1）足够轻量：使用 Qt 框架满足上面这些需求，最多增加 10MB 左右的空间（不需要引入所有的 Qt 动态链接库）。

2）足够强大：Qt 不仅支持复杂界面的实现，而且提供了大量支持库，以完成复杂业务开发的需求。

3）足够高效：Qt 应用是使用 C++ 语言开发的，编译生成为二进制机器码，不需要经过虚拟机或解释器执行，所以执行效率非常高。

引入 Qt 应用到 Electron 应用中有两种方式，一种方式是通过 Addon 的方式引入，这种方式需要编写 Electron 的原生 Addon 模块，然后再通过这个模块启动 Qt 的应用。这种方式两者结合更紧密，数据交互效率更高，但耦合性也更高，一端崩溃后另一端也会被拉垮，另外由于 Qt 应用附属在 Electron 应用的 Addon 模块内，所以必须得先启动 Electron 应用才能再启动 Qt 应用，进程的加载方式比较死板。

第二种方式是 Qt 应用和 Electron 应用是两个独立的进程，两者之间无依赖关系，先启动 Qt 应用，再通过 Qt 应用启动 Electron 应用，或是反过来，先启动 Electron 应用，再通过 Electron 应用启动 Qt 应用，两个应用通过本地命名管道进行通信完成数据交互。

下面就采用第二种方式来整合这两个技术体系下的应用。

18.2　命名管道服务端

创建 Qt 应用的过程非常简单，安装好 Qt 开发环境后，跟随 Qt Creator 向导就可以创建一个简单的 Qt 项目，这里不再多做介绍。

我们首先需要介绍的就是通过 Qt 框架的 Net 模块创建一个命名管道，代码如下：

```
void ProcessMsg::initServer()
{
  this->localServer = new QLocalServer(this);
  QLocalServer::removeServer(serverName);
  if (this->localServer->listen(serverName))
  {
    connect(this->localServer, SIGNAL(newConnection()), this, SLOT(newConnection()));
    qDebug() << "started YourAppNameLocalServer";
  }
  else
  {
    qDebug() << "started YourAppNameLocalServer error";
  }
}
```

在上述代码中，我们创建了一个名字为 serverName 的命名管道，serverName 的值为"\\\\.\\pipe\\mypipe"。在 Windows 环境下，这种格式的命名是必需的，不按此格式设置命名管道的名称会导致链接失败；在 Mac 环境下，则应使用类似"/pipe/mypipe.sock"这样的命名格式。

接下来调用 QLocalServer 的 removeServer 方法，清除系统中尚未释放的同名管道（这往往在应用崩溃并重启后有价值，它会清除应用崩溃前尚未释放的链接），然后开始监听"\\\\.\\pipe\\mypipe"名称的命名管道，一旦有新的客户端链接此命名管道，将触发 newConnection 事件。

newConnection 事件处理方法的代码如下所示：

```
void ProcessMsg::newConnection() {
  localClient = localServer->nextPendingConnection();
  // todo 假设在连接建立成功前就有数据需要发送，那么应在此处完成数据发送的工作，后面补充说明
  connect(localClient, SIGNAL(disconnected()), this, SLOT(disConnect()));
  connect(localClient, SIGNAL(readyRead()), this, SLOT(dataReceived()));
}
```

在这个方法中，我们通过 localServer 的 nextPendingConnection 方法得到了新链接的客户端对象 localClient（类型为 QLocalSocket），客户端链接创建成功后，马上监听了客户端链接的断开链接事件和数据发送服务准备成功事件。

虽然命名管道服务绑定在 localServer 变量上，但 localServer 并没有做与实际通信相关的工作，而大部分数据收发工作都是通过 localClient 完成的。

假设 Qt 应用在客户端链接创建成功前就尝试向目标 Electron 应用发送数据，那么这些数据应该缓存起来，待链接创建成功之后再发送数据。

链接断开事件的处理代码如下：

```
void ProcessMsg::disConnect() {
  qDebug() << "client disConnect";
  localClient->deleteLater();
  qApp->exit(0);
}
```

在这段逻辑中，我们通过 localClient 的 deleteLater 方法释放了 localClient 的资源，并退出了应用程序。开发者应按自己的需求在此处增减逻辑，不一定要退出应用。

当客户端链接有数据可以读取时，readyRead 事件将被触发，该事件的处理逻辑如下所示：

```
void ProcessMsg::dataReceived() {
  QString jsonStr = localClient->readAll();
  QJsonDocument jd = QJsonDocument::fromJson(jsonStr.toUtf8());
  if (jd.isNull())
  {
    qDebug() << "json parse error";
    return;
  }
  QJsonObject jo = jd.object();
  // todo 后面会进一步介绍如何处理接收到的数据
}
```

此方法通过 localClient 的 readAll 方法读取了客户端发送过来的所有数据，并把这

些数据序列化成了一个 QJsonObject 对象。开发者可以通过类似 jo.value("msgType"). toString() 这样的形式获取这个 QJsonObject 对象内的值。此段代码中省略了处理这个消息的逻辑，我们将在 18.4 节再进行详细讲述。

如果 Qt 应用希望发送数据给 Electron 应用，则可以通过如下方法完成工作：

```
void ProcessMsg::sendData(const QJsonObject& data) {
  QJsonDocument doc(data);
  auto byteArr = doc.toJson(QJsonDocument::Compact);
  if (localClient == Q_NULLPTR)
  {
    tempMsg.append(byteArr);
    return;
  }
  localClient->write(byteArr, byteArr.length());
  localClient->flush();
}
```

首先我们使用 QJsonDocument 读取 QJsonObject 的内容，并把内容转换成 QByteArray 类型的数据，格式化数据时使用了 QJsonDocument::Compact 参数，意思是压缩转换后的内容，类似空格或缩进之类的字符不必出现在最终的字节数组内，以提升数据传输效率。

接着把字符数组写入 localClient 的数据流内，此时还并不一定会把这些数据发送给目标 Electron 应用，当调用了 localClient 的 flush 方法后才会把数据提交给系统内核，完成数据发送的工作。

如果发送数据时，客户端链接对象 localClient 尚未初始化成功，则应考虑把这些数据缓存起来，待链接建立成功后再发送数据。tempMsg 是 QList<QByteArray> 类型的对象，可以用来缓存少量的数据。

链接建立成功后（上面 newConnection 代码段中 //todo 处），遍历 tempMsg 对象，并把对象内的数据发送给客户端，代码如下所示：

```
if (tempMsg.length() > 0) {
  for each (QByteArray byteArr in tempMsg)
  {
    localClient->write(byteArr, byteArr.length());
    localClient->flush();
  }
  tempMsg.clear();
}
```

注意，发送完成后应清空 tempMsg 对象，释放内存，减轻应用负担。

上述案例是使用 Qt 来创建命名通信管道的服务端，开发者也可以使用 Node.js 技术在 Electron 应用内创建命名通信管道的服务端（在此案例中，开发者可以根据自己的需求选择一方作为服务端即可，因为命名管道通信是双向的，所以任谁做服务端均可），代码如下所示：

```
let net = require('net');
let PIPE_PATH = "\\\\.\\pipe\\mypipe"; // 同理 Mac 端的管道命名应选用 /pipe/mypipe.sock 格式
let server = net.createServer(function(conn) {
  conn.on('data', d => console.log(`接收到数据: ${d.toString()}`));
  conn.on('end', () => console.log(" 客户端已关闭连接 "));
  conn.write(' 当客户端建立连接后，发送此字符串数据给客户端 ');
});
server.on('close', () => console.log(' 服务关闭 '));
server.listen(PIPE_PATH, () => console.log(' 服务启动，正在监听 '));
```

上述代码中，当有客户端发送数据时，将触发 conn 对象的 data 事件，链接断开时，将触发 conn 对象的 end 事件，conn 对象就是客户端链接对象，可以通过其 write 方法发送数据给客户端应用。

18.3　命名管道客户端

Qt 应用创建了命名管道的服务端后，Electron 就可以使用相同的命名管道连接这个服务端，代码如下所示：

```
private connect() {
  return new Promise((resolve, reject) => {
    this.conn = net.connect('\\\\.\\pipe\\mypipe')
    this.conn.setNoDelay(true)
    this.conn.setMaxListeners(Infinity)
    this.conn.once('connect', () => {
      resolve(null)
    })
    this.conn.on('error', async (err) => {
      reject(err)
    })
    this.conn.on('end', () => {
      reject(false)
    })
    this.conn.on('data', (chunk) => {
      let jsonStr = chunk.toString()
      let msg = JSON.parse(jsonStr)
      this.conn.emit(`${msg.msgType}^${msg.msgName}^${msg.rnd}`, msg)
```

```
    })
  })
}
```

由于 Node.js 中 net.Socket 对象是以事件为基础的，所以我们把创建链接的过程封装成了 Promise 对象，只有当链接连通后，也就是 connect 事件触发后，才会执行 Promise 对象的 resolve 方法，如果连接失败或连接报错，则触发 reject 事件。

我们希望一旦有数据需要发送，conn 对象就能及时地把数据发送给服务端，所以调用了 conn 对象的 setNoDelay 方法。为此方法传入 true 参数会迫使 Node.js 发送数据时不使用 Nagle 算法，Nagle 算法会尝试延迟数据发送以优化网络吞吐量和数据发送效率。此处为了不使两个消息"黏连"（与黏包并不是一个概念）在一起，禁用了这个算法。当然我们还使用了其他策略避免数据"黏连"现象，后面会详细介绍。

conn 对象继承自 Node.js 的 EventEmitter 类型，我们充分利用了它这方面的能力，应用可能会为 conn 对象绑定很多事件，所以调用了其 setMaxListeners 方法，为其取消了事件绑定数量的限制，默认情况下 Node.js 的 EventEmitter 类型的事件绑定数量上限是 10。

当 Qt 应用发送数据到 Electron 应用后，则触发 conn 对象的 data 事件，我们在这个事件中读取发过来的数据，并把它转化成 JSON 对象。接着取出对象内的 msgType、msgName 和 rnd 三个属性的值，并发射了由这三个属性值组成的一个事件。监听事件的逻辑将在后面讲解。

发送数据的逻辑代码如下所示：

```
let paramStr = JSON.stringify(param)
if (this.sendingFlag) {
  this.tempMsgArr.push(paramStr)
} else {
  this.sendingFlag = true
  this.conn.write(paramStr, (err) => this.sendDataOk(err))
}
```

在发送数据前，我们先根据一个全局变量 sendingFlag 来判断当前是否有数据正在发送，如果有，则先缓存待发送的数据到 tempMsgArr 数组，如果没有，则通过 conn 的 write 方法发送数据，并为这个方法设置回调函数 sendDataOk。

数据发送成功后，sendDataOk 回调函数将被执行，此方法的逻辑如下：

```
private sendDataOk(err) {
  if (err) {
    console.log('Accelerator Error', err)
```

```
    }
    if (this.tempMsgArr.length > 0) {
      let paramStr = this.tempMsgArr.shift()
      this.conn.write(paramStr, (err) => this.sendDataOk(err))
    } else {
      this.sendingFlag = false
    }
  }
```

在这个方法中，我们再次检查缓存数组内是否有待发送的数据，如果有，则取出数组的首部元素（也就是数组的第 0 个元素，按数据缓存的顺序来说，排在数组前面的元素应该更早被发送出去，而且一个数据被取出之后，就应该把它从数组中删除，避免重复发送数据，数组的 shift 方法刚好完成此项任务），再发送给服务端，并再次设置回调方法 sendDataOk（也就是它自己，这会形成一个递归调用，直到把缓存的数据全部发送完为止，递归调用也即相应地终止了）。

当所有的数据都发送完后，全局变量 sendingFlag 将被设置为 false。

我们通过上面的逻辑保证数据发送过程中不会出现数据黏连的症状。之所以这么做，是因为 Node.js 中没有类似 Qt 的 flush 之类的方法。如果开发者不使用 write 方法的回调函数，也可以使用 conn 的 drain 事件（也就是缓冲区为空时触发的事件），来确保当前数据发送成功后再发送第二个数据。

同样，Qt 应用也可以作为客户端，在 Qt 应用内连接命名管道服务端的代码如下所示：

```
QLocalSocket ls;
ls.connectToServer("\\\\.\\pipe\\YourAppName");
if (ls.waitForConnected(2000))
{
  QJsonObject json;
  json.insert("msgType", "accelerator");
  json.insert("msgName", "closeAccelerator");
  QJsonDocument doc(json);
  auto byteArr = doc.toJson(QJsonDocument::Compact);
  ls.write(byteArr, byteArr.length());
}
ls.deleteLater();
```

在这段代码中，我们通过 QLocalSocket 的 connectToServer 方法连接命名管道的服务端，通过 waitForConnected 方法控制连接建立的时间，如果连接时长超过 2 秒，则不再尝试连接。如果 2 秒内连接成功，则向服务端发送一个消息。发送消息的逻辑与前面介绍的逻辑并无差异，这里不再多做介绍。

18.4　通信协议

进程间通信是异步的，A 进程发消息给 B 进程，对于 A 进程来说，只能确保消息是否发出去，不能确保 B 进程是否成功地接收到了消息，或是否成功处理了消息。B 进程发消息给 A 进程也是同样的道理。

为此，我们在 Qt 应用内设计了一套事件机制，当某个消息发送过来的时候，Qt 应用接到该消息后，则触发某个事件。与该事件有关的业务类会监听此事件。

当该事件被触发时，业务类的处理逻辑就会被执行，这就是 ProcessMsg::dataReceived 方法中省略的代码处理的工作，如下所示：

```
QJsonObject jo = jd.object();
if (jo.value("msgType").toString() == "app")
{
  emit msgForApp(jo);
}
else if (jo.value("msgType").toString() == "login")
{
  emit msgForLogin(jo);
}
else if(jo.value("msgType").toString() == "connection")
{
  emit msgForConnection(jo);
}
```

在这段代码中，我们读取了消息体中的 msgType 属性，然后根据 msgType 属性的值对消息进行了初步分流。

此处用到了 Qt 自带的信号槽机制，msgForApp、msgForLogin 和 msgForConnection 都是在当前类（ProcessMsg 类）头文件中声明的信号，代码如下所示：

```
signals:
  void msgForApp(const QJsonObject& info);
  void msgForLogin(const QJsonObject& info);
  void msgForConnection(const QJsonObject& info);
```

emit msgForLogin(jo) 的意义则是发射一个名为 msgForLogin 的信号，并且发射信号时携带了消息体对象。

对于希望接收这个信号的类来说（这里假定为 WinLogin 类），只要在构造函数中注册一个与该信号关联的槽就可以了（或你认为合适的地方，但必须要在消息发射之前注册），代码如下所示：

```
connect(this->processMsg, SIGNAL(msgForLogin(const QJsonObject&)), this,
SLOT(processLoginMsg(const QJsonObject&)));
```

其中 connect 方法是 Qt 提供的连接信号与槽的 API，processMsg 是发射信号的类的实例（ProcessMsg 类的实例），this 是当前类的实例（WinLogin 类的实例），SIGNAL 和 SLOT 是 Qt 提供的宏函数，用于取出信号与槽的函数地址，processLoginMsg 是 WinLogin 类的一个槽方法，用于完成具体的事件处理工作，这个槽方法的声明方式为：

```
private slots:
  void processLoginMsg(const QJsonObject& json);
```

我们在这个槽方法里通过 msgName 属性进一步分流了这个消息，代码如下所示：

```
void WinLogin::processLoginMsg(const QJsonObject& json)
{
  QString msgName = json.value("msgName").toString();
  if (msgName == "hasError")
  {
    this->processLoginError(json);
  }
  else if (msgName == "loginOk")
  {
    this->processLoginOk(json);
  }
  QJsonObject result;
result.insert("msgType", "login");
result.insert("msgName", msgName);
result.insert("rnd", json.value("rnd"));
  result.insert("data", "此处存放你需要发回给 Electron 进程的数据");
  emit sendMsgToElectron(result);
}
```

至此，我们就处理完了 Electron 应用发送消息给 Qt 应用的逻辑，值得注意的是，当这个消息处理完之后，我们又构造了一个 QJsonObject 对象，并且插入了一些业务数据，然后发射了一个名为 sendMsgToElectron 的信号。

这是 Qt 应用给 Electron 应用发送消息的过程，与前面介绍的 Electron 进程给 Qt 进程发送消息正好相反。在这个过程中 sendMsgToElectron 是 WinLogin 类注册的信号，ProcessMsg 类声明了处理这个信号的槽，并在恰当的时机对这个信号与槽进行了关联。最终通过前面介绍的 ProcessMsg 的 sendData 方法把这个消息发送给了 Electron 进程。

之所以处理完 Electron 进程发来的消息之后紧接着发一个消息回去，就是为了解决我们前面提出的问题：A 进程无法获悉 B 进程是否成功接收并处理了自己的消息。通过这种机制就能很好地解决这个问题。

聪明的读者可能已经注意到了，消息体中的随机数 rnd 属性是 Electron 进程发送消息时为消息体注入的一个随机数属性，它的作用和价值非常大，我们来看一下 Electron 发送消息时的代码：

```
public async call(param) {
  return new Promise((resolve, reject) => {
    param.rnd = Math.random()
    this.conn.once('${param.msgType}^${param.msgName}^${param.rnd}', (obj) => {
      delete obj.msgType
      delete obj.msgName
      delete obj.rnd
      resolve(obj)
    })
    let paramStr = JSON.stringify(param)
    if (this.sendingFlag) {
      this.tempMsgArr.push(paramStr)
    } else {
      this.sendingFlag = true
      this.conn.write(paramStr, (err) => this.sendDataOk(err))
    }
  })
}
```

在这段代码中，我们把 Electron 发送消息的工作封装成了一个 Promise 对象，消息发送之前，先为消息体注入这个 rnd 随机数属性，紧接着为连接对象 conn 注册了一个一次性事件，这个事件的名称是由 msgType、msgName 和这个 rnd 的值构成的，然后把数据发送给 Qt 进程。

当 Qt 进程完成消息处理工作后，发回了一个 msgType、msgName 和 rnd 完全相同的 JSON 消息，当 Electron 接收到这个消息后，会在链接对象上发射一个事件，代码如下所示（这段代码前面已略有介绍）：

```
this.conn.on('data', (chunk) => {
  let jsonStr = chunk.toString()
  let msg = JSON.parse(jsonStr)
  this.conn.emit('${msg.msgType}^${msg.msgName}^${msg.rnd}', msg)
})
```

当这个事件发射后，上述 Promise 对象内部注册的一次性事件处理函数将被执行，由此这个 Promise 对象被 resolve，并且把 Qt 发来的 JSON 数据也返回给了 Promise 对象的调用方。

这样我们就可以在 Electron 中通过如下类似的代码，给 Qt 进程发送消息并等待它的返回值：

```
let showLoginWindow = async (param) => {
  let result = await accelerator.call({ ...param, msgType: 'login', msgName:
    'showLoginWindow' });
}
```

我们通过这种方式把异步操作、跨进程通信封装到了一个简单的 await 操作里，不但为业务开发人员节省了大量工作，而且成功地实现了类和类之间、进程和进程之间的解耦（我们在 Qt 内部反复使用信号和槽机制处理进程内的消息的目的也是为了解耦），这正是一个好的架构师的职责所在。

另外，我们前面讲的跨进程事件的实现逻辑是 Electron 应用内的跨进程事件，现在引入了 Qt 应用，那么你能把 Electron 进程内的事件发射到 Qt 进程内吗？答案是可以的，实现原理也类似，这里不再赘述。

18.5　入口应用配置

现在你已经有了两个可以独立运行的程序，它们之间也可以完美地通信，接下去要解决的问题就是如何通过其中的一个程序唤起另一个程序。首先我们来看一下 Electron 应用如何唤起 Qt 应用，代码如下所示：

```
let func = async ()=>{
  let cwd = path.join(process.cwd(), 'resource/release/dll')
  let target = path.join(cwd, 'MyQtProcess.exe')
  let qtProcess = child_process.spawn(target, { cwd, detached: true, stdio: 'ignore' })
  qtProcess.on('close', (code) => {
    app.main.win.webContents.send('startMeeting', {
      code: 444444,
      msg: 'XXXSDK 已经崩溃，正在尝试重启 ...'
    })
    await new Promise( ( resolve )=>{ setTimeout( resolve, 6000 ) } );
    func(); // 递归唤起操作
  })
  subprocess.unref();
}
```

按 6.2 节的约定，我们把 Qt 应用的可执行文件放置在第三方资源目录下，相对路径为 resource/release/dll/MyQtProcess.exe，得到这个路径后，我们就通过 Node.js 的 child_ process.spawn 方法启动了这个可执行程序。

其中 cwd 变量设置了 Qt 应用程序的工作目录，如果不设置工作目录，那么 Qt 进程会以为自己工作在 Electron 进程的同级目录下，这样它使用相对路径加载一些资源时将会出现问题。

detached、stdio 的配置与 subprocess.unref() 语句的目的都是为了分离 Electron 进程与 Qt 进程，默认情况下父进程会等待所有子进程退出后才会退出，子进程崩溃也会导致父进程崩溃。

Qt 进程分离出去之后，它变成了一个顶级进程，其行为就不会再影响 Electron 进程。与此同时，在 Electron 进程退出前，开发者应考虑发送一个退出的消息给 Qt 进程，通知其执行相应的退出逻辑。如果你的业务逻辑需要这么做，可以考虑在 app 对象的 quit 事件处理函数中完成此项任务（后面还会进一步介绍）。

虽然 Qt 进程被分离出去了，但依然可以监听这个进程的 close 事件，当这个进程崩溃时，可以在 Electron 的主进程内给渲染进程发一个消息，通知用户应用程序的部分功能将受到影响。

这里我们在等待 6 秒之后又尝试重启 Qt 进程（再次执行 func 方法），以使其为用户继续提供服务，这个逻辑是专门针对容易崩溃的 SDK 进程而引入的，需要注意的是这是一个递归唤起操作，是非常危险的，开发者实际使用时应考虑重试几次之后就停止这一逻辑。

如果我们选择 Electron 进程启动 Qt 进程的方案，尽管在主进程开始执行时随即调用上述 func 方法，还是会有一些额外的损失，这部分损失是被 Electron 内部的启动逻辑消耗掉的（包括 Electron 运行环境初始化、V8 引擎的初始化、Node.js 的初始化等工作），在一台配置一般的 PC 机上，这大概需要几百毫秒，虽然可以承受，但毕竟不是最优的解决方案。

那么我们是否可以让用户双击图标时，直接启动 Qt 应用程序，再由 Qt 应用适时的启动 Electron 应用呢？答案是可以的，为了尽量不修改 electron-builder 执行逻辑，我们使用了一个 electron-builder 的 artifactBuildStarted 配置项，electron-builder 会在调用 NSIS 制成安装包前，调用这个配置项对应的方法，我们在这个方法里修改了 Qt 应用程序和 Electron 应用程序的文件名，代码如下所示：

```
// let fs = require('fs-extra')
artifactBuildStarted: async (param) => {
```

```
let exe1 = path.join(process.cwd(), 'release/win-ia32-unpacked/yourAppName.exe')
let exe2 = path.join(process.cwd(), 'release/win-ia32-unpacked/main.exe')
let exe3 = path.join(process.cwd(), 'release/win-ia32-unpacked/MyQtProcess.exe')
await fs.rename(exe1, exe2) // 此处的 fs 对应的是 fs-extra 库
await fs.rename(exe3, exe1)
}
```

在这段代码中，执行了两次重命名的工作，第一次是把 Electron 可执行文件的名字更改为 main.exe，第二次是把 Qt 可执行文件的名字更改为 Electron 可执行文件的名字。在这个操作中有以下几点需要注意：

1）你可以把 Electron 可执行文件更改为任意你想要的名字，但接下来在 Qt 应用中启动 Electron 时，也要使用这个名字。

2）你只能把 Qt 可执行文件的名字更改为 Electron 可执行文件的名字，因为这是你的应用程序的名字，是与 electron-builder 配置项中的 productName 属性对应的名字，也和安装过程中生成的应用程序图标、开机自启动的注册表项、卸载程序的执行过程、应用程序的 userData 的路径等都有对应关系，所以必须使用这个名字。

3）MyQtProcess.exe 文件原本是存放在 resource/release/dll 相对目录下的，可以通过 electron-builder 的 extraResources 配置项来更改这个文件在生产环境中的存放路径，配置代码如下：

```
extraResources:[{ from: './resource/release/dll/MyQtProcess.exe', to: '../
MyQtProcess.exe' }]
```

有此配置代码，用户安装你的应用时，resource/release/dll/ 目录下的 MyQtProcess.exe 文件会被复制到应用程序根目录下。

在 Qt 应用中启动 Electron 应用则非常简单，代码如下所示：

```
QProcess process;
bool flag = process.startDetached("main.exe");
if (!flag) qDebug() << "please start electron manuly";
```

当然你也可以在 Qt 应用中实现监控进程是否崩溃的逻辑，以及完成应用重新唤起的工作，这里就不再赘述了。

18.6　应用退出的事件顺序

一般情况下，开发者只是使用 Qt 实现一些小功能，整个应用的大部分逻辑依然是在

Electron 进程中实现，所以应用退出的操作大多也是在 Electron 进程内完成的。

我们前面说过，开发者可以考虑使用 app 对象的 quit 事件来通知 Qt 进程退出。这样无论我们在 Electron 进程的任何地方调用了 app 对象的 quit 方法，Qt 进程都会得到通知，然后它就可以释放资源并退出，代码如下所示：

```
app.on('quit', () => {
  accelerator.call({ msgType: 'app', msgName: 'exit' })
})
```

然而这并不是唯一的办法，Electron 提供了很多监控应用退出的事件，比如 window-all-closed、before-quit、will-quit、quit 等。但由于官方文档对这些事件解释的比较简单，本节深入介绍一下它们的执行时机和应用场景。

假设我们关闭了应用程序中的所有窗口，那么 app 对象的 before-quit、will-quit 和 quit 事件会依次被触发，直至应用退出。

一旦我们注册了 app 对象的 window-all-closed 事件，那么 before-quit、will-quit 和 quit 事件都不会再自动触发了，应用也不会退出，除非我们在 window-all-closed 事件的回调函数中执行 app 对象的 quit 方法，也就是说 Electron 的作者们认为，开发者一旦注册了 window-all-closed 事件，那么开发者就希望自己操纵应用的退出行为，代码如下所示：

```
app.on("window-all-closed", () => {
  app.quit();
});
```

假设我们在应用主进程的任何地方调用了 app 对象的 quit 方法，那么 before-quit、will-quit 和 quit 事件会被依次触发，但并不会触发 window-all-closed 事件（即使所有的窗口确实都被关闭了）。这是为了避免开发者既监听了 window-all-closed 事件，又监听了 quit 事件，并且在 window-all-closed 事件内调用了 app 对象的 quit 方法，而导致事件无限循环相互调用的问题。有了这个机制，开发者就可以在 window-all-closed 事件的回调函数中自由调用 app 对象的 quit 方法，而不用担心任何问题。

我们再把窗口对象的两个关闭事件 close 和 closed 结合起来一起分析，当用户关闭最后一个窗口时，先触发窗口对象的 close 事件，再触发 closed 事件，接着依次触发 window-all-closed（其处理函数调用了 app.quit 方法）、before-quit、will-quit 和 quit 事件。

当用户调用了 app 对象的 quit 方法时，先触发 app 的 before-quit 事件，再依次触发每个窗口对象的 close 事件和 closed 事件，最后依次触发 will-quit 和 quit 事件。也就是说

Electron 会在 before-quit 事件之后，尝试关闭所有窗口。

但有两个特例，就是如果由 autoUpdater.quitAndInstal() 退出应用程序，那么在所有窗口触发 close 事件之后，才会触发 before-quit 并关闭所有窗口。

在 Windows 系统中，如果应用程序因系统关机、重启或用户注销而关闭，那么所有这些事件均不会被触发。

18.7　关闭窗口的问题

Electron 框架帮开发者关闭窗口的行为并不是强制性的，一旦开发者在某个窗口的 close 事件的回调函数中执行了 preventDefault 操作，那么针对 app 对象的 quit 操作也将被取消，也就是说应用是不会退出的，代码如下所示：

```
this.win.on("close", (e) => {
  e.preventDefault();
});
```

不但窗口对象的 close 事件可以取消应用退出的过程，app 对象的 before-quit 和 will-quit 事件也可以，开发者同样也可以在这两个事件的回调函数中执行 preventDefault 操作来取消应用退出。

然而这个 preventDefault 的操作必须同步调用才能生效，所有异步调用 preventDefault 的操作都没有任何效果，代码如下所示：

```
this.win.on("close", async (e) => {
  console.log("win close");
  await new Promise((resolve) => setTimeout(resolve, 1000));
  e.preventDefault();  // 没有任何作用
});
```

上述代码中的 preventDefault 操作就不会起任何作用。这就带来了一个业务问题：我们往往在询问用户并获得用户的许可后才会阻止窗口关闭，比如"文章尚未保存，您确认关闭窗口吗？"开发者无法在这种异步的询问通知前执行 preventDefault 操作，就无法正确地阻止窗口关闭。

可能你会想到用 dialog 模块的 showMessageBoxSync 方法来完成这个询问操作，没错这是一个同步方法，但这也会导致整个主进程的 JavaScript 线程阻塞，你所有预期在未来发生的一些事件，以及这些事件的回调方法，都不会再执行了（想想看，你的

setInterval 的回调方法不会定时执行的结果）。

　　直到用户关闭 showMessageBoxSync 方法打开的窗口，主进程的 JavaScript 线程才会恢复，如果用户永远不做出这个选择，那么整个 JavaScript 线程就会一直等待下去（这是一个官方认可的设计缺陷，详见 https://github.com/electron/electron/issues/24994）。

　　为了解决这个问题，我们可以通过额外的哨兵变量来处理，代码如下所示：

```
// import { app, BrowserWindow, dialog } from "electron";
let winCanBeClosedFlag = false;
win.on("close", async (e) => {
  if (!winCanBeClosedFlag) {
    e.preventDefault();
    let choice = await dialog.showMessageBox(win, {
      title: "do you want to close",
      message: " 你确定要关闭窗口吗？ ",
      buttons: ["否", "是"],
    });
    if (choice.response == 1) {
      winCanBeClosedFlag = true;
      win.close();
      return;
    }
  }
  winCanBeClosedFlag = false;
});
```

　　默认情况下，winCanBeClosedFlag 变量的值是 false，即不允许用户关闭窗口（此处的 preventDefault 是同步操作），当我们询问过用户，并且用户做出了自己的选择后，这个变量才会被设置为 true，此时立即调用窗口的 close 方法，这个窗口的 close 事件被再次触发，因为 winCanBeClosedFlag 变量已经被置为 true 了，所以不会执行 preventDefault 操作，窗口被正常关闭。窗口被关闭的同时 winCanBeClosedFlag 变量又被置为 false，以备下一次用户的操作。

第 19 章

大数据渲染

对于渲染大数据列表的需求来说，桌面应用与网页应用有着本质的区别，比如网页应用可以使用分页技术来分割数据项，但很少有桌面应用这么做，本章就将介绍一种在 Electron 应用内渲染大数据列表的方案。

19.1 常规无限滚动方案介绍

当有很多行数据需要展示时，不同的环境往往有不同的处理方案，比如在 Web 页面中常使用分页技术处理这种需求，当用户看完一页数据后，需要点下一页才会呈现第二页数据，如图 19-1 所示。

但在移动端和 PC 端却很少有产品这样做，比如移动端的微博、微信，PC 端的文件查看器、任务管理器等，这些应用即使需要展示海量数据，也不需要用户点击下一页才能查看更多数据。

那么用前端技术如何做到这一点呢？把待显示的数据全部加载出来并渲染成 DOM 元素显然是不合理的，数据列表一旦超过 2 万行，浏览器将变得非常卡顿。下面介绍一个传统的解决方案。

图 19-1　分页显示数据

　　传统的无限滚动数据表格并不会一次性把所有数据都加载并渲染出来，它首先加载一批数据，这批数据要远大于一屏数据的承载量，但也不能太多，避免首屏数据加载效率不佳，具体数量可以由开发者根据实际情况确定。接着通过监控滚动条位置来实时加载更多的数据，比如当滚动条触底时（或即将触底时），开始加载当前已显示的数据集之后的数据，当滚动条触顶时（或即将触顶时），开始加载当前已显示的数据集之前的数据。关键代码如下所示：

```
let loading = false;
let distance = 88;
let pageSize = 66;
let getMoreData = async () => {
  if (loading) return;
  let curDistance = listContainer.getBoundingClientRect().bottom - window.
    innerHeight;
  if (curDistance > distance ) return;
  loading = true;
  let response = await fetch('https:// yourDataHttpApi/getData?startIndex
    =x&pageSize=${pageSize}');
  let data = await response.json();
  patchData(data);
  loading = false;
}
parentContainer.addEventListener('scroll', fetchData);
```

上述代码所对应的 DOM 结构如图 19-2 所示。

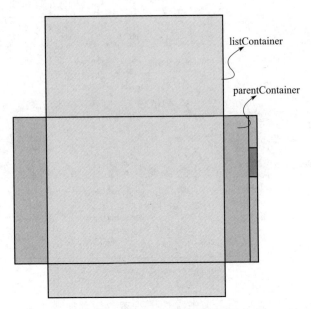

图 19-2 无限滚动 DOM 结构（1）

图 19-2 中深色区域对应一个固定高度，样式为 overflow: scroll 的 DOM 元素 parent-Container，浅色区域对应承载数据列表的容器 DOM 元素 listContainer，这个元素的高度与其内部数据量的多少有关，如果数据库中数据较多，那么即使是首次加载，listContainer 的高度也应高于 parentContainer 的，要不然滚动条不会出现，接下去我们要讲的滚动事件也就无从谈起了。

设置好 DOM 元素后，我们接着就用 JavaScript 监听 parentContainer 元素的 scroll 事件。当滚动条滚动时，此事件被触发。在此事件的回调函数中我们使用 getBounding-ClientRect 方法获取 listContainer 相对于底边的距离。

getBoundingClientRect 方法（https://developer.mozilla.org/en-US/docs/Web/API/Element/getBoundingClientRect）返回值是一个 DOMRect 对象，这个对象拥有 left、top、right、bottom、x、y、width 和 height 等以像素为单位的只读属性。除了 width 和 height 以外，其他属性都是相对于视图窗口的左上角来计算的。

计算这些值时会考虑视口区域内的滚动操作，也就是说，若滚动位置发生改变，top 和 left 等属性的值就会随之立即发生变化（它们的值是相对于视口的，而不是绝对的）。如果你需要获得相对于整个网页左上角定位的属性值，那么只要给 top、left 属性值加上当前的滚动位置（通过 window.scrollX 和 window.scrollY 获取），这样就可以获取与当前的滚动位置无关的值了。

当 listContainer 相对于底边的距离小于 80 像素并且当前并没有正在加载数据时，发起数据请求并把全局变量 loading 设置成 true，以保证同一时刻最多只有一个请求正在执行。

数据请求成功后通过 patchData 方法把数据补充到数据列表内（其实就相当于加载了第二页的数据），并把全局变量 loading 设置成 false，以允许发起第二次请求。

读者应根据实际情况设置上述代码中 pageSize 和 distance 的值。

我们并没有提供加载过程中显示加载图标的处理逻辑和向上滚动的处理逻辑，读者可以自行完成。

虽然看上去很好，但此方案隐含如下几个问题。

1）随着用户不断向下滚动加载数据，界面中的滚动条会不断变小。这可能会给用户带来困扰，但这个方案很难在一开始就把滚动区域的滚动条设置成正确的大小。

2）当用户不断向下滚动时，界面中的数据就会越积越多，DOM 元素也会越来越多，此时就要考虑删除顶部不在可视区域内的 DOM 元素以提升性能，业务复杂度也随之上升一个量级。

3）向上滚动、向下滚动虽然处理逻辑大体相似，但一些细节上的差异却需要谨慎对待，不然呈现的数据会与要求不符，比如如何设置请求数据起始位置、数据的排序规则和数据拼接规则等，开发和维护负担都不小。

结合这些问题，我们接下来就介绍一个更好的无限滚动处理方案。

19.2　DOM 结构与样式

新的方案是结合 TypeScript 和 Vue 的能力实现的（类似 React 之类的框架也可以轻松实现此方案）。首先来看看 DOM 结构：

```
<template>
  <div class="container">
    <div @mousewheel="wheel" class="dataBox">
      <div class="item" v-for="item of data" :key="item">{{item}}</div>
    </div>
    <div @scroll="scroll" class="scorllerBox">
      <div class="scorller"></div>
    </div>
  </div>
```

```
  </div>
</template>
```

在这段代码中，container 容器存放了两个容器 DOM，一个是存放数据的 dataBox，另一个是专门存放滚动条的 scorllerBox。dataBox 内部存放了一屏以上的数据，scorllerBox 内部存放了一个 scorller 元素，这个元素的主要作用是撑开 scorllerBox，让它显示一个正确大小的滚动条，DOM 结构如图 19-3 所示。

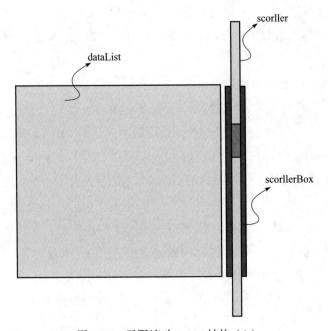

图 19-3　无限滚动 DOM 结构（2）

与之对应的样式代码如下所示：

```
<style lang="scss" scoped>
.container{
  overflow: hidden;
  position: relative;
  height: 600px;
}
.dataBox{
  position: absolute;
  top: 0px;
  left: 0px;
  right: 0px;
  bottom: 0px;
```

```
  .item {
    height: 62px;
    box-sizing: border-box;
    border-bottom: 1px dotted #ebebeb;
    cursor: pointer;
    overflow: hidden;
    &:hover {
      background-color: #dee0e3;
    }
  }
}
.scorllerBox {
  position: absolute;
  top: 0px;
  right: 0px;
  bottom: 0px;
  overflow-y: auto;
  overflow-x: hidden;
  width: 8px;
  z-index: 2;
  .scorller {
    width: 0.5px;
  }
}
</style>
```

在上面的样式代码中，我们设置了根容器元素 container 的高度，并不允许它显示滚动条，同时设置了它的 position: relative 样式，这样在设置它的子元素时就可以相对它来进行定位。

子元素 dataBox 相对于根元素 container 定位，并占据了根元素的所有可视区域，子元素 scorllerBox 亦相对于根元素 container 定位，在根元素的最右侧显示，它浮在子元素 dataBox 上方。孙元素 scorller 是一个占位元素，只有 0.5 个像素的宽度，高度是通过 JavaScript 根据数据量定义的。

19.3　模拟滚动条

在组件渲染成功后，我们首先获取到了上述所有 DOM 元素的引用，并设置了 scorller 的高度，代码如下所示：

```
let originData: number[] = []
let data = ref(new Array())
let itemHeight = 62
```

```
let pageSize = 33
let totalHeight = itemHeight * totalCount
let container: HTMLElement
let scorller: HTMLElement
let scorllerBox: HTMLElement
let dataBox: HTMLElement
let totalCount = 666
for (let i = 0; i < totalCount; i++) {
  originData.push(i)
}
onMounted(() => {
    container = document.querySelector('.ConversationList') as HTMLElement
    scorllerBox = container.querySelector('.scorllerBox') as HTMLElement
    scorller = scorllerBox.querySelector('.scorller') as HTMLElement
    content = container.querySelector('.content') as HTMLElement
    scorller.style.height = '${totalHeight}px'
    data.value = originData.slice(0, pageSize)
})
return { data }
```

scorller 的高度是根据总数据行数和单行数据的高度计算得到的。按上述代码所模拟的内容来说，总数据行数为 666 行，每行数据的高度为 62 像素，那么 scorller 将是一个相当高的元素，这会迫使 scorllerBox 出现滚动条，而且所出现的滚动条的大小与实际数据量对应的滚动条的大小一致。也就是说，虽然这个滚动条并非实际数据所产生的，但其大小与实际数据所产生的滚动条的大小是一样的。

在使用 querySelector 检索元素的时候，我们尽量使用父元素去检索子元素，而不是所有的检索工作都通过 document 来完成，这样做能稍稍提升性能。

originData 数组存放的是原始数据，这里为了模拟效果，通过脚本创建了 666 行数据，实际情况下此数据应该映射到用户的真实数据。

在 onMounted 方法的最后，我们从 originData 数组中获取了一页数据，并赋值给了代理对象 data，以进行界面渲染。pageSize 也是根据开发者的实际情况定义的，但至少应满足 pageSize * itemHeight 大于数据容器高度的要求，以避免数据尚未占满整个容器却出现了滚动条这样不伦不类的现象。

19.4 处理滚动事件

dataBox 元素上有一个 mousewheel 事件，该事件在用户滚动鼠标滚轮时触发。我们先来看一下这个事件的处理逻辑，代码如下：

```
let wheel = (e: WheelEvent) => {
  let curTop = scorllerBox.scrollTop
  let maxTop = totalHeight - container.clientHeight
  curTop += e.deltaY
  if (curTop < 0) curTop = 0
  else if (curTop > maxTop) curTop = maxTop
  scorllerBox.scrollTop = curTop
}
```

在这段代码中，首先获取到了 scorllerBox 滚动条所处的位置 scrollTop，这个位置也就是当前 scorllerBox 滚动条已经滚动过的距离。接着计算得到 scorllerBox 最多能滚动到什么位置，让当前 scorllerBox 滚动条所处的位置加上鼠标滚轮滚动的距离（e.deltaY，这个值有可能是负数，如果是负数，说明用户在向上滚动鼠标滚轮），得到滚动条最终滚动到的位置，然后把这个位置设置给 scorllerBox 的 scrollTop 属性，完成滚动操作。

以上逻辑需要注意的点是需要控制好滚动条的边界，不能让滚动条的位置小于 0，也不能让它大于其最远能移动的距离。

在这段代码中，只控制了滚动条的位置，并没有任何处理显示数据的操作，如果只是完成这一步的话，你在界面的数据区滚动鼠标滚轮，滚动条的位置确实会跟着发生相应的变化，但数据并不会做任何改变，那要如何使数据跟着变化呢？这就要看 scorllerBox 的 scroll 事件的处理逻辑，代码如下所示：

```
let scroll = () => {
  let startIndex = Math.floor(scorllerBox.scrollTop / itemHeight)
                                        // 向下取整，不足一行也要取这一行
  let endIndex = startIndex + pageSize
  data.value = originData.slice(startIndex, endIndex)
  let top = startIndex * itemHeight - scorllerBox.scrollTop
  dataBox.style.top = '${top}px'
}
```

当通过 JavaScript 改变 scorllerBox 元素的 scrollTop 属性时，或者用鼠标按住滚动条拖动时，都会触发这个事件。在这个事件中，我们使用当前 scorllerBox 滚动条已经滚动过的距离除以每一行数据的高度，得到当前已经滚出可视区域的行数，也就是我们即将从哪一行（startIndex）开始取数据。

注意这个行数有可能是一个小数，也就是说有可能某一行只有一部分滚出了可视区域，再加上数组的下标是从 0 开始的，所以我们要向下取整，把这仅需要显示一部分的行也包括在内。

得到取数据的起始行后，计算取数据的结束行就简单多了，只要让起始行与每页行数量相加即可得到。接下来我们就利用数组的 slice 方法截取数组中的一部分，并且把这部分数据赋值给 data.value，让其呈现在界面上（这是 Vue 提供的能力，不再赘述）。

此时滚动可视区时，界面上仍无法呈现首行只显示一部分的效果。为了实现这个效果，我们让首行位置（startIndex * itemHeight）减去当前滚动条所在的位置，得到首行滚出可视区域的距离，注意这个值一定是个负数，而且这个负数的绝对值是小于行高的。然后再设置 dataBox 的 top 样式，让 dataBox 上移一小段距离，这就实现了首行只显示一部分的效果，这也是我们把 dataBox 的 position 样式设置为 absolute 的原因。

至此我们就完美地实现了需求，无论是滚动鼠标滚轮，还是拖动滚动条，数据区域的数据和滚动条的位置都会正确地随之改变，而且无论你要呈现多少行数据，DOM 节点的数量始终是固定的，页面不会因 DOM 节点过多而卡死。在传统的无限滚动方案中，虽然也可以通过代码动态地增删 DOM 元素来控制 DOM 的数量，但这无疑增加了逻辑复杂度，降低了代码执行效率。

但这个方案也有其不足，那就是单行数据的高度是固定的，如果处理类似聊天消息列表这样的需求，这个方案就满足不了。

19.5　滚动条的显隐动效

在前面介绍 DOM 结构与样式时，我们使 scorllerBox 显示在数据区域的上方（通过 z-index: 2 样式实现）。虽然 scorllerBox 只有 8 个像素的宽度，但也会存在遮住数据的问题，我们现在希望在鼠标移入数据区域时显示 scorllerBox，鼠标移出时则隐藏 scorllerBox，以削弱其遮住数据带来的损害并提升用户体验（Visual Studio Code 也具有同样的效果）。

鼠标移入列表区域的事件处理逻辑如下所示：

```
let listMouseOver = () => {
  if (scorllerBox.clientHeight > scorller.clientHeight) return
  scorllerBox.animate([{ opacity: 0 }, { opacity: 1 }], {
    duration: 120,
```

```
    fill: 'forwards',
  })
}
```

在上述代码中我们使用了 DOM 的 animate 方法执行动画，让 scorllerBox 元素的透明度在 120 毫秒内从完全透明变为完全不透明，也没必要再单独为 scorllerBox 创建 @keyframes 样式了。

鼠标移出列表区域的事件处理逻辑如下所示：

```
let listMouseOut = () => {
  if (scorllerBox.clientHeight > scorller.clientHeight) return
  scorllerBox.animate([{ opacity: 1 }, { opacity: 0 }], {
    duration: 680,
    fill: 'forwards',
  })
}
```

同样的动画反过来执行了一次，只不过这次执行时间略长，逐渐隐去的效果更明显，主要是为了更好的用户体验而已。

19.6　内置的数据持久化能力

Electron 底层也是一个浏览器，所以开发 Electron 应用时，也可以自由使用浏览器提供的数据存储技术，其控制能力甚至强于 Web 开发，比如读写被标记为 Http Only 的 Cookie 等。下面我们就讲解一下浏览器提供的数据存储技术的用途和差异。

Cookie 用于存储少量的数据，最多不能超过 4KB。设计 Cookie 的目的是服务客户端和服务端数据传输，一般情况下浏览器发起的每次请求都会携带同域下的 Cookie 数据，大多数时候服务端程序和客户端脚本都有访问 Cookie 的权力。开发者可以设置数据保存的有效期，Cookie 数据超过有效期后将被浏览器自动删除。

Local Storage 可以存储的数据量也不大，各浏览器限额不同，但不会超过 10MB。它只能被客户端脚本访问，不会自动随浏览器请求发送给服务端，服务端也无权设置 Local Storage 的数据。它存储的数据没有过期时间，除非手动删除，不然数据一直会保存在客户端。

Session Storage 的各种特性都与 Local Storage 相同，唯一不同的是，浏览器关闭后 Session Storage 里的数据将被自动清空，Electron 应用中几乎不会用它来持久保存数据。

Web SQL 是一种为浏览器提供的数据库技术，它最大的特点就是使用 SQL 指令来操作数据。此技术已经被 W3C 委员会否决了，不多做介绍，不推荐使用。

IndexedDB 是一个基于 JavaScript 的面向对象的数据库，开发者可以用它存储大量的数据。在 Electron 应用内它的存储容量与用户的磁盘容量有关。IndexedDB 也只能被客户端脚本访问，其内的数据不随浏览器请求发送到服务端，服务端也无权访问 IndexedDB 内的数据，它存储的数据亦无过期时间。

然而 HTML 5 为 IndexedDB 提供的 API 过于简单，开发者使用这些原生的 API 完成复杂的数据存取操作非常麻烦。为了解决这个问题，社区内有开发者提供了 IndexedDB 的包装库，比较优秀的是如下四个。

❑ dexie（https://dexie.org/）：项目稳定、维护频繁、文档齐全，但对于一些复杂的数据操作来说，API 组合使用不当可能会造成性能问题。

❑ idb（https://github.com/jakearchibald/idb）：由谷歌工程师研发，非常稳定，维护也很频繁，很多上层的数据处理库都是基于 idb 开发的，但它封装过于简单，开发者使用起来还是会有些不方便。

❑ JsStore（http://jsstore.net/）：提供了类似 T-SQL/PL-SQL 的 API，对后端工程师很友好。使用了 WebWorker 技术，性能表现也不错。但问世时间较晚，更新少，可能存在隐藏比较深的问题。

❑ PouchDB（https://pouchdb.com/）：可以与服务端的 CouchDB 无缝对接。它是一个重量级的客户端数据库，入门门槛也比较高。

作为 Electron 开发人员，我们不一定选用内置的数据库，也可以选用 SQLite 之类的外置数据库。SQLite（https://sqlite.org/）是使用 C 语言编写的嵌入式数据库引擎，它不像常见的客户端 – 服务器数据库范例，SQLite 内嵌到开发者的应用中，直接为开发者提供数据存储与访问的 API，数据存储介质可以是终端的内存也可以是磁盘，其特点是自给自足、无服务器、零配置、支持事务，是在世界上部署最广泛的 SQL 数据库引擎。这方面的知识我们在后文中还会进一步介绍。

值得一提的是，社区里提供了一种方案：它把 SQLite 编译成 WebAssembly，然后再让 IndexedDB 作为存储介质。这就完全把 SQLite 的能力迁移到 Web 领域中来了，开发者可以使用 SQLite API 操作存储在 IndexedDB 中的数据。

存储在 IndexedDB 中的数据形式如图 19-4 所示。

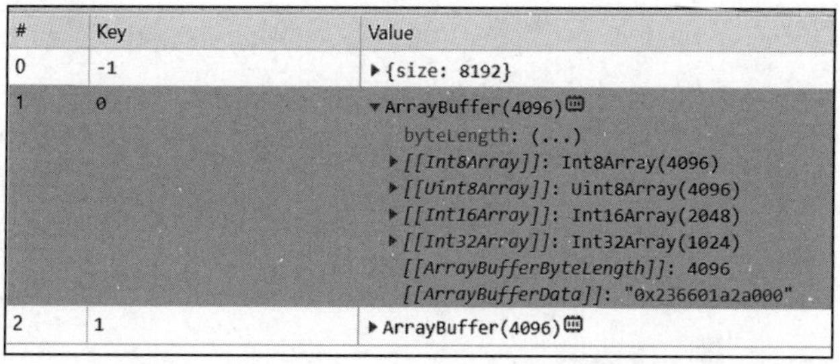

#	Key	Value
0	-1	▶ {size: 8192}
1	0	▼ ArrayBuffer(4096) ▦
		byteLength: (...)
		▶ [[Int8Array]]: Int8Array(4096)
		▶ [[Uint8Array]]: Uint8Array(4096)
		▶ [[Int16Array]]: Int16Array(2048)
		▶ [[Int32Array]]: Int32Array(1024)
		[[ArrayBufferByteLength]]: 4096
		[[ArrayBufferData]]: "0x236601a2a000"
2	1	▶ ArrayBuffer(4096) ▦

图 19-4 absurd-sql 在 IndexedDB 中存储数据

如你所见，数据是以 ArrayBuffer 的形式存储的，这在一定程度上提升了数据的安全性。项目的开源地址为 https://github.com/jlongster/absurd-sql。这个项目相对来说还非常年轻，值得开发者持续关注，但目前尚不建议将其应用在商业项目中。

点对点通信

WebRTC 是一项非常有价值的技术，它允许两个客户端可以不经过服务器中转而通信。以前它只存在于 Web 领域内，有 Electron 支持后，开发者也可以在桌面应用中使用该技术。本章就简单介绍 WebRTC 的原理并实现了一个基于 WebRTC 收发大文件的示例。

20.1　WebRTC 原理

WebRTC（Web Real Time Communication）是一项实时通信技术，它允许网络应用在不借助中间媒介的情况下建立浏览器之间点对点的连接，实现视频流、音频流以及其他任意格式的数据传输。WebRTC 使用户在无须安装任何插件或者第三方软件的情况下，仅基于浏览器创建点对点的数据分享成为可能。

WebRTC 包含若干相互关联的 API 和协议以达到这个目标。这个项目最初是由谷歌发起的，所以 Electron 也完美支持 WebRTC 相关的 API 和协议。WebRTC 协议非常复杂，下面我们将尽量简单地介绍一下 WebRTC 协议的原理。

两个设备之间要建立 WebRTC 连接，就需要一个信令服务器。信令服务器以一个"中间人"的身份帮助双方在尽可能少地暴露隐私的情况下建立连接。比如对于音视频通话的应用来说，两端的媒体编码格式、媒体分辨率信息就是通过信令服务器互相告知对方的（这就是媒体协商），所以信令服务器最好是一个公网上的服务器，两个设备都能与这台服务器无障碍地通信。

由于网络环境十分复杂，两个节点（也就是两个浏览器客户端）可能处在多重防火墙、路由器之后，无法直接建立点对点连接，只能通过公网上的中继服务器，也就是所谓的 sturn/turn 服务器协助建立连接。

具体的过程是两个设备通过 sturn/turn 服务器获取到自己映射在公网上的 IP 地址和端口号，再通过信令服务器告诉对方，这样双方就知道彼此的 IP 地址和端口号了，两个设备就可以基于此建立连接，这就是 P2P 打洞，也就是网络协商。注意，由于网络环境复杂，连接很可能没办法成功建立，此时 sturn/turn 服务器会协助传输数据，保证应用功能的正确性。

Coturn（https://github.com/coturn/coturn）就是一个实现了 sturn/turn 协议的开源项目。它是基于 C++ 开发的，性能非常不错，国内外很多大厂都基于它搭建 sturn/turn 服务器。但本书并不基于它构建 WebRTC 项目（实际项目中，这项工作也不应是客户端工程师完成的，而是后端或运维工程师的任务）。

我们使用前端工程师更容易理解的 PeerJS（https://github.com/peers）项目构建 WebRTC 工程。

有的开发者可能担心 WebRTC 在客户端上的能力问题，我只能说确实存在能力不足的问题，但绝大多数需求它都是能满足的，比如采集视频的帧率是可控的，视频的宽高比是可控的，采集音频时有回声消除的 API，可以控制音轨数量，共享屏幕时可以控制是否显示鼠标光标等。

20.2 构建 WebRTC 服务器

在即时通信领域，发送超大文件是一个难题，如果经过服务器中转，往往会给服务器造成巨大的网络压力，这时就可以使用 WebRTC 技术解决问题了。虽然这个技术也需要服务器，但这个服务器只辅助客户端交换几个信令，剩下的文件数据传输的工作是在客户端和客户端之间发生的，一般情况下服务器压力不会太大。

在完成客户端收发文件的开发工作之前，我们需要先构建一个 PeerServer（https://github.com/peers/peerjs-server）服务，这个服务起到的作用仅仅是帮助客户端与客户端之间建立连接，并不会代理它们之间的数据传输。

PeerServer 项目是 PeerJs 团队研发的，专门服务于基于 PeerJs 创建的 WebRTC 项目，其使用非常简单，只需要新建一个 Node.js 项目，通过如下指令安装 PeerServer 模块：

```
> npm install peer
```

安装完成后在项目的 index.js 下输入如下代码：

```
const { PeerServer } = require('peer');
const peerServer = PeerServer({ port: 9418, path: '/webrtc' });
```

接着在 package.json 中增加如下配置：

```
"scripts": {
  "start": "node index.js"
},
```

开发者就可以通过如下控制台命令启动该服务了：

```
> npm start
```

命令成功执行后，为 WebRTC 客户端建立连接的 http 服务就启动成功了，后面创建 WebRTC 客户端的内容还会提到此服务。建议把该项目部署在一个专有的服务器上，而且这台服务器要能够被你所有的用户访问，不然它无法完成信令交换的工作。

WebRTC 与 IndexedDB 一样，基于原生 API 使用这些技术非常烦琐，且容易出错，所以建议大家使用成熟的第三方库。本节介绍的 PeerJs（https://peerjs.com/）就是 Node 生态下操作 WebRTC 技术非常成熟的第三方库。

20.3　发送超大文件

在 Electron 项目中，开发者可以通过如下指令安装 PeerJs 的客户端库：

```
> npm install peerjs
```

也可以直接下载源码包（https://github.com/peers/peerjs），使用源码包内编译好的脚本 peerjs.min.js：

```
<script src="peerjs.min.js"></script>
```

发送文件前，首先需要让用户选择文件所在的路径，我们在主进程通过 ipcMain 监听一个 selectFile 事件，代码如下所示：

```
let { dialog,ipcMain } = require('electron')
ipcMain.handle("selectFile", async (e) => {
  let result = await dialog.showOpenDialog({ properties: ['openFile'] })
  return result.filePaths[0];
})
```

在 selectFile 事件的回调函数里打开一个文件选择窗口，当用户选择文件后，把文件的路径返回给调用者，也就是相应的渲染进程。渲染进程触发这个事件的代码如下：

```
let { ipcRenderer } = require('electron')
let fileFullPath = ref('')
let selectFile = async () => {
  fileFullPath.value = await ipcRenderer.invoke('selectFile')
}
```

得到用户选择的文件路径后，我们把文件路径保存在 fileFullPath 变量中，以待用户执行发送操作时，读取文件并发送给接收者。

```
let path = require('path')
let fs = require('fs')
let peer,conn,readStream,sendFinished
let sendFile = () => {
  peer = new Peer("fileSender", {
    host: "10.18.18.18",
    port: 9418,
    path: "/webrtc",
    debug: 3,
  });
  conn = peer.connect("fileReceiver");
  conn.on("open", () => {
    let msg = {
      msgName: "beginSendFile",
      fileName: path.basename(fileFullPath.value),
      sendTime: Date.now(),
    };
    conn.send(JSON.stringify(msg));
  });
  conn.on("data", (data) => sendData(data));
};
```

当用户触发发送事件时，执行上述代码的 sendFile 方法，这个方法首先创建了一个 Peer 对象，以 fileSender 作为客户端的 ID（实际项目开发过程中，由于可能会存在多个发送者，所以该 ID 应为动态的），并使用信令服务器的地址和端口号初始化 Peer 对象，注意 debug 设置为 3 则表示输出所有调试信息，如果设置为 0 则表示不输出任何调试信息。

接着让 Peer 对象连接了另一个客户端，即文件的接收者 fileReceiver（此为文件接收客户端的 ID，在实际项目中也应为动态值）。Peer 对象的 connect 方法返回一个连接对象 conn，我们监听了这个连接对象的 open 事件和 data 事件。

在 open 事件中我们使用连接对象向目标客户端发送了一个消息，告知目标客户端当前客户端已经准备发送文件数据了。

目标客户端接收到这个消息后，会发回一个消息，说明自己已经做好了接收文件的准备，你可以发送文件数据了（具体的逻辑我们稍后会讲解），

当前客户端接收到目标客户端的消息之后，会触发连接对象的 data 事件，下面我们看一下 data 事件的处理逻辑，代码如下所示：

```javascript
let sendData = (data) => {
  data = JSON.parse(data);
  if (data.msgName === "chunkReady") {
    if (sendFinished) {
      let msg = {
        msgName: "fileSendFinish",
        sendTime: Date.now(),
      };
      conn.send(JSON.stringify(msg));
    } else {
      readStream.resume();
    }
  } else if (data.msgName === "readyToReceiveFile") {
    readStream = fs.createReadStream(fileFullPath.value, {
      highWaterMark: 10240,
      flags: "r",
      autoClose: true,
      start: 0,
    });
    readStream.on("data", function (chunk) {
      let msg = {
        msgName: "sendChunk",
        chunk: chunk.toString("hex"),
        sendTime: Date.now(),
      };
      readStream.pause();
      conn.send(JSON.stringify(msg));
    });
    readStream.on("end", function () {
      sendFinished = true;
    });
  }
};
```

我们假定目标客户端发送过来的始终是一个 JSON 字符串，所以首先把此字符串解析为 JSON 对象，根据该对象的 msgName 来判断需要执行什么样的逻辑。

如果 msgName 的值为 readyToReceiveFile，说明目标客户端已经准备好接收文件了，所以当前客户端接下来的工作就是发送文件数据。

对于一个超大文件来说，我们不能试图一次性把文件读取到内存中，也不能试图一次性发送给目标客户端，因为文件的体积是未知的，用户的内存是有限的，无论对于发送方来说还是对于接收方来说，这样做有可能会导致应用程序异常甚至崩溃。

所以此处我们通过 Node.js 中 fs 模块的 createReadStream 方法分片读取待发送文件，每读取一片内容，即发送一片内容，直至文件发送完毕。

值得注意的是，我们为 createReadStream 方法传入了 highWaterMark 参数，此参数标记着一次最多读取多少数据，默认值为 64KB，此值设置得越大，占用用户的内存越多，发送的次数越少，文件传输的时间也越短，读者可以根据用户的实际情况设置此值。其他参数请读者自行参阅文档。

createReadStream 方法创建数据读取对象 readStream，当 readStream 对象分片读取文件数据时，会不断触发其 data 事件，在此事件中我们把每片数据发送给目标客户端。

为了方便接收，我们把文件数据封装到一个 JSON 对象中，这个 JSON 对象也包含一个 msgName 属性，目标客户端可以根据此属性接收并写入文件数据。同时每片数据的具体内容通过 chunk.toString("hex") 方法转换成十六进制方便传输。目标客户端收到文件数据后也会做相应的转换再写入文件。

正式发送某一片文件数据之前，我们调用了 readStream 对象的 pause 方法，暂停文件读取工作。这是为了确保文件数据是按正确的顺序发送的。因为我们无法确保网络状况的稳定情况，也无法确保目标客户端的处理状况的稳定情况。特殊情况下后发的数据会先到，或者后发的数据会先被处理，当然，这样做极大地降低了文件发送的效率，实际工作中读者可以自己实现数据发送管线和数据排队策略。

完成以上工作后，程序通过 conn 对象的 send 方法把数据发送给目标客户端，当目标客户端处理完成这一片数据后，会发回一个 msgName 为 chunkReady 的数据包，接收到这个数据包之后，我们调用了 readStream 的 resume 方法，恢复了 readStream 对象的读取工作。当 readStream 对象再次读取一片数据后，又会触发其 data 事件，循环往复直至整个文件被读取并发送完成为止。

当文件读取完成后，会触发 readStream 对象的 end 事件，在此事件中我们把全局变量 sendFinished 设置为 true，当目标客户端处理完最后一片文件数据，并返回 chunkReady 消息后，当前客户端发送了一个 msgName 为 fileSendFinish 的消息给目标客户端，让其结束写文件操作，并通知用户文件接收成功。

　　这就是与文件发送有关的逻辑，只是用于演示主要环节，所以省略了异常情况处理、发出进度通知等逻辑，这些逻辑需要读者自己实现，我们接下来看一下文件接收的逻辑。

20.4　接收超大文件

接收文件客户端也需要初始化一个 Peer 对象，代码如下所示：

```
let fileSavePath = ref(path.join(os.homedir(), "Desktop"));
let wstream
let peer = new Peer("fileReceiver", {
  host: "10.18.18.18",
  port: 9418,
  path: "/webrtc",
  debug: 3,
});
```

与发送端不同的是，我们为这个 Peer 对象设置的 ID 为 fileReceiver，同时还获取了用户桌面所在的路径，当接收到文件后，把文件保存在此路径下。我们接下来看一下如何利用这个 Peer 对象接收文件数据，代码如下所示：

```
peer.on("connection", (conn) => {
  conn.on("data", async (data) => {
    data = JSON.parse(data);
    if (data.msgName === "beginSendFile") {
      fileSavePath.value = path.join(
        fileSavePath.value,
        Date.now().toString() + data.fileName
      );
      wstream = await openWriteStream();
      let msg = {
        msgName: "readyToReceiveFile",
        sendTime: Date.now(),
      };
      conn.send(JSON.stringify(msg));
    } else if (data.msgName === "fileSendFinish") {
      wstream.end();
    } else if (data.msgName === "sendChunk") {
      let buffer = Buffer.from(data.chunk, "hex");
      wstream.write(buffer);
```

```
      let msg = {
        msgName: "chunkReady",
        sendTime: Date.now(),
      };
      conn.send(JSON.stringify(msg));
    }
  });
});
```

当文件发送端成功连接文件接收端时，会触发文件接收端 Peer 对象的 connection 事件，在此事件的回调函数中我们收获了 conn 对象，接下来监听了 conn 对象的 data 事件，以接收文件发送端发送过来的数据。

我们知道文件发送端发送来的是一个 JSON 字符串，所以一开始先把这个 JSON 字符串序列化为一个 JSON 对象，接着根据此对象的 msgName 来执行不同的业务逻辑。

当 msgName 为 beginSendFile 时，说明文件发送端准备发送一个文件给接收端了，首先需要生成文件保存路径，前面我们已经获取到了用户桌面的路径，接下来只要根据 JSON 对象中的 fileName 来拼接一个文件名即可（为了避免重复，还为文件名增加了一个当前时间字符串前缀）。

得到文件保存路径后，创建一个文件写入流对象 wstream。创建该对象的逻辑如下：

```
let openWriteStream = async () => {
  return new Promise((resolve, reject) => {
    let wstream = fs.createWriteStream(fileSavePath.value);
    wstream.on("open", () => {
      resolve(wstream);
    });
    wstream.on("error", (err) => {
      console.error(err);
      reject();
    });
    wstream.on("finish", () => {
      console.log("write finish", true);
    });
  });
};
```

此方法返回一个 Promise 对象，它使用 Node.js 中 fs 模块的 createWriteStream 方法创建文件写入流，并在写入流 open 成功后 resolve 这个写入流对象。这是一个简单的异步封装，避免我们的主逻辑陷入回调地狱。

当这些工作完成之后，该客户端发送了一个 readyToReceiveFile 消息给文件发送客户端，通知其开始发送数据。

当 msgName 为 sendChunk 时，说明文件发送客户端发来了一片文件数据，我们通过 Buffer.from(data.chunk, "hex") 方法转码消息体内的数据，并通过 wstream.write(buffer) 把文件数据写入磁盘。完成这些工作后，发送 chunkReady 消息给文件发送客户端，通知其发送下一片文件数据。

msgName 为 fileSendFinish 就说明所有的文件数据都已经发送成功了，且当前没有正在写入中的数据。这一点很重要，我们不能在写入的过程中结束文件写入流对象。

至此，文件发送和接收工作全部完成，希望你在了解 Peer.js 使用方法的同时，能理解文件分片传输的设计思路与实现方法。虽然我们在示例中使用 WebRTC 技术完成了超大文件的发送与接收，但实际上即使经由服务器中转，在发送、接收超大文件时也应该考虑分片传输的技术。

第 21 章 *Chapter 21*

加密信息提取

很多 Web 应用服务都是把数据加密后再发送给前端页面的，前端页面获取到这些加密数据后再解密并呈现给用户。本章介绍的就是如何使用 Electron 内置的技术截获这些加密数据。

21.1　需求起源

现如今很多 Web 应用程序都采用前后端分离的架构模式完成开发工作，客户端使用 CSS、HTML 和 JavaScript 编写，服务端提供一系列 Restful 的 API 与客户端交互数据。如果你是一个 Web 应用的开发者，该如何防止自己提供的 Restful 的 API 不被恶意请求呢？

大部分 Web 应用开发者首先想到的是增加用户身份验证，引入后端接口访问票据的机制（每次请求都必须携带有效的 token 票据），但假设发起恶意请求的就是真实的用户呢？比如某些以提供数据为主要服务的网站，实际用户是有权访问所有的信息的，但恶意请求的意图是在短时间内窃取所有的信息为己所用。

有些开发者可能会考虑引入机器人验证机制，比如在一定时间内达到 N 个请求，就会弹出一个验证码，让用户输入验证码之后才能继续访问；有些开发者可能考虑引入双向加密机制，所有信息都是服务端加密之后再响应给客户端的，客户端拿到加密信息之后再通过 JavaScript 解密算法，把信息解密出来后再显示给用户。

这两种方案都各有利弊，对第一种方案来说，恶意用户的应对方式就是会模拟真实用户的请求方式，确保自己的请求不会在短时间内超过某个阈值（首先网站服务者不会把这个值定得太低，不然会影响真实用户的体验）；对于第二种方案来说，应对方式就是既然 JavaScript 会解密，那么恶意用户就可以在解密环节注入自己的 JavaScript 代码，抽取解密信息。

实际场景中还有很多类似的情形，比如网站服务是公司内 A 团队提供的，B 团队受命获取网站接口提供的数据，但 A 团队已无恰当的资源再帮助 B 团队开发特定的接口了，B 团队只能利用现有的接口来获取加密后的信息再自己想办法解密。

但无论怎样都需要使用客户端技术来完成这些工作，Electron 无疑在这方面有足够的优势，对于在指定时间内请求次数不要超过某个阈值的需求来说，只要在请求时加入思考时间即可，这不是本书介绍的重点，下面主要介绍一下 Electron 如何完成注入代码并抽取加密信息的过程。

21.2　分析调试源码

要拿到前端 JavaScript 代码解密的数据，不可避免地要分析前端代码，然而现代前端网站大部分代码都是压缩过的，可读性很低，但好在 Chrome 具备美化压缩代码的功能，如图 21-1 所示。

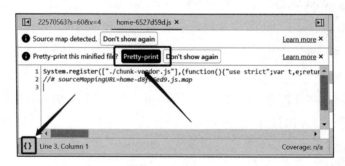

图 21-1　美化代码

打开 Chrome 的 JavaScript 调试工具，点击图 21-1 中两个按钮中的任何一个就可以美化压缩后的代码，代码被美化后如图 21-2 所示。

```
    22570563?s=60&v=4    home-6527d59d.js    home-6527d59d.js:formatted ×
 1  System.register(["./chunk-vendor.js"], (function() {
 2      "use strict";
 3      var t, e;
 4      return {
 5          setters: [function(r) {
 6              t = r.a,
 7              e = r.o
 8          }
 9          ],
10          execute: function() {
11              t("click", ".js-toggler-target-off", (t=>{
12                  if (0 !== t.button)
13                      return;
14                  const e = t.currentTarget.closest(".js-toggler-container");
15                  e && e.classList.remove("on")
16              }
17              ));
18              const r = new IntersectionObserver((t=>{
19                  for (const e of t)
20                      e.isIntersecting ? e.target.removeAttribute("tabindex")
```

图 21-2　美化后的代码

虽然所有的变量已经被没意义的字符替换掉了，但这些代码经美化后具备了一定的可读性和可调试性。

你可以在感兴趣的地方，比如页面加载完成事件的回调函数内下一个断点，然后刷新页面，一步步追踪 JavaScript 的执行过程。

对于页面上一些按钮的点击事件，可能并不是直接通过 html 元素的 onclick 属性绑定的，而是通过 JavaScript 操作 DOM 对象动态绑定上去的，这时可以通过如图 21-3 所示的方式找到它们的处理代码。

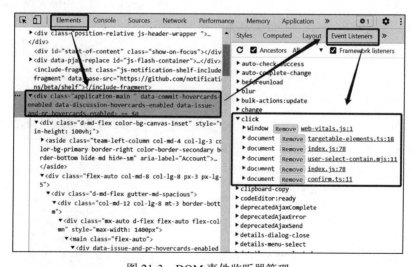

图 21-3　DOM 事件监听器管理

对于我们当前的需求来说，最好的办法还是在美化后的代码中搜索（按 Ctrl+F 快捷键打开搜索框）encrypt 或 decrypt 关键字。在这个关键字附近找到解密方法，然后再下断点调试，并进一步确认解密过程就是在这个方法内执行的。

听上去很简单，实际上这项工作非常耗时费力，完成了这项工作，我们的任务就完成了一大半。

21.3　暴露解密方法

找到解密方法后，我们很有可能也无法直接利用这个解密方法，因为这个方法往往是被封装到匿名函数中的，外界无法直接调用这个方法。

大多数现代前端框架都会把用户代码包装到一个立即执行的匿名函数中，代码如下所示：

```
(function(){
  console.log('my func');
  //developer's code
})()
```

在这段代码里第一个括号内包裹着一个匿名函数，把匿名函数包在括号里，使这个匿名函数成为一个表达式，后面一个括号起到了执行这个表达式的作用。注意：前面一个括号不能省略，省略后就不再是表达式而变成了函数定义语句。如果省略掉前面一个括号，再执行上述代码，JavaScript 解释器会抛出异常。

立即执行函数有两个优势：第一是不必为函数命名，避免了污染全局变量；第二是函数内部形成了一个单独的作用域，外部代码无法访问内部的对象或方法。这可以有效地避免业务变量或方法被恶意脚本引用的风险。

所以即使我们在目标页面的 JavaScript 调试器里，也无法调用目标页面内部的解密方法。我们接下来的工作就是要把这个方法暴露出来。

首先把这个方法所在的 js 文件下载下来，保存到本地，然后在这个方法附近合适的位置加上一两句自己的代码，代码如下所示：

```
window.__my_decrypt=(s)=>c.decrypt(s);return n};t.decrypt=d;var p=function
  (e,t){var n=e;if(a.isPlainObject(e)||a.isArray(e))try{n=function(e){return
  r.enc.Hex.stringify(r.enc.Base64.parse(e))}(r.AES.encrypt(JSON.stringify
  (e),s,l).toString())}catch(e){return a.isFunction(t)&&t(e),null}return n};
  t.encrypt=p;var h=function(){return{"Transit-Id":c.encrypt(u)}};
```

注意上面这段压缩代码的第一句：

```
window.__my_decrypt=(s)=>c.decrypt(s);
```

这句话起到了关键作用，它把一个匿名函数内的方法附加给了一个全局对象，由于有全局对象的引用，这个方法及其相关的变量都不会被释放，可以通过下面的代码来调用内部的解密逻辑了：

```
window.__my_decrypt(encryptString);
```

但还有一个问题，那就是这个文件被修改过了，保存在我们自己的磁盘上，怎么能让目标网站不加载他们自己的 js 文件而加载我们的 js 文件呢？这就需要用到 Electron 的转发请求的能力。

21.4   转发请求

在 Electron 应用内，每个 BrowserWindow 对象都对应一个 webContents 对象，每个 web-Contents 对象都对应一个 session 对象（有可能是多个 webContents 对象对应同一个 session 对象。关于 session 对象更详细的说明请参见 https://www.electronjs.org/docs/api/session）。这里我们就通过 session 对象来控制目标网站的请求过程，代码如下所示：

```
redirectCoreJsRequest() {
  this.win.webContents.session.webRequest.onBeforeRequest(
    { urls: ["https://g.targetDomin.com/dt/op-mc/*"] },
    (details, cb) => {
      if ( details.url.endsWith("vendors.js") ) {
        cb({ redirectURL: "http://yourDomin.com/download/vendors.js" });
      } else {
        cb({});
      }
    }
  );
}
```

在这段代码中，我们通过 session 对象的 webRequest 属性的 onBeforeRequest 方法为目标网站注册了一个请求前发生的事件。这个事件将在目标网站加载它的每一个资源时触发，一旦资源的路径与 https://g.targetDomain.com/dt/op-mc/* 匹配时，执行回调函数。

在回调函数中我们进一步确认了资源的名称，如果请求的是 vendors.js，则请求将被转发到我们自己的服务器 http://yourDomin.com/download/vendors.js 上，也就是说这个页面加载的 vendors.js 脚本文件是我们修改后的脚本文件。

除了使用 session.webRequest.onBeforeRequest 方法注册请求过滤器之外，读者也可以考虑使用 protocol 对象的 interceptHttpProtocol 方法注册一个 http 请求的代理事件来完成相同的功能。

至此，通过 Electron 加载目标网站时（这个网站可能是互联网上的任何一个网站），执行的将是我们自己的 vendors.js 脚本，而这个脚本已经把解密方法暴露出来了。那么我们该如何通过 Electron 执行这个解密方法呢？

21.5　注入脚本

开发者使用 Electron 加载目标网站时，有多种方法为目标网站注入自己的脚本代码，如果开发者只是希望在目标页面执行简短的脚本代码，或者只是希望在主进程内部拿到渲染进程执行过程中的某个状态，那么可以考虑使用 webContents 的 executeJavaScript 方法，代码如下所示：

```
win.webContents.once('did-finish-load', async () => {
  let result = await win.webContents.executeJavaScript("window.__my_decrypt
    (localStorage.getItem('encryptStr'))");
  console.log(result);
})
```

过早地注入并执行脚本，可能得不到任何东西，所以这里用到了 webContents 的 did-finish-load 事件，你也可以在注入脚本里监听 window.onload 事件，效果相同。

有的时候我们公开的 __my_decrypt 方法是在特定的时机才会被注册的，比如点击某个按钮后，那么开发者要考虑通过注入代码的方法为那个按钮绑定事件，再在事件的回调函数里执行 __my_decrypt 方法。

executeJavaScript 方法返回的是一个 Promise 对象，被注入的代码其实是包在 Promise 对象中的，如果注入代码执行过程中产生异常，也会调用 Promise 对象的 reject 方法。

如果你注入的代码逻辑稍多，那么可以把逻辑写在一个立即执行函数内。但如果逻辑非常多，还是建议使用 preload 方式注入脚本。

在创建目标页面窗口时，我们可以通过配置对象为目标页面配置 preload 脚本，代码如下所示：

```
let win = new BrowserWindow({
webPreferences: {
```

```
    preload: yourJsFilePath, // 要注入的脚本文件的绝对路径
    nodeIntegration: false,
  }
// 其他配置
});
```

无论页面是否开启了集成 Node.js 的开关（nodeIntegration），此脚本都可以访问所有 Node.js 的 API，因为 Electron 的开发者认为，这个脚本是开发者自己提供的，是安全可信的，但第三方页面加载的脚本就可能良莠不齐，所以 webPreferences 的 nodeIntegration 配置项默认为关闭状态。

Electron 是如何隔离目标页面和注入脚本的能力的呢？我们打开目标页面的调试工具，就会发现注入的脚本变成了如下形式：

```
(function (exports, require, module, __filename, __dirname, process, global,
  Buffer) { return function (exports, require, module, __filename, __dirname) {
  window.onload = function () {
  window.__my_decrypt(localStorage.getItem('encryptStr'))
}
}.call(this, exports, require, module, __filename, __dirname); });
```

上面代码返回一个匿名方法，这个匿名方法被 Electron 内部的代码调用。调用这个匿名方法时，Electron 把 Node.js 的内部对象（比如 require、module 等）传入到了方法内部，这样方法内部的代码就可以访问 Node.js 的 API 了。

这就是匿名函数的威力，Electron 通过匿名函数把注入的脚本封装在了一个局部作用域内，访问 Node.js API 的能力也被封装在这个局部作用域内了，外部代码无法使用这个局部作用域内的对象或方法，起到了安全防范的作用。

21.6　监控 cookie

在目标网站运行过程中经常会新增或者修改 cookie，很多网站都会在 cookie 中存储一些关键信息，比如与服务端接口交互的令牌信息（token）、当前登录用户的全局唯一 id（userId）等，但访问这类 cookie 存在两个问题。

第一个问题：目标网站的开发者往往会给这些敏感的 cookie 加上 HttpOnly 标记，携带这类标记的 cookie 只能在浏览器请求服务端的时候被服务端访问，不能被浏览器端的 JavaScript 脚本访问，但这个限制在 Electron 内是可以通过特殊手段规避掉的。

第二个问题：目标网站可能有大量的脚本，每个脚本都有可能发起请求与服务端交

互，服务端可能在任一次交互过程中更改客户端的 cookie，分析每一个脚本或分析每个请求，都代表着巨大的工作量，而且分析完后还要想办法截获请求，做这样的工作不如直接监控浏览器内 cookie 的变化，幸好 Electron 也提供了相关的能力。

下面这段代码就解决了上面这两个难题：

```
this.win.webContents.session.cookies.on("changed",
  async (e, cookie, cacuse, removed) => {
    if (!removed && cookie.name === "token") {
      let obj = {
        url: url,
        name: cookie.name,
        value: cookie.value,
        domain: cookie.domain,
        path: cookie.path,
        secure: cookie.secure,
        httpOnly: cookie.httpOnly,
        expirationDate: Math.floor(Date.now() / 1000) + 6912000, // 80 天
      };
      await this.view.webContents.session.cookies.set(obj);
    }
  }
);
```

在这段代码中我们监听了 webContents.session.cookies 的 changed 事件，当目标页面 cookie 变化时，这个事件会被触发，cookies 对象是 session 对象的一个属性。

这个事件的处理函数有四个参数，其中 cookie 是变更后的 cookie 值，cacuse 是变更原因，removed 表示 cookie 是否已被删除。

在这段代码中，我们根据变更的 cookie 对象的具体内容重设了 cookie 的 expiration-Date 属性，这就使我们感兴趣的 cookie 在较长的时间内不会过期，以避免我们的应用长时间驻留在用户的操作系统内，会因目标网站访问权限失效而引发异常的问题。

实际上大部分网站的 token 里也会携带过期时间，服务端会验证 token 里的过期时间，上面这种做法不一定有效，读者应该考虑这一点。

很多后端开发者都会使用 JWT（JSON Web Token）技术为客户端生成 Token，此技术在 Node.js、Java 或 .Net 领域都有很好的支持库。它生成的 token 通常为如下格式：

```
[string].[string].[string]
```

这个字符串通过 "." 分成三段：第一段为请求头（加密算法）；第二段为负载信息（如 userId、过期时间）；第三段为服务端密钥生成的签名，作用是保证这个 token 数据不被篡

改。这项技术使服务端不再需要存储 token，因此是非常轻量的用户认证方案。

对于微服务这种需要在不同服务间共用 token 的跨域认证需求也有很大的帮助。

一般情况下我们可以通过如下方式查看 token 中存放的关键信息：

```
let token = 'xxxxxx.xxxxxxxxxxxxxxxxxxxx.xxxxxxxxxxxx' //这是一段伪代码
token = token.split('.')[1]
let info = atob(token);
console.log(info)
```

这段代码有效的前提是后端工程师没有对这个 token 数据做特殊处理。即使你看到了 token 内存储的信息，大概率也无法篡改这个信息，因为 JWT 的加密算法和秘钥签名保证了这个数据一旦被篡改就会失效的特性。

Chapter 22 | 第 22 章

其他实践指导

本章将介绍我在实践过程中遇到的其他一些知识点，比如如何分析首屏（第一个窗口）的加载时间，如何模拟弱网环境测试自己的产品在弱网环境下的表现，以及桌面端编程的现状和 Electron 的竞争对手。

22.1 分析首屏加载时间

对于任何一个应用来说，分析其性能表现往往是开发者要完成的一个重要任务，Electron 应用也不例外，而这个分析工作首当其冲就是首屏加载时间（这个词是从移动端应用迁移过来的，对于桌面端应用来说更精确的说法应该是首窗口加载时间）。从用户启动一个 Electron 应用到应用的第一个窗口渲染完成，共经历了三个阶段，接下来我们就来介绍一下这三个阶段，并说明如何统计这三个阶段的执行时间。

（1）第一阶段

第一个阶段是从用户双击图标开始，到主进程的入口文件开始执行结束。在这个阶段中 Electron 加载了环境变量，加载了自身的二进制资源，并执行了一些底层的逻辑。要计算这个阶段的时间，我们需要使用批处理命令启动应用，这样方便记录启动应用那一刻的准确时间，批处理命令的代码如下所示：

```
@echo off
```

```
set "$=%temp%\Spring"
>%$% Echo WScript.Echo((new Date()).getTime())
for /f %%a in ('cscript -nologo -e:jscript %$%') do set timestamp=%%a
del /f /q %$%
echo %timestamp%
start yourProductName.exe
```

在这段代码中，前几行代码计算出当前时间的毫秒数并把它保存在 timestamp 变量中，同时输出到控制台界面上，最后一行代码为启动应用程序，相当于用户双击图标启动。

把上述代码保存到批处理文件中（.bat 格式的文件），放置在应用程序的安装目录下，在命令行下执行这个批处理文件，你就得到启动开始时的时间了。

先把这个时间记录下来，然后再在主进程的入口代码文件首行记录一下主进程的进入时间，并在窗口加载完成之后把这个进入时间输出到控制台上，代码如下所示：

```
let start = Date.now(); // 此行代码应放置在主进程代码的首行位置
mainWindow.webContents.executeJavaScript(
  'console.log('enter time:',${start})'
);
```

这里为了方便演示，我省略了 mainWindow 窗口的创建过程，当然你也可以直接使用 console.log 把进入时间输出到当前命令行下。

这样我们就得到了启动应用的时间和进入主进程的时间，两个时间之差就是这个阶段的执行时间，在我的电脑上，经多次计算后这个时间的平均值为 100 毫秒左右（我的电脑配置较高，所以这个值参考价值不大，读者应根据客户端电脑的实际情况进行评估）。

（2）第二阶段

第二个阶段是主进程开始执行到主窗口开始加载页面，即 mainWindow.loadURL 方法调用之前这段时间，由于前面已经记录了进入主进程的时间，所以在执行 mainWindow.loadURL 之前用当前时间减去进入主进程的时间，就得到了这段时间的长度值。

由于各个应用在这个阶段处理的业务逻辑各不相同，所以这个时间还需要各位读者自行计算。对于一个只执行了注册应用内协议（protocol.registerSchemesAsPrivileged）和创建主窗口的应用来说，在我的电脑上，经多次计算后这个时间的平均值为 100 毫秒左右。

（3）第三阶段

第三个阶段是页面开始加载到页面渲染完成，这个时间段的长短可以用如下代码获取：

```
console.log(Date.now() - performance.timing.fetchStart);
```

performance.timing.fetchStart 记录了浏览器准备使用 HTTP 请求读取文档时的时间戳。该时间戳在网页查询本地缓存之前发生。Date.now() 是当前时间，何时执行这段代码就要看各自的需要了，有些场景只需要在 Vue 组件的 onMounted 事件中执行即可，有些场景则需要在所有服务端接口请求完毕后再执行。

一个只包含 Vue 3 示例页面的程序在我的电脑上执行多次，这个时间的平均值为 1600 毫秒左右。

> 拓展：Performance API 可以获取到当前页面中与性能相关的信息。它包含事件计数器（eventCounts）、内存使用信息（memory）、导航计数器（navigation）和时间记录器（timing）等属性和一系列方法，通过 performance.now() 方法可以得到当前网页从加载开始到当前时间之间的微秒数，其精度可达 100 万分之一秒，为开发者更精准地控制页面性能提供了支持。

由此可见，第三个阶段是最耗时的，第一个阶段的优化工作投入产出不成正比，第二个阶段和第三个阶段应该是我们优化工作的重点关注对象。

22.2   模拟弱网环境

对于一些需要在极端环境下运行的应用程序来说，网络环境状况是否会影响应用程序的正常运行是测试过程中的一项重要工作。Chromium 具备模拟弱网的能力，打开开发者工具，切换到 Network conditions 标签页，如图 22-1 所示。

在 Network throttling 处选择 Slow 3G，可以使 Chromium 模拟较慢的 3G 移动网络，建议做此设置前先把 Caching 项禁用，避免 Chromium 加载缓存的内容，而不去请求网络。

如果你需要更精准地控制应用的上行、下行速率，可以使用 session 对象提供的 API，代码如下所示：

```
window.webContents.session.enableNetworkEmulation({
  latency: 500,
  downloadThroughput: 6400,
  uploadThroughput: 6400
})
```

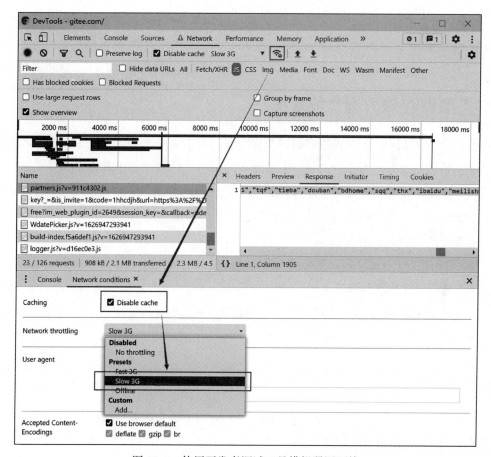

图 22-1　使用开发者调试工具模拟弱网环境

这段代码通过 session 对象的 enableNetworkEmulation 方法模拟 50kb/s 的弱网环境。

开发者还可以使用 myWebContents.debugger 对象提供的 API 来完成这项工作，代码如下所示：

```
const dbg = win.webContents.debugger
dbg.attach()
await dbg.sendCommand('Network.enable')
await dbg.sendCommand('Network.emulateNetworkConditions', {
  latency: 500,
  downloadThroughput: 6400,
  uploadThroughput: 6400
})
```

这种方案是使用 Chromium 为调试器定义的协议来完成弱网模拟的，这个协议还有很多其他的 API，功能非常强大，详情请参考 Chrome DevTools Protocol（https://chromedevtools.github.io/devtools-protocol/tot/Network/#method-emulateNetworkConditions）。

22.3　数据存储方案性能对比

前面介绍了 Electron 内置的数据持久化方案，看上去可选的技术有很多，但实际上能为我们所用的也只有 IndexedDB。那么外置的嵌入式数据库引擎是否有很多可选的方案呢？答案是否定的，外置的嵌入式数据库引擎成熟的方案只有 SQLite（前面已简单介绍过 SQLite，本节后面还会介绍一个不常见的客户端嵌入式数据库，这里不讨论客户端 – 服务器模式的数据库引擎）。

如果只有这两个成熟的方案可供选择，它们在性能表现上有什么区别呢？接下去我们就为它们做一个性能的对比。

由于 SQLite 是一个原生应用，所以要把它集成到 Electron 应用内需要安装 sqlite3 模块，而且安装命令也比较特殊，如下所示：

```
> npm install sqlite3 --build-from-source --runtime=electron --target=12.0.2
  --dist-url=https://electronjs.org/headers
```

我们使用 knexjs 库操作 SQLite 数据库，它是一个 sql 生成器，支持 Promise API，接下来我们读写 IndexedDB 数据库也使用了第三方库 dexie，所以本次数据库性能对比也包括这两个第三方库。

SQLite 数据插入操作的代码如下：

```
let { app } = require('electron');
let messages = require('./messages')
let path = require('path');
let filename = path.join(app.getPath('userData'), 'db.db');
let db = require('knex')({
  client: 'sqlite3',
  useNullAsDefault: true,
  connection: { filename },
  timezone: 'UTC',
  dateStrings: true
});
let start = async () => {
  let startTime = Date.now();
  for (let i = 0; i < 100; i++) {
```

```
      let index = i % 2;
      await db('message').insert(messages[index]);
    }
    let endTime = Date.now();
    console.log(endTime - startTime);
  }
  module.exports = {
    start
  }
```

在上面的代码中，我们把测试数据分 100 次插入到数据库中。

message.js 中是我们准备的测试数据，代码如下：

```
let messages = [{
  msg_from: '辛弃疾',
  msg_to: '刘晓伦',
  msg: '醉里挑灯看剑......此处省略了辞的后文',
  create_time: new Date()
}, {
  msg_from: '李清照',
  msg_to: '刘晓伦',
  msg: '天接云涛连晓雾......此处省略了辞的后文',
  create_time: new Date(),
}];
module.exports = messages
```

对 IndexedDB 的操作也使用了同样的测试数据，插入数据的代码如下所示：

```
let Dexie = require('Dexie');
const db = new Dexie('db');
db.version(1).stores({
  message: '++, message_from, message_to,msg,create_time'
});
window.onload = async () => {
  let startTime = Date.now();
  for (let i = 0; i < 100; i++) {
    let index = i % 2;
    await db.message.add(messages[index]);
  }
  let endTime = Date.now();
  console.log(endTime - startTime);
}
```

我们分别调整两段测试代码中的循环次数，使它们分别执行 100 次、1000 次、10000
次，得到的测试结果绘制成图，如图 22-2 至图 22-4 所示。

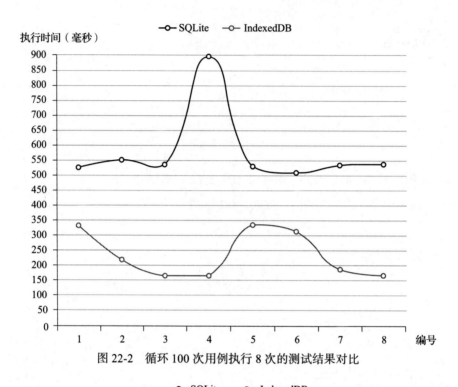

图 22-2　循环 100 次用例执行 8 次的测试结果对比

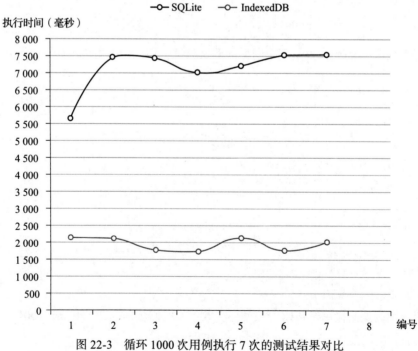

图 22-3　循环 1000 次用例执行 7 次的测试结果对比

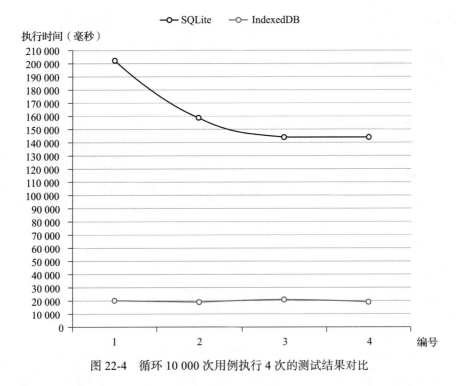

图 22-4　循环 10 000 次用例执行 4 次的测试结果对比

对于大型数据库来说，还要测试已存在很多数据的前提下，是否仍能保证数据写入的高效性，为此我们增加了在已存在 10000 行数据的前提下，再插入 10 行数据的测试用例，结果如图 22-5 所示。

综合来看，对于插入数据的测试用例来说，所有测试结果都显示 IndexedDB 的性能要优于 SQLite。

接下来我使用同样的测试策略制定了检索、更新、删除的测试用例，两个数据库性能的表现都非常相似，在此不再一一列举。

结论：在插入数据方面，两个数据库的性能表现差异较大，SQLite 显然表现不佳，IndexedDB 优于 SQLite；在检索、删除、更新等操作方面，两个数据库性能相差无几。

分析：SQLite 有双写入机制，且数据从 JSON 对象被格式化成字符串再被原生代码处理，然后写入磁盘，这中间的损耗也非常严重。IndexedDB 有多级缓存写入机制，并非马上写入磁盘，所以性能表现更优。

除 dexie 外，开发者还可以考虑使用 JsStore（https://github.com/ujjwalguptaofficial/JsStore）作为客户端 ORM 框架，这个框架提供的 API 更加人性化，因为它使用了 WebWorker 技

术，所以综合性能略强于 dexie，但由于其问世较晚，稳定性尚有待验证。

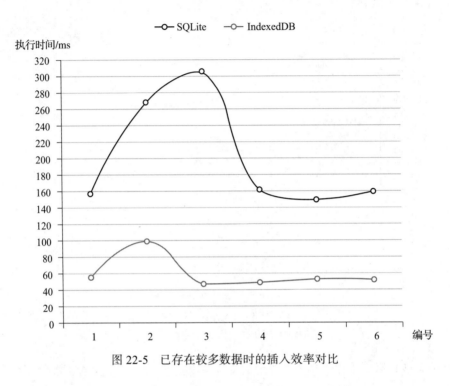

图 22-5　已存在较多数据时的插入效率对比

　　其他：虽然 dexie 库极大地简化了 IndexedDB 操作，但显然它对于复杂查询的能力没有 SQLite 强，一旦使用不当可能会造成更大的性能损失。如果你需要加密客户端数据，SQLite 有 sqlcipher 这样的加密库支持（性能上会有 5% ～ 15% 的损耗）。IndexedDB 也有类似的加密库，但没有 sqlcipher 能力强大。所以读者在做数据库选型时，要充分考虑这些因素。

　　IndexedDB 本身是有一层加密逻辑的。如果你的应用禁用了调试器，用户是无法直接 分 析 C:\Users\[yourUserName]\AppData\Roaming\[yourAppName]\IndexedDB 目 录 下的数据文件的（IndexedDB 的数据文件就存放在此处），但恶意用户可以把这个目录下的文件拷贝到另一个具备调试能力的 Electron 应用的同等目录下，再打开调试器，查看 IndexedDB 数据库内的数据。

　　除了 SQLite 3 之外，还有一个客户端嵌入式数据库值得开发者关注——Realm(https://realm.io/)。Realm 数据库是 MongoDB 团队研发的一款客户端数据库，它可以运行在 Android、iOS、Node.js、React Native 和 UWP 环境下。

它以对象模型存取数据，这对前端开发者来说非常友好（不需要编写难以理解的 SQL 语句了），代码如下所示：

```
const Dog = {
  name: "Dog",
  properties: {
    name: "string",
    age: "int",
    breed: "string?"
  }
};
const realm = new Realm({schema: [Dog]});
realm.write(() => {
  const dog = realm.create("Dog", { name: "Rex", age: 1 });
});
```

它还可以实时监控数据的更改，代码如下所示：

```
const realm = await Realm.open();
let dog;
realm.write(() => {
    dog = realm.create('Dog', {name: 'Max', age: 2})
});
dog.addListener((obj, changes) => {
  // obj === dog
  console.log('object is deleted? ${changes.deleted}');
  console.log('${changes.changedProperties.length} properties have been changed:');
  changes.changedProperties.forEach((prop) => {
    console.log(' ${prop}');
  });
});
realm.write(() => {
  dog.name = 'Wolfie'
});
```

它还提供了数据加密存储的支持，代码如下所示：

```
const key = new Int8Array(64);
const realm = new Realm({ encryptionKey: key });          // key 是加密密钥
const dogs = realm.objects("Dog").filtered("name == 'Fido'");          // 使用不
受影响
```

Realm 最大的特点是与服务端的 MongoDB 同步数据，当 Realm Sync 开关启用时，Realm 数据库在后台线程通过网络与 MongoDB 同步数据，将本地数据的更改推到 MongoDB 数据库中，并将远程更改同步回本地数据库。Realm 数据库是脱机优先的，它总是优先从本地数据库读取和写入数据。

这个数据库虽然没有 SQLite 数据库成熟稳定，但非常值得开发者关注，它将来或许会成为 SQLite 强有力的竞争对手。

22.4　加载本地图片

一般情况下，我们会使用自定义协议加载本地图片（第 2 章中已有介绍），但有时候要显示用户指定的图片，则可能还是需要使用 file:// 协议，那么你应该在 app ready 事件发生后重写一下 file 协议，代码如下：

```
schema.registerFileProtocol('file', (req, cb) => {
  let pathname = decodeURI(req.url.replace('file:///', ''))
  cb(pathname)
})
```

如果不这样处理，你可能会得到如下错误信息：

```
GET file:// /D:/project/***/resource/release/css/font.css net::ERR_UNKNOWN_URL_
  SCHEME
```

这是 Electron 的一个 bug，详见 https://github.com/electron/electron/issues/23757#issuecomment-640146333。

22.5　桌面端编程的生态演化

在 PC 已经大行其道，但互联网尚未兴盛时，桌面客户端占据着个人电脑软件应用的大部分市场，那时候大部分开发者用 C 语言和 Windows API 开发桌面软件的，后来演进到用 C++ 语言和 MFC 框架开发桌面应用，MFC 的背后也是 Windows API，然而用 Windows API 生成的桌面软件界面非常刻板，很难实现个性化的界面外观。加之 Mac 操作系统和 Linux 操作系统的用户逐年增加，所以全新的跨平台桌面 GUI 开发框架的需求也越来越大。

Qt（https://www.qt.io/）、wxWidgets（https://www.wxwidgets.org/）、GTK（https://www.gtk.org/）、IUP（http://webserver2.tecgraf.puc-rio.br/iup/）、Ultimate++（https://www.ultimatepp.org/）等库就是在这段时间内应运而生的，这些库在一定程度上达到了跨平台的需求，但都要求开发者使用 C/C++ 语言进行开发，开发效率不是很高，但并没有什么

更佳的选择，所以也就只能这样。

Qt 和 GTK 这两个框架均在框架内部实现了自己的绘制引擎，脱离了操作系统 API 的控制，所有窗口部件，比如按钮、单选框、文本框等都是框架自己绘制、自己渲染的，不再拘泥于操作系统默认界面控件的限制，开发者也有了较大的发挥空间，所以基于这两个框架实现的桌面应用界面也五花八门，用户体验往往会高于传统系统 API 实现的应用。

另外一些框架往往通过桥接模式，在编译期或运行期选择系统的 API，以实现界面渲染，这类框架在执行速度上会更快一些，但界面样式就逃不开操作系统 GUI 界面样式的藩篱，用户体验往往不佳。

随着时代的进步，互联网开始兴盛，Web 应用大行其道时也蚕食了很大一部分桌面应用的市场，开发 Web 界面所使用的技术 HTML、CSS、JavaScript 等都是脚本语言（标记语言或层叠样式表），它们的特点就是易学易用，学习曲线非常平缓，开发效率非常高，正是因为这些特点，它们赢得了厂商和开发者的青睐，与之相关的生态也逐渐繁荣起来了。

然而 Web 应用都是运行在浏览器沙箱内的，天然受到了种种的限制，比如无法自由读写客户端磁盘上的文件、无法访问用户剪贴板内的信息、无法开机自启动、无法启动子进程等，所以很长一段时间都是 Web 应用和桌面应用共有天下，谁也无法彻底打败谁。

这里非常值得一提的就是 JavaScript，这个脚本语言最初只能运行在浏览器中，后来 Node.js 出现，它就脱离了浏览器的限制，可以运行在服务端或任何具备 Node.js 环境的电脑中了。这就不由得让开发者产生联想，我们是否可以使用 HTML、CSS 和 JavaScript 开发桌面应用呢？

现在我们肯定知道答案了，那就是 Electron、NW.js 等一众技术出现了，这些技术把 Node.js 和 Chromium 捆绑在一起，并在不同系统下实现了一系列相同的 API，以满足桌面端编程的需要（这些 API 都是 JavaScript 可访问的），这样开发者就可以使用 HTML、CSS 和 JavaScript 开发桌面应用了。

如今已经有非常多的且很知名的应用是使用这些技术开发的，比如字节跳动的飞书、微软的 VSCode、腾讯的微信开发者工具、国外著名团队协作软件 Slack 等，即使有这么多行业标杆在使用这两个技术制作应用，也难掩它们自身的缺点，比如用这两个技术开发的应用体积巨大，某些场景下性能表现不尽如人意，这两个技术自身迭代速度非常快导致某些 API 不是很稳定（包括其底层的 Node.js 和 Chromium 也都是飞速发展迭代，隔几周就出一个新版本）。

鉴于这些问题，一系列与之竞争的对手如雨后春笋般冒出来了。

22.6　Electron 的竞争对手

首先说 PWA，社区很多人认为 PWA 出现后，Electron 和 NW.js 就逐步要走向它们各自的末日了，但我并不这么认为，主要是基于以下三点原因。

1）PWA 应用虽然比传统的 Web 应用安全限制少了很多，能力也强了很多，但绝对不会像 Electron 这样给开发人员最大的发挥空间。比如它基本不会允许开发人员在 PWA 应用内访问 Node.js 环境或者为第三方网站注入脚本等。

2）PWA 应用因浏览器支持情况不同而有不同的能力，不同浏览器在各个平台上的实现又有巨大的差异，这就导致一个 PWA 应用在 Windows 系统、macOS 系统和 Android 系统下所拥有的能力也有很多不同，如果开发者只用那些各平台共有的能力，那么差不多也就只剩下现代 Web 技术和 Service Worker 了。

3）PWA 是谷歌主导的一项技术，然而谷歌对于此技术的重视程度不够和这个领域的开发者现状不是很好，相关资料请看国内 PWA 的早期布道者与实践者黄玄的文章（https://www.zhihu.com/question/352577624/answer/901867825）。

目前来看，PWA 还不足以给 Electron 造成太大的竞争压力，也许未来会有，但我认为也不必担心，毕竟两个技术所面向的场景有非常大的不同：PWA 是传统 Web 应用向桌面端的延伸，它的本质还是一个 Web 应用，而 Electron 应用则实实在在是一个传统桌面 GUI 应用。

再来看 FlutterDesktop（https://flutter.dev/desktop）、MAUI（https://github.com/dotnet/maui/）和 Compose（https://www.jetbrains.com/lp/Compose/），它们分别是谷歌、微软和 Jet Brains 的产品，三个产品都号称既能支持移动端，又能支持桌面端，但这三个产品的桌面端都还非常不成熟，它们各自的官方都不推荐把它们用于商业产品。

但它们确实都是 Electron 和 NW.js 的竞争对手，使用它们开发产品对应的编程语言是 dart、C# 和 Kotlin，这三个语言都比 C++ 要容易上手得多，而且都有大批拥趸，一旦这三个产品成熟，势必将占据很大一部分市场份额。

相对于 MAUI 和 Compose 来说，FlutterDesktop 的成熟度更高一些，且它和 Chromium

都隶属于谷歌公司，将来如果谷歌希望在 FlutterDesktop 中嵌入 Chromium 浏览器核心，以引入 Web 的生态也容易得多。你如果是桌面开发领域的长期主义者，推荐你关注这个技术的发展。但无论如何现在也只能是关注而已，Electron 还有很长的生命周期。

如果你同时拥有 C++ 和前端开发技能，那么你有三个方案可选：Qt、cef 和 Electron。

Qt 相对于 wxWidgets、GTK、Ultimate++ 等框架来说成熟得多，如果你是在这几个纯 C++ 框架中做选择，那么 Qt 无疑是不二之选。但 Qt 在渲染、排版、动画等方面跟 Chromium 又没法比。Qt 在这些方面要么就是提供了非常复杂的 API，要么就是对特殊需求支持不到位。但好在 Qt 提供了一个可选的组件 QWebEngin，这个组件是 Qt 对 Chromium 的封装。有了 QWebEngin，Qt 就拥有了 Chromium 的能力，开发者可以使用 QWebEngin 加载那些适合使用前端技术完成的业务，不适合使用前端技术完成的业务则使用 C++ 和 Qt 强大的类库完成（QWebEngin 提供了 API 供两种技术通信和共享数据）。但 QWebEngin 毕竟不是 Qt 的核心组件，所以 QWebEngin 公开出来的接口并不是很丰富，而且 QWebEngin 的迭代速度也赶不上 Chromium 的迭代速度，这些问题是值得开发者考虑的。另外需要产品经理考虑的是，如果你的商业产品打算使用 Qt 和 QWebEngin，需要考虑向 Qt 公司购买商业授权。

cef 则更加单纯，它只是一个 C++ 对 Chromium 的包装库，几乎没有提供额外的其他东西。它暴露出了非常丰富的 Chromium 的 API，开发者可以更自由地操控 Chromium；它紧跟 Chromium 的迭代速度，Chromium 提供的新特性、修复已有的问题都能及时体现在 cef 上。cef 也因此赢得了开发者的青睐，cef 官方宣称装机量上亿，实际上包括微信 PC 端、QQ PC 端、迅雷 PC 端等大家耳熟能详的产品都内置了 cef（这与 cef 更友好的商业授权协议有关），所以实际装机量可能不止这些。但它最大的问题就是过于单纯，需要开发者为不同的操作系统实现不同的逻辑，比如访问用户剪贴板、操作托盘图标等，都要开发者自己实现。另外，cef 的架构比较复杂，官方提供的文档较少，所以入门门槛比较高（基础较差的开发者即使入门了也很难开发出成熟稳定的商业应用），社区也并不繁荣。

如此看来，Electron 则是更优的选择，只需使用前端开发技能就能开发出表现优异的应用，如果开发者对 Electron 某些方面不满意，比如源码保护机制，则可以利用 C++ 技能修改 Electron 的源码提供更好的机制。注意，这里的"修改"只是简单的修改，并不是使用 cef 框架时要开发者自己实现，这里有巨大的工作量差异。另外 Electron 官方团队维护者活跃、更新频繁、社区繁荣、优秀案例众多，这些都不是前两个方案可以媲美的。